Excel

函数公式综合应用实践

案例视频精讲

于 峰 韩小良◎著

清华大学出版社

北京

内 容 简 介

函数公式是 Excel 数据处理和数据分析的核心工具之一，而逻辑思路是函数公式的核心。本书共 10 章，详细介绍在数据处理和数据分析中常用的 Excel 函数及其实际用法，以及这些函数的各种变形的灵活应用。通过这些案例，读者学到的不仅是相应的知识和技能，更是使用函数公式解决问题的基本逻辑原理和逻辑思维，以及解决问题的能力。本书所有案例都配有相应的学习素材和学习视频，使用手机扫描对应内容的二维码即可观看。

本书采用由浅入深的写作手法，从逻辑思维到技能技巧均运用在实际案例中，适合各个水平的 Excel 用户。既可作为初学者的入门指南，又可作为中、高级用户的参考手册，还可用于培训机构的教学用书。

图书在版编目（CIP）数据

Excel 函数公式综合应用实践案例视频精讲 / 于峰，韩小良著 . -- 北京：清华大学出版社，2024.9.
ISBN 978-7-302-67340-8

Ⅰ．TP391.13

中国国家版本馆 CIP 数据核字第 20248W370Z 号

责任编辑： 袁金敏
封面设计： 杨纳纳
责任校对： 徐俊伟
责任印制： 丛怀宇

出版发行： 清华大学出版社
   网 **址：** https://www.tup.com.cn，https://www.wqxuetang.com
   地 **址：** 北京清华大学学研大厦 A 座   **邮** **编：** 100084
   社 总 机： 010-83470000   **邮** **购：** 010-62786544
   投稿与读者服务： 010-62776969，c-service@tup.tsinghua.edu.cn
   质 量 反 馈： 010-62772015，zhiliang@tup.tsinghua.edu.cn
印 装 者： 大厂回族自治县彩虹印刷有限公司
经 **销：** 全国新华书店
开 **本：** 170mm×240mm **印** **张：** 19.75 **字** **数：** 455 千字
版 **次：** 2024 年 11 月第 1 版 **印** **次：** 2024 年 11 月第 1 次印刷
定 **价：** 89.00 元

产品编号：107399-01

Excel 数据处理和数据分析的核心工具之一，是函数公式。

说起函数公式，很多人觉得用起来太难了，嵌套太难了，单个函数会用，复杂点的表格就不会用了。

之所以觉得函数公式很难，是因为很多人只是机械套用，没有去理解函数公式中内在的逻辑思维和解决问题的逻辑思路。

在使用函数创建计算公式之前，首先要从函数的逻辑原理去了解及认识函数。

任何一个函数，都有自己内在的逻辑，其背后的源代码也是相应的逻辑计算。因此，要学好、用好函数，首先要从函数的逻辑原理上去认识函数、了解函数、运用函数。

例如，IF 是什么？用一句通俗的白话来说就是：如果怎么怎么，那么就怎么怎么，否则就怎么怎么。如果你好好学习，就能快速进步，否则就蜗牛踏步。

说得简单点，IF 函数就是指定一个条件，判断数据是否满足这个条件，如果满足了这个条件，就给一个结果 A，如果不满足这个条件，就给另一个结果 B。

SUM 函数是求和，是无条件求和，不管是什么数字，全部加总起来。但是，如何给它介绍一个对象 IF 呢？ SUM+IF=SUMIF，就构成了单条件求和，也就是，只有这个条件满足了才去求和，否则一边待着去。

如果给 SUM 多介绍几个对象 IFS 呢？ SUM+IFS=SUMIFS，就构成了多条件求和，也就是必须同时满足这几个条件才求和，只要一个条件不满足，就不去理会它。

但是，SUMIF 函数也好，SUMIFS 函数也好，能不能用数组判断，用数组求和呢？肯定不行的啊，因为在函数的条件判断参数的名称与实际求和参数的名称里，都有一个关键词 Range，那么 Range 是什么意思呢？是单元格区域的意思。例如，我们可以使用这样的公式"=SUMIF(A2:A6," 彩电 ",B2:B6)"，但不能做出这样的公式"=SUMIF(LEFT(A2:A6,2)," 彩电 ",B2:B6)"，因为这个公式里，第 1 个参数不是引用的单元格区域，而是一个用 LEFT 函数得到的数组"LEFT(A2:A6,2)"。

如果给 SUM 介绍一个对象 PRODUCT 呢？什么是 PRODUCT ？就是乘积啊，就是几个数组的乘积，因此，SUM+PRODUCT=SUMPRODUCT，就是把几组数的乘积加起来的意思。仔细看看这个函数的参数，不叫 Range,而是叫 Array,Array 就是数组，数组可以是工作表上的实际区域，也可以是自己设计的数组，因此，SUMPRODUCT 更加通用。

再比如，VLOOKUP 函数的 V 代表什么？ HLOOKUP 函数的 H 代表什么？它们各自适用于什么样的表格？这点不清楚，就会天下大乱了。还有，VLOOKUP 函数也好，HLOOKUP 函数也好，LOOKUP 函数也好，从名字上看，就是"找"的意思。那么，根据什么条件找，从哪里找？怎么找？这不就是它们的基本逻辑吗？再仔细看看它们的参数名称，不是 Range，而是 Array。这就有点意思了，可以从实际数据区域里找，也可以构建数组，从数组里找，例如，我们可以使用 LOOKUP 函数查找某列最后一行的数据，查找最右边一列的数据，这是很简单的，你只要构建一个条件 Array 就可以了。

例如，直接使用鼠标来引用单元格的公式"= 单元格"，这叫作直接引用。那么，能不能间接引用单元格呢？首先要弄明白，什么叫间接引用？肯定是通过一个中介来引用啊！那么，中介在哪里？怎么寻找中介？这就是间接引用，使用 INDIRECT 函数，想办法成立一个中介，让中介去帮我们干活。

再比如，MATCH 是干什么的？单词的直译就是匹配，那么，匹配什么？为什么要匹配？其实，称呼"定位"更恰当一些，把指定的数据，在指定的数组中，定位出它藏在哪里，也就是位置。再仔细看，这个函数的第二个参数是不是 Array？既可以是工作表的某列或某行，也可以是一个数组。

很多函数，单纯从名字上就可以了解一个大概，再仔细观察每个参数的名称及定义，可以说就不会有学不会函数基本用法的。这里只能先说到是基本用法，而不是灵活应用。

在实际数据处理和数据分析中，我们必须结合具体表格来做公式，才有意义。如果要彻底学会函数，能够灵活运用函数设计公式，就肯定是离不开具体表格了，因为公式只有存在于表格中才能存活，才有生命力。

不同的应用场景、不同结构的表格、不同的思路、不同人的喜好，使用的函数是不一样的，因此做出的公式也是五花八门的。例如，对于图 1 所示的表格，至少有以下几种解决公式，所使用的函数各不相同：

	A	B	C	D	E	F	G	H	I	J
1										
2										
3		地区	产品Q	产品B	产品A	产品U			指定地区：	华东
4		华南	1228	542	947	912			指定产品	产品B
5		华中	805	1138	161	740				
6		华东	670	761	1496	877			数据=？	？？？
7		华北	138	1089	1261	709				
8		西北	1670	873	948	474				
9		西南	991	1696	608	1404				
10										

图 1　查找指定地区指定产品的数据

公式 1，从左往右查找，使用 VLOOKUP 函数（使用 MATCH 函数列方向定位）：

=VLOOKUP(J3,B4:F9,MATCH(J4,B3:F3,0),0)

公式 2，从上往下查找，使用 HLOOKUP 函数（使用 MATCH 函数行方向定位）：

=HLOOKUP(J4,C3:F9,MATCH(J3,B3:B9,0),0)

公式 3：通过两个坐标查找，联合使用 INDEX 函数和 MATCH 函数：

=INDEX(C4:F9,MATCH(J3,B4:B9,0),MATCH(J4,C3:F3,0))

公式 4，通过偏移行和偏移列查找，联合使用 OFFSET 函数和 MATCH 函数：

=OFFSET(B3,MATCH(J3,B4:B9,0),MATCH(J4,C3:F3,0))

公式 5，通过间接查找，联合使用 INDIRECT 函数和 MATCH 函数：

=INDIRECT("R"&MATCH(J3,B:B,0)&"C"&MATCH(J4,3:3,0),0)

公式 6，通过求和函数 SUM 查找，条件满足就是自己本身，构建数组公式：

=SUM((B4:B9=J3)*(C3:F3=J4)*C4:F9)

公式 7，通过求和函数 SUMPRODUCT 查找，条件满足就是自己本身，构建普通公式：

=SUMPRODUCT((B4:B9=J3)*(C3:F3=J4)*C4:F9)

公式 8，通过左右偏移求和查找，联合使用 SUMIF 函数、OFFSET 函数和 MATCH 函数：

=SUMIF(B4:B9,J3,OFFSET(B4,,MATCH(J4,C3:F3,0),6,1))

公式 9，上下偏移求和查找，联合使用 SUMIF 函数、OFFSET 函数和 MATCH 函数：

=SUMIF(C3:F3,J4,OFFSET(C3,MATCH(J3,B4:B9,0),,1,4))

公式 10：先从列上匹配地区，得到指定地区下的各个产品的数据，再从行上匹配产品，获取指定产品数据，使用嵌套 XLOOKUP 函数构建公式：

=XLOOKUP(J5,C3:F3,XLOOKUP(J4,B4:B9,C4:F9))

公式 11：先从行上匹配产品，得到指定产品下的各个地区的数据，再从列上匹配地区，获取指定地区数据，使用嵌套 XLOOKUP 函数构建公式：

=XLOOKUP(J4,B4:B9,XLOOKUP(J5,C3:F3,C4:F9))

可见，即使是同一个表格，由于思路的不同，解决问题的切入点不同，使用的函数是不一样的，因此做出的公式也是不一样的，公式有简单，也有复杂，有高效，也有低效。

下面是另外一个很简单的例子，一个学生问了这样一个问题：如何从 B 列中，将费用名称和项目名称提取出来，分两列保存？如图 2 所示。

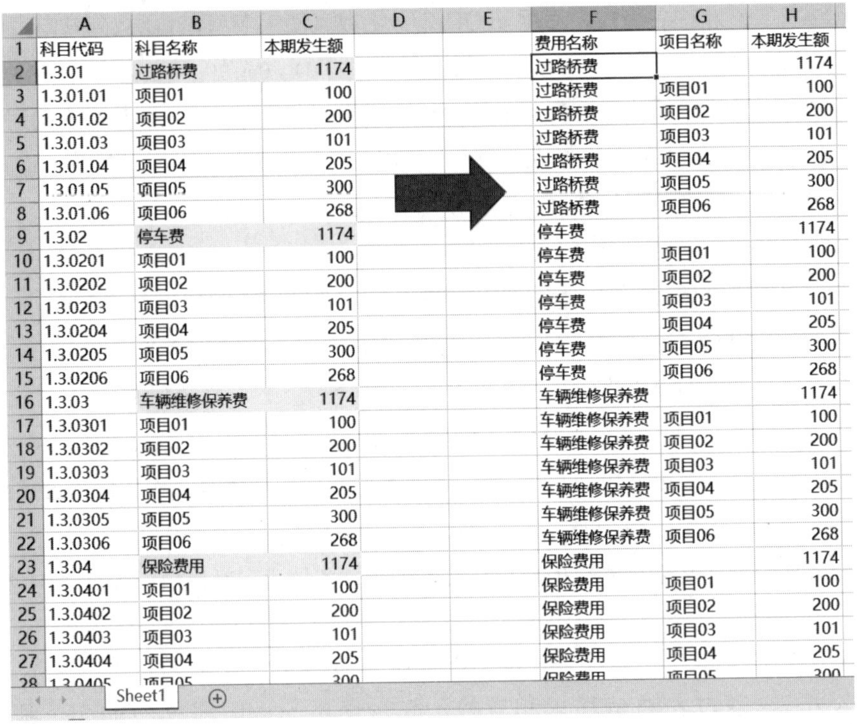

	A	B	C
1	科目代码	科目名称	本期发生额
2	1.3.01	过路桥费	1174
3	1.3.01.01	项目01	100
4	1.3.01.02	项目02	200
5	1.3.01.03	项目03	101
6	1.3.01.04	项目04	205
7	1.3.01.05	项目05	300
8	1.3.01.06	项目06	268
9	1.3.02	停车费	1174
10	1.3.0201	项目01	100
11	1.3.0202	项目02	200
12	1.3.0203	项目03	101
13	1.3.0204	项目04	205
14	1.3.0205	项目05	300
15	1.3.0206	项目06	268
16	1.3.03	车辆维修保养费	1174
17	1.3.0301	项目01	100
18	1.3.0302	项目02	200
19	1.3.0303	项目03	101
20	1.3.0304	项目04	205
21	1.3.0305	项目05	300
22	1.3.0306	项目06	268
23	1.3.04	保险费用	1174
24	1.3.0401	项目01	100
25	1.3.0402	项目02	200
26	1.3.0403	项目03	101
27	1.3.0404	项目04	205
28	1.3.0405	项目05	300

F	G	H
费用名称	项目名称	本期发生额
过路桥费		1174
过路桥费	项目01	100
过路桥费	项目02	200
过路桥费	项目03	101
过路桥费	项目04	205
过路桥费	项目05	300
过路桥费	项目06	268
停车费		1174
停车费	项目01	100
停车费	项目02	200
停车费	项目03	101
停车费	项目04	205
停车费	项目05	300
停车费	项目06	268
车辆维修保养费		1174
车辆维修保养费	项目01	100
车辆维修保养费	项目02	200
车辆维修保养费	项目03	101
车辆维修保养费	项目04	205
车辆维修保养费	项目05	300
车辆维修保养费	项目06	268
保险费用		1174
保险费用	项目01	100
保险费用	项目02	200
保险费用	项目03	101
保险费用	项目04	205
保险费用	项目05	300

Sheet1

图 2　要求从 B 列提取费用名称和项目名称

我们的任务是：从 B 列中，将费用名称和项目名称分别提取出来，那么就要分析 B 列中费用名称和项目名称的特征是什么了。

仔细观察 B 列数据特征，凡是带着“费”字的，就是费用名称，否则就是项目名称。

那么，如何判断某个单元格有“费”字呢？我们知道有一个函数就可以解决这样的问题：FIND 函数。

FIND 函数就是从一个字符串中，查找指定字符出现的位置，如果有指定的字符，函数的结果就是一个表示出现位置的序号。例如，下面公式的结果就是 3，因为在字符串“保险费用”中，字符“费”出现在第 3 个位置上：

```
=FIND("费","保险费用")
```

这样，不管指定字符出现在什么位置，只要存在，结果就是一个数字，那么就可以使用 ISNUMBER 函数来判断 FIND 函数结果是否为数字，如果是数字，就表示是费用名称。

提取费用名称还有一个问题，如果 B 列含有“费”字，就是费用名称，那么不含有“费”字呢？如何在该行单元格输入费用名称？我们已经在上一行单元格判断并提取出了费用名称，那么下一行单元格填充为上一行单元格已经提取出的费用名称，就可以了。

因此，单元格 F2 提取费用名称的公式就可以做出来了，如下所示：

```
=IF(ISNUMBER(FIND("费",B2)),B2,F1)
```

　　提取项目名称的公式,是判断 B 列单元格是否没有"费"字。那么,何谓"没有"? 使用 FIND 函数查找指定字符,如果存在就是一个数字,如果不存在,就是一个错误值,所以只要判断是不是错误值就可以了,此时,使用 ISERROR 函数来判断 FIND 函数的结果是否为错误值。因此,单元格 G2 提取项目名称的公式如下:

```
=IF(ISERROR(FIND(" 费 ",B2)),B2,"")
```

　　这两列的公式都并不复杂,逻辑也是很简单的,就是考察你是不是彻底了解表格结构、数据特征,找出了解决问题的逻辑思路。

　　我不止一次给学生们说过,学习 Excel 函数公式的核心是学习逻辑思路,而不是机械套用,正如上面介绍的几个公式,就是不同逻辑思路的体现。你能看出这些公式的逻辑思路有什么不同吗?

　　逻辑思路,永远是函数公式的核心。

　　本书不仅介绍了常规 Excel 版本所共有的函数,也详细介绍了 Excel 365 及 Excel 2019 以后版本所特有的功能更加强大的函数,使你能掌握更多的实用工具。更重要的是,训练自己的数据处理和数据分析的逻辑思维,提升解决问题的能力。

　　学习需要持之以恒,也需要不断总结和提升。

　　祝愿各位使用 Excel 的朋友,工作愉快,学习快乐,每天都有进步。

扫描下方二维码,获取案例素材及原图

✎ 读书笔记

目录

第 5 章　数据统计与汇总案例精讲 110

第 7 章　数据排名分析案例精讲 218

第8章 数据筛选分析案例精讲.............................242

第1章

创建高效 Excel 函数公式
必备技能

    Excel 提供了数百个函数,能够在不同的表格中构建各种高效计算公式,实现复杂、高效的数据处理和数据分析计算。因此,学习和运用 Excel 的重要内容之一,就是掌握 Excel 常用函数的灵活用法与实际应用。

    本章主要介绍创建高效公式的必备知识和技能,这些知识和技能是 Excel 函数公式的重要基础,可以说,不了解这些基础知识和技能,公式出错了都不知道为什么,而且还会频频出错。

1.1 公式的本质，是如何进行计算的逻辑思维

创建公式的目的，是为了计算出需要的结果，这就要求用户必须根据具体表格、具体问题，选择高效的函数，创建简单、高效的计算公式。

设计公式的过程，其实就是解决问题的逻辑思维，因此，在设计公式之前，首先要认真阅读表格，梳理逻辑思路，寻找解决方案，并从多个可选的解决方案中选择一个最高效的解决方案。

1.1.1 仔细阅读表格，寻找解决思路

设计公式不是空谈，更不是套用，应该根据表格的具体情况，仔细阅读，仔细分析，看看条件是什么，条件在哪里，结果是什么，结果在哪里，然后找出尽可能多的解决思路。

下面结合两个实际案例介绍如何阅读表格，如何梳理解决问题的逻辑思路，进而设计高效的计算公式。

 案例 1-1

图 1-1 中的示例，要计算每个部门合同工和劳务工的实发工资合计数。

	A	B	C	D	E	F	G	H	I	J	K	L	M	N	C
1	姓名	部门	合同类型	基本工资	应发工资	个人所得税	四金合计	实发工资			部门	合同工	劳务工	合计	
2	N001	销售部	合同工	9856.00	11101.00	665.20	608.00	9827.80			人力资源部				
3	N002	技术部	劳务工	4843.00	6681.00	63.10	501.00	6116.90			财务部				
4	N003	采购部	劳务工	8705.00	9873.00	419.60	562.00	8891.40			销售部				
5	N004	质检部	合同工	11684.00	13531.00	1151.20	649.00	11730.80			技术部				
6	N005	采购部	合同工	7537.00	8707.00	265.70	151.00	8290.30			采购部				
7	N006	质检部	劳务工	11242.00	11979.00	840.80	911.00	10227.20			质检部				
8	N007	人力资源部	合同工	7993.00	9297.00	324.70	147.00	8825.30			合计				
9	N008	采购部	合同工	10236.00	11957.00	836.40	254.00	10866.60							
10	N009	人力资源部	劳务工	6574.00	7074.00	102.40	296.00	6675.60							
11	N010	技术部	劳务工	6052.00	6299.00	38.97	691.00	5569.03							
12	N011	质检部	合同工	8814.00	10533.00	551.60	498.00	9483.40							
13	N012	财务部	劳务工	5639.00	6627.00	57.70	560.00	6009.30							
14	N013	财务部	合同工	10173.00	11322.00	709.40	300.00	10312.60							
15	N014	财务部	合同工	11363.00	12313.00	907.60	636.00	10769.40							
16	N015	销售部	劳务工	7102.00	7660.00	161.00	676.00	6823.00							
17	N016	财务部	合同工	3024.00	4061.00			3678.00							

图 1-1 示例数据，计算每个部门合同工和劳务工的实发工资合计数

仔细观察表格，可以这样去思考这个问题：

- 任务是什么：计算实发工资的合计数。
- 结果在哪里：实发工资在 H 列，这个位置是固定的。
- 条件在哪里：B 列判断部门，C 列判断合同类型，这两个条件列位置也是固定的。
- 结论：这是两个条件求和问题。
- 解决方法：使用多条件求和函数 SUMIFS。

这样，就可以设计如下最简单的求和公式了：

```
=SUMIFS($H:$H,$B:$B,$K2,$C:$C,L$1)
```

案例 1-2

图 1-2 中的示例，要求查找指定地区、指定产品的数据。

	A	B	C	D	E	F	G	H	I	J	K
1											
2		各个地区各类产品销售额统计表									
3		地区	包装材料	镭射纸	酒标	卡纸	奢侈品包装	合计		指定地区	华东
4		华北	105	2,178	1,542	1,815	248	5,888		指定产品	卡纸
5		华南	1,969	2,281	2,222	1,584	890	8,946			
6		华东	840	1,251	1,500	978	514	5,083		数据=?	
7		华中	1,978	935	938	210	1,203	5,264			
8		西南	487	953	1,960	304	1,758	5,462			
9		西北	1,545	249	272	2,070	1,044	5,180			
10		东北	899	1,261	567	199	1,913	4,839			
11		合计	7,823	9,108	9,001	7,160	7,570	40,662			

图 1-2　示例数据：查找指定地区、指定产品的数据

仔细观察表格，也可以这样去思考如下问题：

- 任务是什么：查找数据。
- 结果在哪里：不清楚在哪里，因为指定的地区和指定的产品是两个变量。
- 条件在哪里：这要看解决问题的切入点是什么。
- 结论：这是两个条件的查找问题。
- 解决方法：工作表实际上是个二维坐标，行和列是坐标。根据解决问题的切入点（也就是条件判断的切入点），解决方法有很多。

  a）如果把地区当成条件，把产品当成结果，这个思路就是条件（地区）在左侧一列，结果（产品）在右侧某列，是从左往右查找数据。因此，首选 VLOOKUP 函数，但由于指定产品不定，取数的列号也不定，需要使用 MATCH 函数来确定这个取数的列号，此时公式为：

  ```
  =VLOOKUP(K3,B4:H11,MATCH(K4,B3:H3,0),0)
  ```

  b）如果把产品当成条件，把地区当成结果，这个思路就是条件（产品）在上面一行，结果（地区）在下面某行，是从上往下查找数据。因此，首选 HLOOKUP 函数，但由于指定地区不定，取数的行号也不定，需要使用 MATCH 函数来确定这个取数的行号，此时公式为：

  ```
  =HLOOKUP(K4,C3:H11,MATCH(K3,B3:B11,0),0)
  ```

  c）如果把地区和产品都当成两个坐标条件，一个确定行坐标（行号），一个确定列坐标（列号），那么就需要先使用 MATCH 函数确定这两个坐标，再用 INDEX 函数把这个坐标（该单元格）的数据取出来，此时公式为：

  ```
  =INDEX(C4:H11,MATCH(K3,B4:B11,0),MATCH(K4,C3:H3,0))
  ```

  d）如果要以数据区域的第一个单元格作为参照点，通过偏移的方法来提取指定行号、指定列号的数据，那么就需要使用 OFFSET 函数了，但仍然需要使用 MATCH 函数来确定偏移的行数和列数，此时公式为：

```
=OFFSET(B3,MATCH(K3,B4:B11,0),MATCH(K4,C3:H3,0))
```

e) 如果想要以整个工作表为坐标系，提取指定行、指定列的数据，则需要使用 INDIRECT 函数做间接引用，用 MATCH 函数来确定数据的行号和列号，此时公式为：

```
=INDIRECT("R"&MATCH(K3,B:B,0)&"C"&MATCH(K4,3:3,0),FALSE)
```

f) 本案例中，由于提取的数据类型是数字，还可以将地区和产品作为判断条件，做两个条件的求和计算，当两个条件都满足时，就是本身数据了，此时公式为（下面是数组公式）：

```
=SUM((B4:B11=K3)*(C3:H3=K4)*C4:H11)
```

g) 如果不喜欢使用 SUM 函数创建数组公式，可以使用 SUMPRODUCT 函数来创建普通公式，此时公式为：

```
=SUMPRODUCT((B4:B11=K3)*(C3:H3=K4)*C4:H11)
```

由此可见，这样一个简单表格的数据查找问题，由于解决问题的出发点不一样，解决的逻辑思路不一样，使用的函数也不一样，设计出来的公式也不一样。而最高效的公式，就是 VLOOKUP 函数公式和 HLOOKUP 函数公式，但从查找灵活性来说，INDEX 函数公式是最高效的。

1.1.2 梳理逻辑思路，绘制逻辑流程图

任何一个问题本质上都是逻辑判断，满足条件了做什么，满足不了条件做什么，而函数本身也是各种条件判断，只不过用户看不见函数背后的源代码而已。

设计公式的过程，是梳理逻辑思路的过程，学会绘制逻辑流程图，就是一项非常重要的技能了，通过逻辑流程图，可以很清楚地知道，每步要做什么，选用什么函数，参数怎么设置。

前面介绍了如何通过阅读表格来寻找解决问题的逻辑思路，下面介绍如何把这个思路可视化，如何绘制逻辑思路图，清晰展示解决问题的每一步逻辑与操作。

案例 1-3

图 1-3 中的示例，要根据工龄计算每个人的年休假天数，这个问题需要使用嵌套 IF 函数解决，因为是多个条件的递层判断。

年休假计算规则如下：

- 不满 1 年，0 天。
- 满 1 年不满 10 年，5 天。
- 满 10 年不满 20 年，10 天。
- 满 20 年以上，15 天。

	A	B	C	D
1	姓名	入职时间	工龄	年休假天数
2	A001	1993-8-20	29	
3	A002	2018-4-21	4	
4	A003	2014-7-14	8	
5	A004	1995-5-22	27	
6	A005	1999-9-9	23	
7	A006	2007-3-12	16	
8	A007	2023-3-2	0	

图 1-3　根据工龄计算年休假

对于这个判断处理，可以从小往大依次判断，也就是先判断是否不满 1 年，再判断是否不满 10 年，如此进行下去，直至所有条件判断完毕，此时，可以绘制如图 1-4 所示的逻辑流程图。

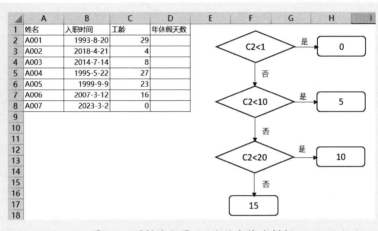

图 1-4　逻辑流程图：从小往大依次判断

也可以从大往小依次判断，也就是先判断是满 20 年，再判断是否满 10 年，如此进行下去，直至所有条件判断完毕，此时，可以绘制如图 1-5 所示的逻辑流程图。

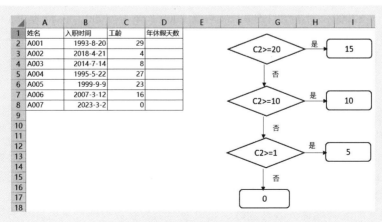

图 1-5　逻辑流程图：从大往小依次判断

从 Excel 函数嵌套综合应用来说，当问题不是特别复杂，又是不同函数嵌套的情况下，也可以绘制函数参数对话框的流程图。

例如，对于案例 1-2 的示例数据，使用 VLOOKUP 函数和 MATCH 函数嵌套的参数对话框逻辑关系如图 1-6 所示，通过这个参数对话框的嵌套逻辑关系，对于问题解决思路以及函数的嵌套，就非常清晰了。

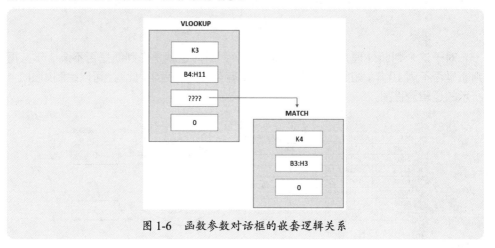

图 1-6　函数参数对话框的嵌套逻辑关系

✐ 本节知识回顾与测验

1. 设计公式的核心是逻辑思维，要认真阅读表格，梳理逻辑思路，这个观点对吗？

2. 如何根据梳理出的逻辑思路来绘制逻辑流程图？

3. 简单函数嵌套公式，如何绘制形象的函数参数对话框式逻辑流程图？请结合例子自行练习。

4. 对于比较复杂的函数嵌套公式，如何绘制抽象的计算流程式的逻辑流程图？请结合例子自行练习。

5. 一个简单练习。根据采购量确定折扣率：采购量 1000 以下，不折扣；采购量 1000（含）~2000，折扣为 1.5%；采购量 2000（含）~5000，折扣为 3%；采购量 5000（含）~10000，折扣为 8%；采购量在 10000（含）以上，折扣为 12%。请绘制解决这个折扣率的逻辑流程图。

1.2　必备重要技能，高效输入嵌套函数公式

很多人在输入嵌套函数公式时，是手工在单元格中逐个输入函数和参数，结果按 Enter 键。当提示公式错误时，反回来又重新输入，在这个过程中可能会弹出信息框提示缺括号少逗号的，这样做好一个公式，往往花费很长时间。

要快速而准确地输入嵌套函数，可以使用函数参数对话框 + 名称框方法，也可以使用分解综合法。下面结合实例，介绍这两种方法的具体应用技能和技巧。

1.2.1 同一个函数嵌套：函数参数对话框 + 名称框方法

以案例 1-3 的年休假计算为例，输入嵌套 IF 函数的步骤如下。

步骤1 单击工具栏中的插入函数按钮，先打开第 1 个 IF 函数参数对话框，然后输入第 1 个参数和第 2 个参数，如图 1-7 所示。

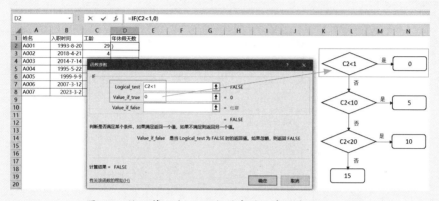

图 1-7 输入第 1 个 IF 函数的条件和条件成立的结果

步骤2 将光标移到第 3 个参数输入框，然后单击名称框里出现的 IF 函数，如图 1-8 所示，就打开了第 2 个 IF 函数参数对话框，然后输入第 2 个 IF 函数的判断条件和条件成立的结果，如图 1-9 所示。

图 1-8 名称框出现的 IF 函数

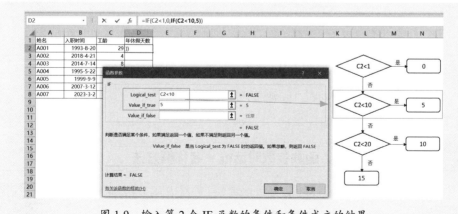

图 1-9 输入第 2 个 IF 函数的条件和条件成立的结果

步骤3 将光标移到第 3 个参数输入框，然后单击名称框里出现的 IF 函数，打开第 3 个

IF 函数参数对话框,然后输入第 3 个 IF 函数的判断条件以及条件成立和不成立的结果,如图 1-10 所示。

本例是 4 种结果,需要使用 3 个 IF 函数嵌套,到第 3 个 IF 函数要输入全部的 3 个参数。

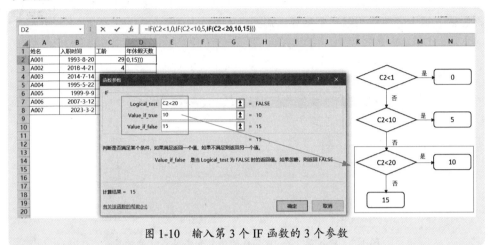

图 1-10 输入第 3 个 IF 函数的 3 个参数

步骤4 单击"确定"按钮,然后往下复制公式,就得到每个人的年休假天数,如图 1-11 所示。最终完成的判断处理公式如下:

```
=IF(C2<1,0,IF(C2<10,5,IF(C2<20,10,15)))
```

图 1-11 完成嵌套 IF 函数公式

如果要从大往小进行判断,则判断处理公式为:

```
=IF(C2>=20,15,IF(C2>=10,10,IF(C2>=1,5,0)))
```

1.2.2 不同函数嵌套:函数参数对话框 + 名称框方法

以案例 1-2 的查找数据为例,输入嵌套 VLOOKUP 函数和 MATCH 函数的步骤如下。

步骤1 单击工具栏中的插入函数按钮,先打开 VLOOKUP 函数参数对话框,输入其已确定的第 1 个参数、第 2 个参数和第 4 个参数，其中第 3 个参数暂时留空，如图 1-12 所示。

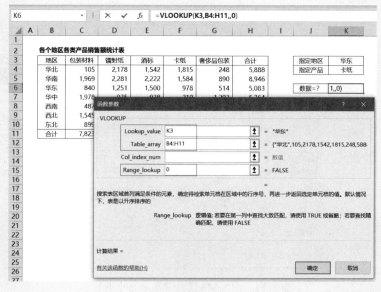

图 1-12　输入 VLOOKUP 函数已确定的参数

步骤2 将光标移到第 3 个参数输入框，然后单击名称框下拉列表，选择 MATCH 函数（如果未出现 MATCH 函数，可单击下拉列表底部的"其他函数"，慢慢找到 MATCH 函数），如图 1-13 所示。打开 MATCH 函数参数对话框，然后输入该函数的 3 个参数，如图 1-14 所示。

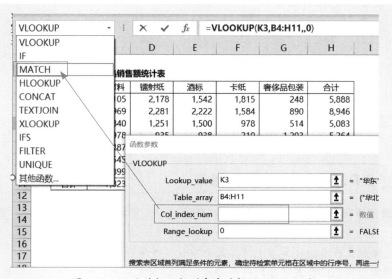

图 1-13　从名称框下拉列表中选择 MATCH 函数

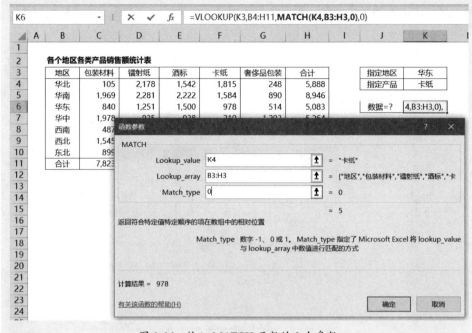

图 1-14　输入 MATCH 函数的 3 个参数

步骤3 单击"确定"按钮，完成嵌套函数输入，得到查找结果，如图 1-15 所示。

图 1-15　完成不同函数嵌套公式

1.2.3 ▶ 复杂的嵌套公式：分解综合法

当遇到逻辑更为复杂的不同函数嵌套公式时，最好使用分解综合法，其基本思路如下：

- 先按照最基本的计算单元计算每个项目，并保存在辅助单元格。
- 将辅助单元格公式综合到一个公式。
- 删除辅助单元格。

案例 1-4

图 1-16 中的示例，要求查找指定产品、指定成本项目、指定年份下各个季度的成本数据。

		2020年				2021年				2022年					指定产品	产品3
产品	成本项目	1季度	2季度	3季度	4季度	1季度	2季度	3季度	4季度	1季度	2季度	3季度	4季度		指定成本项目	制造费用
产品1	直接材料	464.17	388.82	439.06	302.35	473.61	474.97	311.59	421.67	345.63	412.76	467.25	478.75		指定年份	2021年
	直接人工	44.15	34.16	33.10	36.89	39.08	30.82	41.49	42.45	42.20	46.13	48.72	32.14			
	制造费用	112.73	141.65	93.83	115.09	102.94	149.63	119.99	148.33	95.19	101.12	113.88	112.12		季度	金额
	合计	621.05	564.63	565.99	454.33	615.63	655.42	473.07	612.45	483.02	560.01	629.85	623.01		1季度	
产品2	直接材料	767.40	635.32	699.04	665.76	646.82	774.82	661.06	526.49	592.40	710.28	722.87	719.47		2季度	
	直接人工	96.25	82.47	83.98	99.76	98.94	87.27	93.74	114.75	99.46	117.45	95.01	94.35		3季度	
	制造费用	178.60	169.89	158.03	131.04	138.92	155.85	164.62	135.94	120.47	124.13	136.73	125.66		4季度	
	合计	1,042.25	887.68	941.05	896.56	884.68	1,017.94	919.42	777.18	812.33	951.88	954.61	939.48			
产品3	直接材料	1,420.69	1,384.32	1,278.78	1,231.34	1,156.04	1,326.59	1,336.17	1,174.03	1,002.46	1,161.58	1,343.91	1,074.48			
	直接人工	209.26	204.54	205.17	185.65	217.95	142.53	136.07	231.33	234.77	168.01	242.68	136.11			
	制造费用	318.85	218.54	201.75	255.76	300.03	288.47	315.44	206.77	234.43	320.39	203.38	301.39			
	合计	1,948.80	1,807.40	1,685.70	1,672.75	1,674.02	1,757.59	1,787.68	1,612.13	1,471.66	1,649.98	1,789.97	1,511.98			
产品4	直接材料	1,111.41	697.27	904.12	1,181.97	982.51	1,088.18	1,242.49		1,210.20	1,151.33	972.76	1,094.15			
	直接人工	465.76	504.72	627.65	459.11	636.76	567.13	558.54	486.80	442.59	430.78	396.84	490.20			
	制造费用	422.49	496.54	512.82	439.15	447.42	484.77			549.19	548.87	460.60	525.01			
	合计	1,999.66	1,698.53	2,044.59	2,080.23	2,203.66	2,102.57	2,094.14	2,214.08	2,201.98	2,130.98	1,830.20	2,109.36			
产品5	直接材料	4,722.78	3,534.82	3,871.80	4,353.81	4,577.31	4,151.26	4,062.67	3,280.55	3,417.84	4,515.97	3,120.57	4,319.03			
	直接人工	747.11	917.67	599.54	626.72	927.35	870.98	923.46	705.81	613.67	840.74	920.64	840.77			
	制造费用	1,052.59	963.31	701.98	874.44	840.64	770.09	816.01	925.83	952.78	817.73	714.25	782.58			
	合计	6,522.48	5,415.80	5,173.32	5,854.97	6,345.30	5,792.33	5,802.14	4,912.19	4,984.29	6,174.44	4,755.46	5,942.38			

图 1-16 复杂的数据查找

仔细阅读表格结构及需求，这是 4 个条件的查找：

- 条件 1：在 A 列匹配产品。
- 条件 2：在 B 列匹配成本项目。
- 条件 3：在第 1 行匹配年份。
- 条件 4：在第 2 行匹配季度。

条件 1 和条件 2 组合，可以得到指定产品、指定成本项目的行号；条件 3 和条件 4 组合，则可以得到指定年份、指定季度的列号。

如果直接使用函数参数对话框输入这样的嵌套函数公式，会比较烦琐，也容易出错，可以使用分解综合法来构建这个表格的数据查找公式。

以指定产品、指定成本项目、指定年份下，1 季度的数据查找（单元格 Q7）公式为例，使用分解综合法的具体步骤如下。

（1）分解步骤。

步骤1 在辅助单元格 Q13 中输入下列公式，确定指定产品的行号：

```
=MATCH($Q$2,A:A,0)
```

步骤2 在辅助单元格 Q14 中输入下列公式，确定指定成本项目的位置（每个产品的成本项目是一样的，因此任选一个产品下的成本项目区域即可）：

```
=MATCH($Q$3,$B$3:$B$6,0)
```

步骤3 在辅助单元格 Q15 中输入下列公式，确定指定年份的列号：

```
=MATCH($Q$4,$1:$1,0)
```

步骤4 在辅助单元格 Q16 中输入下列公式,确定指定季度的位置(每年都是 4 个季度的,因此任选一个年份下的季度区域即可):

```
=MATCH(P7,$C$2:$F$2,0)
```

步骤5 将确定指定产品的行号和指定成本项目的位置进行计算,就得到指定产品、指定成本项目的实际行号,保存在辅助单元格 Q18 中,公式如下:

```
=Q13+Q14-1
```

步骤6 将确定年份的列号和指定季度的位置进行计算,就得到指定年份、指定季度的实际列号,保存在辅助单元格 Q19 中,公式如下:

```
=Q15+Q16-1
```

步骤7 在单元格 Q7 中输入下列公式,就得到指定条件的数据:

```
=INDEX($A$1:$N$22,Q18,Q19)
```

图 1-17 为分解计算过程。

	A	B	C	D	E	F	G	H	I	J	K	L	M	N	O	P	Q
1	产品	成本项目	2020年				2021年				2022年					指定产品	产品3
2			1季度	2季度	3季度	4季度	1季度	2季度	3季度	4季度	1季度	2季度	3季度	4季度		指定成本项目	制造费用
3	产品1	直接材料	464.17	388.82	439.06	302.35	473.61	474.97	311.59	421.67	345.63	412.76	467.25	478.75		指定年份	2021年
4		直接人工	44.15	34.16	33.10	36.89	39.08	30.82	41.49	42.45	42.20	46.13	48.72	32.14			
5		制造费用	112.73	141.65	93.83	115.09	102.94	149.63	119.99	148.33	95.19	101.12	113.88	112.12			
6		合计	621.05	564.63	565.99	454.33	615.63	655.42	473.07	612.45	483.02	560.01	629.85	623.01		季度	金额
7	产品2	直接材料	767.40	635.32	699.04	665.76	646.82	774.82	661.06	526.49	592.40	710.28	722.87	719.47		1季度	300.03
8		直接人工	96.25	82.47	83.98	99.76	98.94	87.27	93.74	114.75	99.46	117.47	95.01	94.35		2季度	
9		制造费用	178.60	169.89	158.03	131.04	138.92	155.85	164.62	135.94	120.47	124.13	136.73	125.66		3季度	
10		合计	1,042.25	887.68	941.05	896.56	884.68	1,017.94	919.42	777.18	812.33	951.88	954.61	939.48		4季度	
11	产品3	直接材料	1,420.69	1,384.32	1,278.78	1,231.34	1,156.04	1,326.59	1,335.17	1,174.03	1,002.46	1,161.58	1,343.91	1,074.48			
12		直接人工	209.26	204.54	205.17	185.65	217.95	142.53	136.07	231.33	234.77	168.01	242.68	136.11		产品行号	11
13		制造费用	318.85	218.54	201.75	255.76	300.03	288.47	315.44	206.77	234.43	320.39	203.38	301.39		成本项目位置	3
14		合计	1,948.80	1,807.40	1,685.70	1,672.75	1,674.02	1,757.59	1,787.68	1,612.13	1,471.66	1,649.98	1,789.97	1,511.98		年份列号	7
15	产品4	直接材料	1,111.41	697.27	904.12	1,181.97	1,125.53	982.51	1,088.18	1,242.49	1,210.20	1,151.33	972.76	1,094.15		季度位置	1
16		直接人工	465.76	504.72	627.65	459.11	636.76	567.13	558.54	486.80	442.59	430.78	396.84	490.20			
17		制造费用	422.49	496.54	512.82	439.15	441.37	552.93	447.42	484.79	549.19	548.87	460.60	525.01		数据所在行号	13
18		合计	1,999.66	1,698.53	2,044.59	2,080.23	2,203.66	2,102.57	2,094.14	2,214.08	2,201.98	2,130.98	1,830.20	2,109.36		数据所列行号	7
19	产品5	直接材料	4,722.78	3,534.82	3,871.80	4,353.81	4,577.31	4,151.26	4,062.67	3,280.55	3,417.84	4,515.97	3,120.57	4,319.03			
20		直接人工	747.11	917.67	599.54	626.72	927.35	870.98	923.46	705.81	613.67	840.74	920.64	840.77			
21		制造费用	1,052.59	963.31	701.98	874.44	840.64	770.09	816.01	925.83	952.78	817.73	714.25	782.58			
22		合计	6,522.48	5,415.80	5,173.32	5,854.97	6,345.30	5,792.33	5,802.14	4,912.19	4,984.29	6,174.44	4,755.46	5,942.38			

图 1-17　分解计算过程

(2)综合步骤。

上面是公式逐步分解计算出每步的结果,下面将这些步骤综合起来,生成一个综合公式。

步骤1 单元格 Q7 中的公式引用了单元格 Q18 和 Q19 中的数据,将单元格 Q18 和 Q19 的公式字符串套入单元格 Q7 的公式中,得到如下公式:

```
=INDEX($A$1:$N$22,Q13+Q14-1,Q15+Q16-1)
```

步骤2 在这个公式中,引用了单元格 Q13、Q14、Q15 和 Q16 中的数据,将单元格 Q13、Q14、Q15 和 Q16 的公式字符串套入单元格 Q7 的公式中,得到如下公式:

```
=INDEX($A$1:$N$22,
        MATCH($Q$2,A:A,0)+MATCH($Q$3,$B$3:$B$6,0)-1,
        MATCH($Q$4,$1:$1,0)+MATCH(P7,$C$2:$F$2,0)-1
        )
```

步骤3 将公式往下复制，得到各个季度的数据。

步骤4 删除辅助区域，这样就得到了指定产品、指定成本项目、指定年份下各个季度的成本数据，如图 1-18 所示。

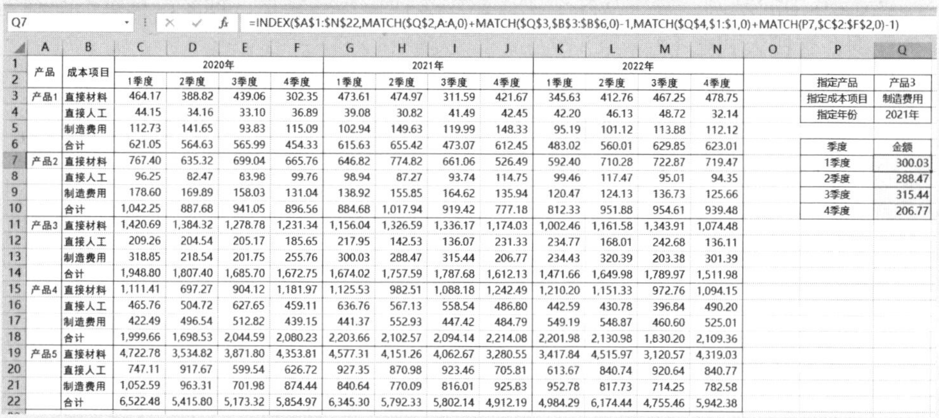

图 1-18　指定产品、指定成本项目、指定年份下各个季度的成本数据

通过以上操作可以看出，这个数据查找问题非常复杂（有 4 个条件），其实，如果对各个条件逐个分解，最后再综合，问题解决的思路既清楚，操作过程又简单。

本节知识回顾与测验

1. 快速、准确输入嵌套函数公式的基本方法是联合使用"函数参数"对话框和名称框，也就是从名称框中选择要嵌套的函数，打开"函数参数"对话框，输入函数参数。

2. 输入嵌套函数公式之前，最好绘制逻辑流程图。

3. 针对复杂嵌套函数公式，可以采用分解综合法，也就是先使用每个函数逐步解决问题，最后再综合为一个公式。

1.3　使用名称创建高效、灵活的数据分析公式

在数据处理和数据分析中，经常会创建一些较长的复杂公式，一看就眼晕，但是如果使用名称，就可以简化公式，让其变得既逻辑清楚，又容易阅读。

1.3.1　使用名称简化公式

几乎所有的 Excel 对象，如常量、单元格、公式、图形等，都可以定义名称，也就是为它们起名字。关于名称的定义与使用方法，下面结合一个例子进行说明。

案例 1-5

图 1-19 中的示例，要求从左侧的表格中查找指定业务员、地区、指定产品在各年的数据，查找公式如下：

```
=IFERROR(VLOOKUP($M$4,
        IF($M$2="业务员 1",$B$3:$J$6,IF($M$2="业务员 2",$B$7:
$J$11,$B$12:$J$14)),
        MATCH(L7,$B$2:$J$2,0)+IF($M$3="国内",0,4),
        0),
    "没有数据")
```

这个公式很长，主要是 VLOOKUP 函数的第 2 个参数，使用 IF 函数来判断获取指定业务员的数据区域：

```
IF($M$2="业务员 1",$B$3:$J$6,IF($M$2="业务员 2",$B$7:$J$11,$B$12:
$J$14))
```

这个 IF 嵌套的结果是指定业务员的数据区域，可以将其定义名称为"查找区域"，这样公式就变得很简单了：

```
=IFERROR(
        VLOOKUP($M$4,查找区域,MATCH(L7,$B$2:$J$2,0)+IF($M$3=
"国内",0,4),0),
        "没有数据")
```

M7						fx	=IFERROR(VLOOKUP($M$4,IF($M$2="业务员1",$B$3:$J$6,IF($M$2 ="业务员2",$B$7:$J$11,$B$12:$J$14)),MATCH(L7,$B$2:$J$2,0)+IF($M$3="国内",0,4),0),"没有数据")						
▲	A	B	C	D	E	F	G	H	I	J	K	L	M	N
1	业务员	产品			国内				国外				指定业务员	业务员2
2			2020年	2021年	2022年	2023年	2020年	2021年	2022年	2023年		指定客户	国外
3	业务员1	产品1	822	1097	656	1830	476	1137	2989	1900		指定产品	产品2
4		产品2	2274	210	1603	1395	348	1626	1540	1416			
5		产品3	2883	1477	1421	1812	268	996	800	2460		年份	销售收入
6		产品4	626	1261	1990	996	1284	382	610	687			
7	业务员2	产品3	2169	620	372	3046	1298	1771	1919	946		2020年	1581
8		产品4	2095	2845	639	2439	3051	1832	3057	2525		2021年	2144
9		产品2	2199	1245	858	1075	1581	2144	2603	1621		2022年	2603
10		产品6	1581	1090	811	744	2813	613	1268	1307		2023年	1621
11		产品7	240	987	2761	680	1613	2377	2361	2970			
12	业务员3	产品5	2507	726	2686	522	1909	1512	2448	1956			
13		产品3	2739	2205	970	1713	2472	3042	2605	252			
14		产品1	413	2223	858	367	2329	2232	1909	2136			
15	合计		20548	15986	15625	16619	19442	19664	24109	20176			
16													

图 1-19　复杂查找公式

定义名称的步骤如下。

步骤1 在"公式"选项卡中单击"定义名称"命令按钮，如图 1-20 所示。打开"新建名称"对话框,如图 1-21 所示。

图 1-20 "定义名称"命令按钮　　　　图 1-21 "新建名称"对话框

也可以单击"名称管理器"命令按钮,打开"名称管理器"对话框,如图 1-22 所示,再单击对话框中的"新建"按钮,也会打开"新建名称"对话框。

图 1-22 "名称管理器"对话框

如果要定义很多名称,或者名称的引用公式很长,建议使用"名称管理器"对话框来定义名称,因为定义好名称后,可以快速检查名称的引用位置是否正确。

步骤2 在"名称"输入框中输入名称"查找区域",在"引用位置"输入框中输入下面的引用公式,如图 1-23 所示。

```
=IF($M$2="业务员1",$B$3:$J$6,IF($M$2="业务员2",$B$7:$J$11,$B$12:
$J$14))
```

图 1-23 定义名称"查找区域"

步骤3 单击"确定"按钮，就定义了名称"查找区域"，在"名称管理器"对话框中就可以看到这个名称了，如图 1-24 所示。

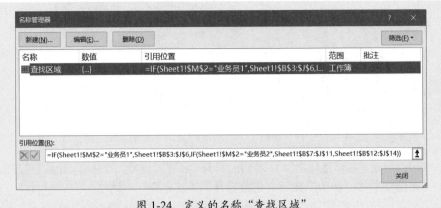

图 1-24　定义的名称"查找区域"

1.3.2 名称应用案例：使用名称制作动态图表

在制作动态图表时，大多数情况下是设计辅助区域绘制图表，但在此情况下需要定义动态名称，并利用定义的名称绘制图表。下面通过一个最简单的例子，说明定义名称并绘制动态图表的基本方法和应用技能。

案例 1-6

图 1-25 是项目汇总表，A 列项目会增加或减少。如何绘制一个可以随着项目增加或减少而自动调整的动态图表？

	A	B	C
1	项目	数据	
2	项目A	664	
3	项目B	1468	
4	项目C	654	
5	项目D	617	
6	项目E	1261	
7	项目H	287	
8	项目R	922	
9	项目S	1147	
10			
11			

图 1-25　示例数据，项目汇总表

定义"项目"和"数据"两个名称，引用公式分别如下，如图 1-26 所示。
名称"项目"：

```
=OFFSET($A$2,,,COUNTA($A$2:$A$100),1)
```

名称"数据"：

```
=OFFSET($B$2,,,COUNTA($A$2:$A$100),1)
```

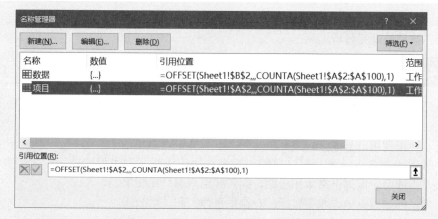

图 1-26　定义的名称"项目"和"数据"

有了这两个名称，就可以使用名称绘制图表，绘制的图表如图 1-27 所示。

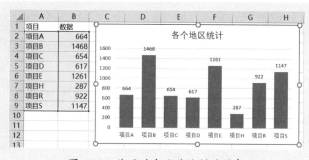

图 1-27　使用动态名称绘制的图表

这样，当项目增减时，图表就自动调整最新状态，如图 1-28 所示。

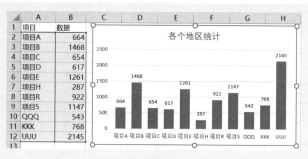

图 1-28　图表自动调整

1.4　使用数组公式解决复杂计算问题

在某些情况下，也会遇到对数组进行计算的场合，此时就需要设计数组公式来解决一些复杂的计算问题。

数组公式，就是在公式中对数组进行计算，得到一个或多个结果的公式。在

Excel 中，数组公式是非常强大的，可以解决一些非常复杂的计算问题，以及做一些复杂的数据处理和分析。

1.4.1 数组基本知识

所谓数组，就是把数据组合起来。在 Excel 工作表中，数组有一维数组和二维数组两种。不论是一维数组还是二维数组，数组中的各个数据（又称元素）需要用逗号或分号隔开。

数组中的各个元素，可以是同类数据，也可以是不同类型的数据。对于数字，直接写上即可，但对于文本和日期，则需要用双引号括起来。

常见的数组有一维水平数组、一维垂直数组和二维数组。

一维水平数组的各个元素用逗号（,）隔开，相当于工作表的某行连续单元格数据。例如，如果将数组 {1,2,3,4,5} 输入工作表，就是如图 1-29 所示的情形，从而数组 {1,2,3,4,5} 就相当于单元格区域 B2:F2。

	A	B	C	D	E	F	G
1							
2		1	2	3	4	5	
3							

图 1-29　一维水平数组与工作表单元格区域的对应关系

一维垂直数组的各个元素用分号（;）隔开，相当于工作表的某列连续单元格数据。例如，如果将数组 {1;2;3;4;5} 输入工作表，就是如图 1-30 所示的情形，从而数组 {1;2;3;4;5} 就相当于单元格区域 B2:B6。

	A	B	C
1			
2		1	
3		2	
4		3	
5		4	
6		5	
7			

图 1-30　一维垂直数组与工作表单元格区域的对应关系

二维数组就是工作表中一个连续的矩形单元格区域。例如，如果将数组 {1,2,3,4,5;6,7,8,9,10;11,12,13,14,15} 输入工作表，就是如图 1-31 所示的情形，从而数组 {1,2,3,4,5;6,7,8,9,10;11,12,13,14,15} 就相当于单元格区域 B2:F4。

	A	B	C	D	E	F	G
1							
2		1	2	3	4	5	
3		6	7	8	9	10	
4		11	12	13	14	15	
5							

图 1-31　二维数组与工作表单元格区域的对应关系

1.4.2 数组公式基本知识

所谓数组公式，就是对数组进行计算的公式。数组公式有以下特征：

- 单击数组公式所在的任一单元格，就可以在公式编辑栏中看到公式前后出现的大括号"{ }"，如果在公式编辑栏中单击，大括号就会消失。这个大括号是自动显示出来的，表示这个是数组公式，千万不要添加这个大括号。
- 如果是在几个单元格中输入数组公式，那么每个单元格中的公式是完全相同的。
- 必须同时按组合键 Ctrl+Shift+Enter 才能得到数组公式（此时可以在编辑栏中看到公式的前后有一对大括号），否则，如果只按 Enter 键，那样得到的是普通公式。
- 公式中必定有单元格区域的引用，或者必定有数组常量。
- 不能单独对数组公式所涉及的单元格区域中的某一个单元格进行编辑、删除或移动等操作。
- 不能在合并单元格中输入数组公式。

在工作表中输入数组公式必须遵循一定的方法和步骤。尽管数组公式返回值可以是多个或一个，但输入数组公式的基本方法是一样的，最后都必须按组合键 Ctrl+Shift+Enter，唯一的区别是选取单元格的不同：

- 返回多个结果的数组公式要选取连续的单元格区域。
- 返回一个结果的数组公式仅选取一个单元格。

数组公式的输入方法和基本步骤如下。

步骤1 选定某个单元格或单元格区域。

如果数组公式返回一个结果，单击需要输入数组公式的某个单元格。

如果数组公式将返回多个结果，则要选定需要输入数组公式的单元格区域。

步骤2 输入数组公式。

步骤3 按组合键 Ctrl+Shift+Enter，Excel 自动在公式的两边显示大括号 {}。

当需要对数组公式进行编辑时，可以按照下列的方法来操作：

如果是返回一个结果的数组公式，那么就仅选取该单元格，编辑公式，然后按组合键 Ctrl+Shift+Enter。

如果是返回多个结果的数组公式，那么就要选择该数组公式中的全部单元格，编辑公式，然后按组合键 Ctrl+Shift+Enter。

1.4.3 数组公式应用案例：计算前 N 大数据之和

了解数组及数组公式的基本知识后，下面介绍一个数组公式的具体应用案例。

第 1 章　创建高效 Excel 函数公式必备技能

图 1-32 中的示例，要求计算前 5 大客户销售额合计数。这里，前 5 大客户销售额合计公式如下：

```
{=SUM(LARGE(B2:B18,{1,2,3,4,5}))}
```

在这个公式中，使用了数组 {1,2,3,4,5} 来构建一个连续的序号，以便使用 LARGE 函数分别取出前 5 大数据。因此，LARGE(B2:B18,{1,2,3,4,5}) 的结果就是前 5 大数据构成的数组 {21029,11055,9949,8241,5945}，然后再使用 SUM 函数将这 5 个数字相加，就是前 5 大客户销售额合计数了。

	A	B	C	D	E	F	G
					fx	=SUM(LARGE(B2:B18,{1,2,3,4,5}))	
1	客户	销售额					
2	客户01	9949					
3	客户02	1350			前5大客户销售额合计	56219	
4	客户03	11055					
5	客户04	646					
6	客户05	1498					
7	客户06	69					
8	客户07	316					
9	客户08	21029					
10	客户09	1359					
11	客户10	362					
12	客户11	8241					
13	客户12	48					
14	客户13	4035					
15	客户14	729					
16	客户15	5945					
17	客户16	158					
18	客户17	586					

图 1-32　数组公式经典应用

思考一下，如果要计算前 N 大客户销售额合计数，这里 N 是一个变量，如何设计公式呢？

如图 1-33 所示，假设单元格 F2 指定 N 的数值，那么可以在单元格 F3 中输入如下数组公式：

```
=SUM(LARGE(B2:B18,ROW(INDIRECT("1:"&F2))))
```

下面是这个公式的计算逻辑。

- "1:"&F2 是构建一个 1 到几的字符串。例如，单元格 F2 指定数字 5，那么 "1:"&F2 就是字符串 "1:5"。
- 使用 INDIRECT 函数将这个字符串 "1:5" 转换为对第 1~5 行的引用：INDIRECT("1:"&F2)。
- 使用 ROW 函数提取出第 1~5 行的行号：ROW(INDIRECT("1:"&F2))，这个表达式就生成了一个 1~5 的连续序号：{1;2;3;4;5}。
- 使用 LARGE 函数提取出前 5 大数据，LARGE(B2:B18,ROW(INDIRECT("1:"&F2)))，这个表达式的结果就构成一个数组：{21029;11055;9949;8241;5945}。

● 最后使用 SUM 函数将前 5 大数据的数组进行求和。

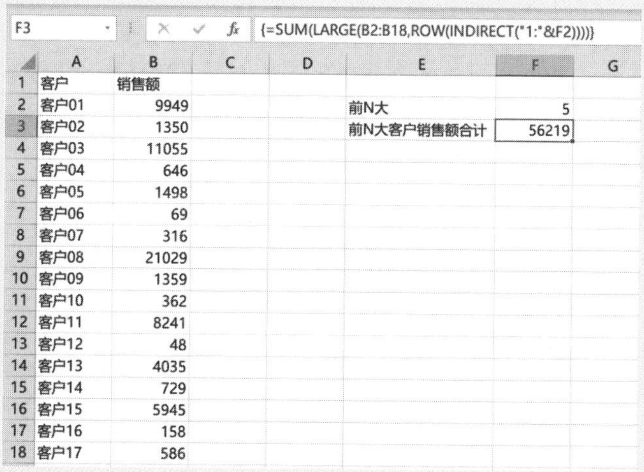

图 1-33　计算前 N 大数据之和

　　指定单元格 F2 中的任意数字，就可以立即算出前 N 大客户销售额合计数。如图 1-34 所示，就是计算前 10 大客户销售额的合计数。

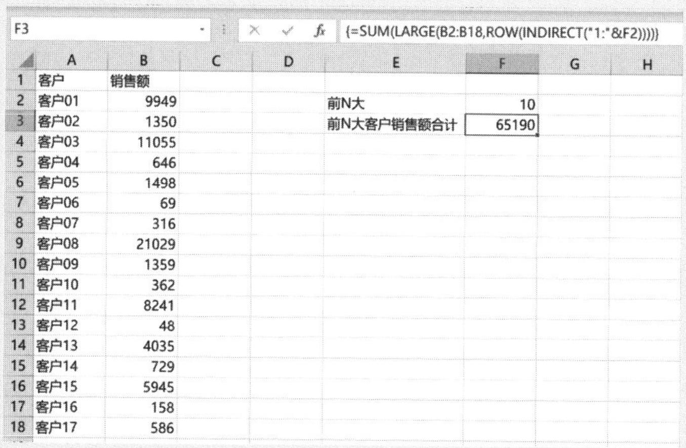

图 1-34　前 10 大客户销售额

　　此时，ROW 函数的结果是数组 {1;2;3;4;5;6;7;8;9;10}，因此，LARGE 函数的结果是数组 {21029;11055;9949;8241;5945;4035;1498;1359;1350;729}。

✐ 本节知识回顾与测验

　　1. 定义名称要注意哪些问题？

　　2. 如何对任意单元格、单元格区域、常量等定义名称？

　　3. 定义的名称字符之间为什么不能有空格？

4. 定义名称、查看编辑引用公式，最方便的方法是什么？

5. 如果定义了一个名称"税率"，其引用公式为"=0.25"，那么在公式中，如果输入"税率"，如公式"=C5*税率"，这个"税率"是什么？

6. 什么是数组？一维数组、二维数组与工作表单元格区域有什么对应关系？

7. 如何在一个单元格中输入数组公式？如何在一个单元格区域输入数组公式？

8. 要完成数组公式的输入，必须按什么键？

9. 如何查看编辑数组公式？

10. 如何计算一个单元格区域的 10 个最大数字之和？如何计算一个单元格区域的最小 10 个数字之和？

第 2 章

数据逻辑判断处理
案例精讲

数据逻辑判断与处理是 Excel 表格中常见的函数公式运用，此时需要根据指定的条件，对数据进行判断，以便处理为需要的结果。

在进行数据逻辑判断处理时，可以使用条件表达式、相关的信息函数以及一些逻辑判断处理函数。

2.1 条件表达式应用技能与案例

数据逻辑判断与处理，离不开条件表达式。所谓条件表达式，就是根据指定的条件判断规则，对两个数据进行比较运算，得到要么是 TRUE，要么是 FALSE 的判定值。

2.1.1 使用条件表达式的注意事项

在使用条件表达式时，要注意以下几点。

（1）条件表达式要使用比较运算，包括等于（=）、大于（>）、大于或等于（>=）、小于（<）、小于或等于（<=）和不等于（<>）。

（2）只能是两个数据进行比较，不能是 3 个以上的数据相互做比较。

例如，下列公式就是判断 100 是否大于 200，结果是 FALSE：

```
=100>200
```

而下面公式的判断逻辑是先判断 100 是否大于 200，结果为 FALSE，再将这个结果 FALSE 与 300 进行比较判断，因此，这个公式是两个判断的过程，其结果是 TRUE：

```
=100>200>300
```

（3）条件表达式的结果是两个逻辑值：TRUE 或 FALSE。

逻辑值 TRUE 和 FALSE 分别以 1 和 0 来表示，在 Excel 中也遵循这个规定，因此，在公式中逻辑值 TRUE 和 FALSE 分别以 1 和 0 来参与运算。

例如，下列公式就会得到不同的结果：

```
=200>100                  结果为 TRUE
=(200>100)*100            结果为 100  （即 TRUE*100=1*100=100）
=(200>100)+(300>200)      结果为 2   （即 TRUE+TRUE=1+1=2）
```

（4）比较运算符是所有运算符中运算顺序最低的，因此，为了得到正确的结果，最好使用一组小括号将每个条件表达式括起来，例如：

```
=(A2>100)*(A2<1000)
```

2.1.2 条件表达式的书写规则

当只对两个数据进行比较时，利用简单的逻辑运算符就可以建立一个条件表达式了。

例如，下列公式都是简单的条件表达式，对两个数据进行比较，这些条件表达式都是返回逻辑值 TRUE 或 FALSE。

```
=A1>B1
=A1<>(B1-100)
=A1=" 北京 "
=SUM(A1:A10)>=1000
```

在实际数据处理中，经常需要将多个条件表达式进行组合，设计更为复杂的逻辑判断条件，以完成更为复杂的任务。

在多个条件表达式组合中，乘号（*）表示与条件，即这些条件必须同时满足（因为 TRUE*TRUE 就是 TRUE）；加号（+）表示或条件，即这些条件只要有一个满足即可（因为 TRUE+FALSE 就是 TRUE）。

例如，下列表达式是判断单元格 A1 数据是否在 100~1000：

```
=(A1>100)*(A1<1000)
```

下列表达式是判断单元格 A1 数据是否为"彩电"或"冰箱"：

```
=(A1="彩电")+(A1="冰箱")
```

下列表达式是判断单元格 A1 数据是否为"彩电"或"冰箱"，同时单元格 B1 必须是"A 级"：

```
=((A1="彩电")+(A1="冰箱"))*(B1="A级")
```

不论是与条件还是或条件，要特别注意使用小括弧将各个条件表达式括起来。

2.1.3 条件表达式应用案例

条件表达式一个简单的应用是使用 IF 函数处理数据，因为 IF 函数的第一个参数是条件测试，该参数的值必须是 TRUE 或 FALSE。

案例 2-1

对图 2-1 中的考勤数据，要判断上班迟到情况，上班时间是 8:30，那么单元格 C2 的判断公式如下：

```
=IF(B2>8.5/24,"迟到","")
```

在这个公式中，使用了条件表达式 B2>8.5/24 判断是否迟到。注意，判断标准值 8:30 要以数值形式输入：8.5/24，如果要以时间格式"8:30"输入，那么就必须使用双引号括起来，并使用 TIMEVALUE 函数进行转换：

```
=IF(B2>TIMEVALUE("8:30"),"迟到","")
```

	A	B	C	D	E	F	G
C2			fx =IF(B2>8.5/24,"迟到","")				
1	姓名	上班时间	是否迟到?				
2	A001	8:43:36	迟到			注: 上班时间是8:30	
3	A002	9:18:51	迟到				
4	A003	8:24:56					
5	A004	8:10:39					
6	A006	9:12:04	迟到				
7	A008	7:53:14					
8	A009	8:22:41					
9	A011	9:26:28	迟到				
10	A013	8:09:32					
11	A014	7:57:13					
12	A015	8:41:37	迟到				

图 2-1 判断是否迟到

📈 **案例 2-2**

图 2-2 中的例子要复杂一些，要求统计每个大类材料在每个月的出货量。这里的大类是指材料编码的前 3 个字符。

	G4		× ✓ fx	=SUMPRODUCT((TEXT($A$2:$A$18,"m月")=G$3)*(LEFT($B$2:$B$18,3)=$F4)*$C$2:$C$18)						
	A	B	C	D	E	F	G	H	I	J	K
1	日期	材料编码	出库数量			**每个大类的各月出货量**					
2	2023-1-5	STP-A2203C2	80								
3	2023-1-5	STP-A2203C2	52			材料大类	1月	2月	3月		
4	2023-1-8	TTP-H803C	70			STP	268	0	0		
5	2023-1-8	YTP-1003C	152			TTP	227	0	177		
6	2023-1-12	STP-A2203C2	136			YTP	270	50	143		
7	2023-1-24	TTP-803	157			QTP	0	302	0		
8	2023-1-24	YTP-1003	118			POT	0	0	238		
9	2023-2-28	QTP-Q0194	94								
10	2023-2-4	QTP-Q0194	58								
11	2023-2-4	QTP-Q0194	150								
12	2023-2-11	YTP-1003C	50								
13	2023-3-11	YTP-1003C	143								
14	2023-3-11	TTP-803	138								
15	2023-3-23	TTP-803	16								
16	2023-3-23	POT-9495	140								
17	2023-3-27	POT-9495	98								
18	2023-3-27	TTP-H803C	23								

图 2-2　复杂的条件表达式

使用 SUMPRODUCT 函数进行多条件求和，单元格 G4 的计算公式如下：

```
=SUMPRODUCT((TEXT($A$2:$A$18,"m月")=G$3)
          *(LEFT($B$2:$B$18,3)=$F4)
          *$C$2:$C$18)
```

这个公式的逻辑思路解释如下。

第 1 个条件表达式是使用 TEXT 函数将 A 列日期转换为月份名称，并与报表的月份名称进行比较，得到一个逻辑值 TRUE 和 FALSE 组成的数组：

{TRUE;TRUE;TRUE;TRUE;TRUE;TRUE;TRUE;FALSE;FALSE;FALSE;FALSE;FALSE;FALSE;FALSE;FALSE;FALSE;FALSE}

第 2 个条件表达式是使用 LEFT 函数从 B 列提取材料大类（前 3 个字母），并与报表的大类名称进行比较，得到一个逻辑值 TRUE 和 FALSE 组成的数组：

{TRUE;TRUE;FALSE;FALSE;TRUE;FALSE;FALSE;FALSE;FALSE;FALSE;FALSE;FALSE;FALSE;FALSE;FALSE;FALSE;FALSE}

将这两个数组中的各个元素进行相乘，得到一个由数字 1（两个条件都满足）和 0（两个条件都不满足，或者只有一个条件满足）组成的数组：

{1;1;0;0;1;0;0;0;0;0;0;0;0;0;0;0;0}

将数字 1 和 0 构成的数组各元素与实际求和区域的各个数字相乘，得到满足指定月份、指定材料类别的出货量数组：

{80;52;0;0;136;0;0;0;0;0;0;0;0;0;0;0;0}

最后使用 SUMPRODUCT 函数将这个数组的各元素相加，就是指定月份、指定材料类别的出货量合计数。

✐ 本节知识回顾与测验

1. 什么是条件表达式？书写条件表达式要注意哪些问题？

2. 当需要组合多个条件表达式时，要正确使用括号进行组合。

3. 如果多个条件是与条件，可以使用乘号（*）进行组合，但要将每个条件表达式用括号括起来。

4. 下列条件表达式的计算逻辑是什么？

```
=((A2=" 北京 ")+(B2=" 空调 "))*(C2=" 张三 ")
```

5. 下列条件表达式的计算逻辑是什么？

```
=(A2=" 北京 ")*(B2=" 空调 ")*(C2=" 张三 ")
```

2.2 信息函数及其应用案例

Excel 提供了数十个信息函数，用于对数据类型、单元格状态进行判断。例如，判断数据是否为数字、是否为文本、是否为错误值；单元格是否为空值、是否为公式等。这些信息函数使用非常方便，也经常与 IF 函数或其他函数联合使用，完成更加复杂的判断处理。

2.2.1 ▶ 判断单元格状态

判断单元格状态的常用函数有 ISBLANK、ISFORMULA。

ISBLANK 函数判断单元格是否为空值，如果是空值，结果就是 TRUE，用法如下：

```
=ISBLANK( 单元格 )
```

ISFORMULA 函数判断单元格是否为公式，如果是公式，结果就是 TRUE，用法如下：

```
=ISFORMULA( 单元格 )
```

📊 案例 2-3

图 2-3 中的示例，可判断各个单元格是否为空值、是否为公式。

单元格 C2 的公式如下：

```
=ISBLANK(B2)
```

单元格 D2 的公式如下：

```
=ISFORMULA(B2)
```

图 2-3 判断单元格是否为空值和是否为公式

在该例中，如果要统计空单元格的个数，可以使用 COUNTBLANK 函数；但如果要统计公式单元格个数，就需要使用下列公式：

=SUMPRODUCT(ISFORMULA(B2:B11)*1)

这个公式中，先使用 ISFORMULA 函数统计每个单元格是否为公式，并将结果乘以 1，得到一个由 1 和 0 组成的数组，然后再使用 SUMPRODUCT 函数将数组元素加起来，就是公式单元格个数了。

例如，表达式 ISFORMULA(B2:B11) 的结果如下：

{FALSE;FALSE;FALSE;TRUE;FALSE;FALSE;TRUE;FALSE;TRUE;FALSE}

表达式 ISFORMULA(B2:B11)*1 的结果如下：

{0;0;0;1;0;0;1;0;0;1}

2.2.2 判断数据类型

在 Excel 中，数据的基本类型有文本、数字、日期和时间（其本质上也是数字）、逻辑值、错误值等。

判断数据是否为文本，可以使用 ISTEXT 函数和 ISNONTEXT 函数。

判断数据是否为数字，可以使用 ISNUMBER 函数。

判断数据是否为逻辑值，可以使用 ISLOGICAL 函数。

这几个函数的使用方法如下。

=ISTEXT (值或单元格)
=ISNONTEXT (值或单元格)
=ISNUMBER (值或单元格)
=ISLOGICAL (值或单元格)

例如，下列公式就是判断一个指定的具体值的数据类型：

=ISTEXT(100)	结果是 FALSE
=ISTEXT("100")	结果是 TRUE
=ISNONTEXT(100)	结果是 TRUE
=ISNONTEXT("100")	结果是 FALSE

```
=ISNUMBER(100)                             结果是 TRUE
=ISNUMBER("100")                           结果是 FALSE
=ISNUMBER("2023-4-16")                     结果是 FALSE
=ISNUMBER(DATEVALUE("2023-4-16"))          结果是 TRUE
=ISNUMBER(1*("2023-4-16"))                 结果是 TRUE
=ISLOGICAL(1)                              结果是 FALSE
=ISLOGICAL(TRUE)                           结果是 TRUE
```

利用相关的信息函数及其他函数来构建数组公式，可以解决一些复杂的问题。

案例 2-4

图 2-4 中的示例，要求从 A 列的名称规格中提取出名称和规格两列。

	A	B	C
1	名称规格	名称	规格
2	葡萄糖5%*12瓶	葡萄糖	5%*12瓶
3	原纸200*1000mm		
4	钢筋25mm		
5	生理盐水500mm*24袋		

图 2-4　示例数据，提取名称和规格

这个问题最简单的解决方法是使用快速填充工具（组合键 Ctrl+E）。不过，既然是介绍函数公式，这里就重点介绍如何设计科学而高效的公式来解决。

在该例中，名称是前面几个汉字，规格是名称后面第一个数字开始的所有字符（包括数字和文本）。

根据这个规律，可以设计如下提取名称的数组公式，如图 2-5 所示。

```
=LEFT(A2,MATCH(TRUE,ISNUMBER(1*MID(A2,ROW($1:$20),1)),0)-1)
```

B2　{=LEFT(A2,MATCH(TRUE,ISNUMBER(1*MID(A2,ROW($1:$20),1)),0)-1)}

	A	B	C	D	E	F	G	H
1	名称规格	名称	规格					
2	葡萄糖5%*12瓶	葡萄糖	5%*12瓶					
3	原纸200*1000mm	原纸	200*1000mm					
4	钢筋25mm	钢筋	25mm					
5	生理盐水500mm*24袋	生理盐水	500mm*24袋					

图 2-5　提取名称的数组公式

这个公式的基本逻辑思路是：先使用 MID 函数将名称规格进行拆分，每次取一个字符，构建一个数组，将每个字符乘以 1，然后使用 ISNUMBER 函数判断是否为数字，使用 MATCH 函数将第一个出现数字的位置定位，最后使用 LEFT 函数取出名称。

公式的详细计算逻辑及过程解释如下（以单元格 A2 的数据为例）。

（1）表达式 MID(A2,ROW($1:$20),1) 是依次取出名称规格的每个字符，这里假设名称规格字符串最大位数是 20：

```
{"葡";"萄";"糖";"5";"%";"*";"1";"2";"瓶";"";"";"";"";"";
"";"";"";"";"";""}
```

（2）表达式 1*MID(A2,ROW($1:$20),1) 就是将上述数组的每个元素乘以 1，如果数组元素是文本型数字，结果就是一个数字；如果是文本，结果就是错误值：

{#VALUE!;#VALUE!;#VALUE!;5;#VALUE!;#VALUE!;1;2;#VALUE!;#VALUE!;
#VALUE!;#VALUE!;#VALUE!;#VALUE!;#VALUE!;#VALUE!;#VALUE!;#VALUE!;
#VALUE!;#VALUE!}

（3）表达式 ISNUMBER(1*MID(A2,ROW($1:$20),1)) 是使用 ISNUMBER 函数对上述数组的元素判断是否为数字：

{FALSE;FALSE;FALSE;TRUE;FALSE;FALSE;TRUE;TRUE;FALSE;FALSE;
FALSE;FALSE;FALSE;FALSE;FALSE;FALSE;FALSE;FALSE;FALSE;FALSE}

（4）表达式 MATCH(TRUE,ISNUMBER(1*MID(A2,ROW($1:$20),1)),0) 是使用 MATCH 函数从上述数组中定位出第一个 TRUE 的位置，结果是 4，也就是说，第 4 个字符是数字，前 3 个字符（4 减去 1）就是名称。

（5）最后，使用 LEFT 函数提取出前 3 个字符，可得到名称。

规格的提取公式很简单，如下所示：

```
=MID(A2,LEN(B2)+1,100)
```

2.2.3 判断是否为错误值

在设计公式进行计算时，公式可能会出现错误，此时需要根据实际情况对错误值进行处理，例如，将错误值处理为空值，将错误值处理为数字 0，等等。在处理之前，首先要判断公式结果是不是错误值。

判断是否为错误值常用的是 ISERROR 函数，该函数主要是与 IF 函数联合使用。如果要将错误值处理为某个结果，可以使用更简单的 IFERROR 函数，该函数属于逻辑判断函数，而不是信息函数。

在大多数情况下需要处理错误值，此时应当使用 IFERROR 函数而不是 ISERROR 函数，但在某些情况下，需要使用 ISERROR 函数判断是不是错误值。

📈 案例 2-5

图 2-6 中的示例，要求从 A 列的数据中分别提取左侧的编码和右侧的名称，编码是左侧的数字，名称是汉字或字母开始的右侧全部字符。

	A	B	C
1	编码名称	编码	名称
2	1030钢筋5mm	1030	钢筋5mm
3	100201银行存款-ABC		
4	22475201电化铝0.23㎡		
5	93822银色度卡纸(国鑫明华)		
6	116221234A类卡纸300*11800mm		

图 2-6 示例数据，提取左侧编码和右侧名称

该例的解决思路与前面的案例 2-4 基本一样，唯一区别是要使用 ISERROR 函数

来判断汉字或字母第一次的位置。

编码提取公式如下：

```
=LEFT(A2,MATCH(TRUE,ISERROR(1*MID(A2,ROW($1:$50),1)),0)-1)
```

名称提取公式如下：

```
=MID(A2,LEN(B2)+1,100)
```

处理结果如图 2-7 所示。

B2		× ✓ fx	{=LEFT(A2,MATCH(TRUE,ISERROR(1*MID(A2,ROW($1:$50),1)),0)-1)}			
	A	B	C	D	E	F
1	编码名称	编码	名称			
2	1030钢筋5mm	1030	钢筋5mm			
3	100201银行存款-ABC	100201	银行存款-ABC			
4	22475201电化铝0.23㎡	22475201	电化铝0.23㎡			
5	93822银色度卡纸(国鑫明华)	93822	银色度卡纸(国鑫明华)			
6	116221234A类卡纸300*11800mm	116221234	A类卡纸300*11800mm			

图 2-7 处理结果

2.2.4 判断数字的奇偶

在某些情况下，需要判断数字的奇偶，以便对数据进一步处理。例如，在人力资源管理工作中，根据身份证号码判断性别；在表格美化方面，隔行着色；等等。

判断数字奇偶可以使用 ISEVEN 函数或 ISODD 函数，ISEVEN 函数用于判断数字是否为偶数，ISODD 函数用于判断数字是否为奇数，用法如下：

```
=ISEVEN（数字）
=ISODD（数字）
```

案例 2-6

图 2-8 是从身份证号码中提取性别的示例。从身份证号码中提取性别的基本逻辑是：身份证号码的第 17 位数字如果是偶数，性别就是女；如果是奇数，性别就是男。因此，性别的判断公式如下：

```
=IF(ISEVEN(MID(B2,17,1)),"女","男")
```

C2		× ✓ fx	=IF(ISEVEN(MID(B2,17,1)),"女","男")			
	A	B	C	D	E	F
1	姓名	身份证号码	性别			
2	A001	110108197912092280	女			
3	A002	110108199803221379	男			
4	A003	11010820031003282X	女			

图 2-8 从身份证号码中提取性别

这个公式的逻辑思路如下。

(1) 表达式 MID(B2,17,1)) ，用 MID 函数提取第 17 位数字。

(2) 表达式 ISEVEN(MID(B2,17,1)) ，用 ISEVEN 函数判断 MID 函数的结果是否为偶数。

(3) 最后是 IF 函数的判断处理，如果是偶数，输入"女"，否则输入"男"。

从身份证号码中提取性别的公式，也可以使用 ISODD 函数，此时公式如下：

```
=IF(ISODD(MID(B2,17,1)),"男","女")
```

如果想使用条件格式对表格进行隔行着色，如将单元格区域的偶数行设置为一种颜色，效果如图 2-9 所示。

图 2-9　偶数行着色

该效果需要设置如图 2-10 所示的条件格式，条件格式公式如下：

```
=ISEVEN(ROW())
```

图 2-10　设置条件格式

这个公式的逻辑思路是：使用 ROW 函数获取单元格的行号数字，再使用 ISEVEN 函数判断这个行号数字是否为偶数，如果是偶数，就设置单元格颜色，否则就不设置。

2.2.5 获取工作表信息

如何快速知道一个工作簿中有多少个工作表？如何快速了解某个名称的工作表是该工作簿的第几个工作表？假如想通过一个公式知道该工作簿保存的位置，可以用什么函数？诸如此类的问题，可以使用 SHEET 函数、SHEETS 函数和 CELL 函数来解决。

一个典型的应用是，如果想要知道该工作簿有多少个工作表（包括被隐藏的工作表、图表工作表），就可以在任一工作表单元格中输入如下公式：

```
=SHEETS()
```

如果想要了解某个工作表是该工作簿的第几个工作表，也就是从左往右工作表的依次顺序号（隐藏的工作表也算在内），则可以在该工作表单元格中输入如下公式：

```
=SHEET()
```

如果想要了解某个指定名称的工作表是第几个工作表，如工作表"销售记录"是工作簿的第几个工作表（隐藏的工作表也算在内），可以在任一工作表单元格中输入如下公式：

```
=SHEET("销售记录")
```

2.2.6 获取工作簿信息

如果想要知道一个工作簿的名称、具体保存位置，以及当前活动工作表的名称等信息，就需要使用 CELL 函数。

CELL 函数的用法如下：

```
=CELL(返回信息类型，单元格引用)
```

例如，要获取单元格 D5 的绝对地址"$D$5"，公式如下：

```
=CELL("address",D5)
```

当把 CELL 函数的返回信息类型设置为 filename 时，就可以获取包括当前公式所在工作表名称的工作簿完整名称。

例如，假设工作簿保存在桌面文档文件夹中，公式所在的工作表名称是"经营分析"，那么下面的公式结果就是："C:\Users\HXL\Documents\[CELL 函数 .xlsx] 经营分析"。

```
=CELL("filename")
```

此时，CELL 函数的返回结果包括以下信息：工作簿的名称、路径和工作表名称，它们的特征如下：

（1）工作簿名称在一个方括号内：[CELL 函数 .xlsx]。
（2）工作簿路径在左方括号"["的前面：C:\Users\HXL\Documents\。
（3）工作表名称在右方括号"]"的后面：经营分析。

利用这个特征，可以获取工作簿的路径、名称和工作表名称，相关公式如下。

工作簿路径：

```
=LEFT(CELL("filename"),FIND("[",CELL("filename"))-1)
```

工作簿名称：

```
=MID(D5,FIND("[",CELL("filename"))+1,FIND("]",CELL("filename"))
FIND("[",CELL("filename"))-1)
```

工作表名称：

```
=MID(CELL("filename"),FIND("]",CELL("filename"))+1,1000)
```

2.2.7 构建自动化的累计数计算公式

CELL 函数一个经典的应用是计算工作表间的累计值。例如，每个月一个工作表，要计算每个月的累计数，它等于上个月的累计数加上本月数，此时，就可以联合使用 CELL 函数和 INDIRECT 函数来构建自动化的累计数计算公式。

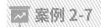

图 2-11 中的示例，要计算利润表中每个月的累计数。

	A	B	C
	项目	当月数	累计数
1			
2	一、营业总收入	29,738.47	60,373.64
3	营业收入	29,738.47	60,373.64
4	二、营业总成本	24,517.83	49,919.89
5	营业成本	18,169.19	37,021.25
6	研发费用	200.00	589.69
7	营业税金及附加	247.44	443.85
8	销售费用	452.51	996.85
9	管理费用	4,327.24	9,328.09
10	财务费用	363.31	562.03
11	资产减值损失	758.14	978.13
12	三、其他经营收益		-
13	加：公允价值变动收益		-
14	加：投资收益	61.99	155.62
15	资产处置收益		
16	其他收益		
17	四、营业利润	5,282.63	10,609.37
18	加：营业外收入	1,521.24	3,073.45
19	减：营业外支出	54.88	116.56
20	五、利润总额	6,748.99	13,566.26
21	减：所得税费用	1,296.36	2,480.97
22	六、净利润	5,452.63	11,085.29

C2 单元格公式：
`=B2+INDIRECT(SUBSTITUTE(MID(CELL("filename",$A$1),FIND("]",CELL("filename",$A$1))+1,10),"月","")-1&"月!C"&ROW())`

1月 2月 3月 4月 5月 6月 7月 8月

图 2-11 工作表累计数计算示例

1月份的累计数就是当月数，从 2 月份开始，累计数计算公式是通用的，计算如下：

```
=B2+INDIRECT(SUBSTITUTE(MID(CELL("filename",$A$1),FIND("]",
CELL("filename",$A$1))+1,10),"月","")-1&"月!C"&ROW())
```

这个公式的计算逻辑解释如下。

（1）获取当前活动工作表名称（月份名称）是下列表达式（假设这个表达式是 x）：

```
MID(CELL("filename",$A$1),FIND("]",CELL("filename",$A$1))+1,10)
```

注意要设置 CELL 函数的第 2 个参数，绝对引用 A1 单元格，否则会造成循环引用。

（2）使用 SUBSTITUTE 函数将月份名称中的汉字"月"去掉，得到月份数字，计算如下：

```
SUBSTITUTE(x,"月","")
```

（3）将这个数字减去 1，就是上个月的月份数字，计算如下：

```
SUBSTITUTE(x,"月","")-1
```

（4）构建上月单元格地址字符串，表达式如下（注意每个月的累计数都在 C 列，而且每个月工作表的项目行位置都相同）：

```
SUBSTITUTE(x,"月","")-1&"月!C"&ROW()
```

（5）使用 INDIRECT 函数将这个单元格地址字符串转换为引用，得到上个月的累计数：

```
INDIRECT(SUBSTITUTE(x,"月","")-1&"月!C"&ROW())
```

（6）本月数加上月累计数，就是本月累计数：

```
=B2+INDIRECT(SUBSTITUTE(x,"月","")-1&"月!C"&ROW())
```

✎ 本节知识回顾与测验

1. 如何设计公式，用来统计指定单元格区域内的公式单元格个数？
2. 如何设计公式，用来统计指定单元格区域内的空单元格个数？
3. 判断数据是否为文本，需要使用什么函数？
4. 判断数据是否为数字，需要使用什么函数？
5. 判断数据是否为错误值，需要使用什么函数？
6. 如何判断一个数据是否为日期？
7. 在从身份证号码中提取性别时，需要使用什么函数来判断数字的奇偶？
8. 如何使用公式来获取工作簿路径和当前工作表名称？获取这些信息有何意义？
9. 请设计一个能够快速计算每日累计值计算的模板。

2.3 IF 函数基本逻辑与应用

对数据进行逻辑判断，总是要给出处理结果的，这就需要使用相关的逻辑判断函数，如 IF 函数、IFS 函数、IFERROR 函数、AND 函数、OR 函数等。本节介绍这几个逻辑判断函数的实际应用案例。

2.3.1 IF 函数基本原理与逻辑

IF 是一个基本的逻辑判断函数，其基本含义是，如果条件满足了怎样，如果条件不满足又怎样，其基本用法如下：

=IF (条件判断 , 条件满足的结果 A, 条件不满足的结果 B)

IF 函数参数对话框有 3 个参数，第 1 个参数是指定的条件判断，第 2 个参数是条件成立的结果 A，第 3 个参数是条件不成立的结果 B，如图 2-12 所示。

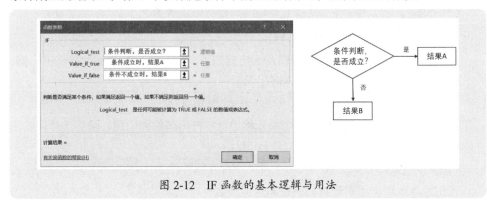

图 2-12　IF 函数的基本逻辑与用法

IF 函数的第 1 个参数必须是条件表达式，或者使用 IS 类信息函数，或者使用数字 1 和 0，也就是说，第 1 个参数必须是逻辑值 TRUE（1）或 FALSE（0）。

2.3.2 IF 函数基本应用案例

 案例 2-8

图 2-13 中的示例，要判断完成情况。可以根据预算值和实际值来判断完成情况，也可以根据完成率来判断完成情况，完成情况要标识为两种：超额完成和未完成。下列两个公式都是可以使用的：

=IF(C2>=B2," 超额完成 "," 未完成 ")
=IF(D2>=1," 超额完成 "," 未完成 ")

	A	B	C	D	E	F	G
1	产品	预算	实际	完成率	完成情况		
2	产品01	1493	517	34.6%	未完成		
3	产品02	847	1230	145.2%	超额完成		
4	产品03	1436	949	66.1%	未完成		
5	产品04	1278	1115	87.2%	未完成		
6	产品05	1019	482	47.3%	未完成		
7	产品06	1360	854	62.8%	未完成		
8	产品07	968	1487	153.6%	超额完成		
9	产品08	1336	1489	111.5%	超额完成		

图 2-13　IF 函数基本应用

案例 2-9

IF 函数的第 1 个参数可以使用表达式或者其他函数的计算结果来进行判断，图 2-14 就是一个简单的示例，要求直接根据出生日期对年龄进行判断，区分是否为 45 岁以上或 45 以下，判断公式如下：

```
=IF(DATEDIF(C2,TODAY(),"y")>=45,"45 岁及以上 ","45 岁以下 ")
```

D2			✕ ✓ *fx*	=IF(DATEDIF(C2,TODAY(),"y")>=45,"45岁及以上","45岁以下")				
	A	B	C	D	E	F	G	H	I
1	姓名	性别	出生日期	年龄情况				
2	A001	男	1977-9-1	45岁及以上				
3	A002	男	2000-1-2	45岁以下				
4	A003	女	1984-5-16	45岁以下				
5	A004	男	1989-10-4	45岁以下				
6	A005	女	1973-12-17	45岁及以上				
7	A006	女	1994-7-23					

图 2-14　使用计算结果作为判断条件

在这个公式中，先使用 DATEDIF 函数计算出年龄，然后再与 45 进行判断。

案例 2-10

IF 函数的第 1 个参数可以使用 IS 类函数作为条件值，因为 IS 类函数的结果本身就是逻辑值 TRUE 或 FALSE。

图 2-15 中的示例，判断 A 列的编码是文本还是数字，可以使用 ISTEXT 函数进行判断，也可以使用 ISNUMBER 函数进行判断，公式分别如下：

```
=IF(ISTEXT(A2)," 文本 "," 数字 ")
=IF(ISNUMBER(A2)," 数字 "," 文本 ")
```

B2		✕ ✓ *fx*	=IF(ISTEXT(A2),"文本","数字")			
	A	B	C	D	E	F
1	编码	数据类型				
2	10496	文本				
3	56960	文本				
4	28596	数字				
5	50622	文本				
6	70080	数字				
7	79544	数字				
8	69500	文本				

图 2-15　使用 IF 类函数进行判断

图 2-16 是根据数值 1 或 0 进行判断的简单例子。也就是说，IF 函数的第 1 个参数可以直接使用数值 1 或 0 进行判断，判断公式如下：

```
=IF(A2," 开 "," 关 ")
```

图 2-16　根据数值 1 或 0 进行判断

✏ 本节知识回顾与测验

1.IF 函数的基本原理是什么？如何正确设置各个参数？

2.IF 函数的第 1 个参数是否使用数字 1 或 0？为什么？

3.IF 函数的第 1 个参数是否可以使用 IS 类函数？为什么？

4.下列公式是否合理、正确？

```
=IF((D2+E2)/100>=100%,"A","B")
```

2.4　IF 函数嵌套应用

IF 函数更多的应用场景，是几个 IF 函数嵌套应用，以解决更加复杂的判断处理问题，这种应用在实际工作中更为常见，也更加灵活。

2.4.1　绘制逻辑思路图

数据逻辑判断处理，也就是如果条件满足了怎样，条件不满足又怎样。在使用逻辑判断函数时，尤其是多个相同（如 IF 函数）或者多个不同（如 IF 函数 +AND 函数 +OR 函数）时，需要认真去梳理逻辑思路。

在本书 1.1.2 小节中，已经介绍过梳理逻辑思路的相关理念和工具，下面再通过案例应用相关知识。

📈 案例 2-11

图 2-17 是一个多条件判断处理的示例，要求根据每个人的岗位和工作年限，确定每个人的绩效工资。

	A	B	C	D	E	F	G	H	I	J
1	姓名	岗位	入职日期	工作年限	绩效工资				绩效工资标准	
2	A001	机长	2009-8-1	13				岗位	工作年限	绩效工资
3	A002	勤工	2017-11-1	5				主管	10年及以上	1200
4	A003	主管	2007-11-1	15					10年以下	800
5	A004	勤工	2022-11-1	0				调度	15年及以上	1000
6	A005	调度	2007-11-1	15					6年(含)至10年	700
7	A006	机长	2022-7-1	0					6年以下	400
8	A007	勤工	2019-3-1	4				机长	5年及以上	850
9	A008	勤工	2022-3-1	1					5年以下	450
10	A009	机工	2016-8-1	6				勤工	5年及以上	500
11	A010	调度	2015-3-1	8					5年以下	200

图 2-17　根据岗位和工作年限确定绩效工资

这个问题看起来比较复杂，但是仔细阅读表格，梳理清楚逻辑判断思路，就会发现这个问题很简单。图 2-18 就是这个问题的逻辑思路图。

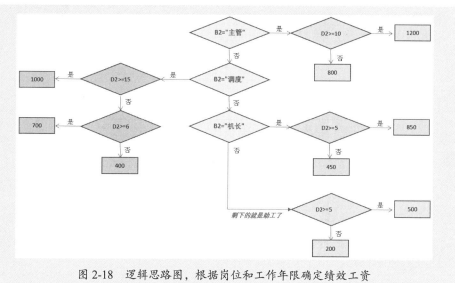

图 2-18　逻辑思路图，根据岗位和工作年限确定绩效工资

这是多分支、多层嵌套 IF 函数的应用问题，利用 1.2 节介绍的输入嵌套 IF 函数的方法，就可以快速、准确完成公式。

单元格 E2 中的公式如下，结果如图 2-19 所示。

```
=IF(B2=" 主管 ",IF(D2>=10,1200,800),
  IF(B2=" 调度 ",IF(D2>=15,1000,IF(D2>=6,700,400)),
  IF(B2=" 机长 ",IF(D2>=5,850,450),
  IF(D2>=5,500,200))))
```

	A	B	C	D	E	F	G	H	I	J
1	姓名	岗位	入职日期	工作年限	绩效工资			岗位	工作年限	绩效工资
2	A001	机长	2009-8-1	13	850			主管	10年及以上	1200
3	A002	助工	2017-11-1	5	500				10年以下	800
4	A003	主管	2007-11-1	15	1200			调度	15年及以上	1000
5	A004	助工	2022-11-1	0	200				6年(含)至10年	700
6	A005	调度	2007-11-1	15	1000				6年以下	400
7	A006	机长	2022-7-1	0	450			机长	5年及以上	850
8	A007	助工	2019-3-1	4	200				5年以下	450
9	A008	助工	2022-3-1	1	200			助工	5年及以上	500
10	A009	主管	2016-8-1	6	800				5年以下	200
11	A010	调度	2015-3-1	8	700					

图 2-19　判断处理结果

2.4.2　IF 函数嵌套应用：单流程

所谓单流程的 IF 函数嵌套，设置条件往一个方向逐次判断，直至所有条件判断处理完毕。在第 1 章的案例 1-3 年休假计算，就是一个简单的单流程 IF 函数嵌套应用。

📈 **案例 2-12**

图 2-20 中的示例，要求根据里程确定运价。

序号	发货日期	到货日期	收货区域	里程 (km)	运价 (元/km)
1	7月1日	7月2日	AAA	610	
2	7月1日	7月2日	BBB	380	
3	7月1日	7月2日	CCC	516	
4	7月1日	7月2日	DDD	375	
5	7月1日	7月2日	EEE	315	
6	7月1日	7月2日	FFF	873	
7	7月1日	7月2日	GGG	195	
8	7月1日	7月2日	HHH	130	
9	7月1日	7月2日	JJJ	1396	
10	7月2日	7月2日	AAA	587	
11	7月2日	7月3日	KKK	935	
12	7月2日	7月3日	PPP	715	

说明	运价
里程≤200	6.8
200<里程≤650	6.23
650<里程≤1000	5.6
1000>里程	5.3

图 2-20　根据里程判断运价

这是一个单流程 IF 嵌套问题，其逻辑思路图如图 2-21 所示。根据这个逻辑思路，单元格 F2 中的计算公式设计如下：

```
=IF(E2<=200,6.8,
 IF(E2<=650,6.23,
 IF(E2<=1000,5.6,
 5.3)))
```

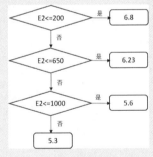

图 2-21　逻辑思路图，根据里程判断运价

2.4.3　IF 函数嵌套应用：多流程

所谓多流程的 IF 函数嵌套，是指条件会有多个分支，每个分支下又会有下级分支或者嵌套，这种问题是较复杂的，需要认真梳理流程，绘制逻辑思路图。

📈 **案例 2-13**

图 2-22 是较为复杂的示例，要求根据职位和工龄确定工龄工资。

	A	B	C	D	E	F	G	H	I	J	K	L
1	工号	姓名	性别	职位	入职时间	工龄(年)	工龄工资					
2	0001	AAA1	男	经理	2006-07-01	16						
3	0002	AAA2	女	职员	2022-08-22	0						
4	0003	AAA3	男	科长	2016-03-13	7						
5	0004	AAA4	男	经理	2006-08-01	16						
6	0005	AAA5	男	经理	2011-06-04	11						
7	0006	AAA6	男	经理	1998-04-21	24						
8	0007	AAA7	男	职员	2022-02-22	1						
9	0008	AAA8	女	科长	2005-08-15	17						
10	0009	AAA9	女	经理	2022-01-20	1						
11	0010	AAA10	女	经理	2019-08-28	3						
12	0011	AAA12	女	职员	2020-09-15	2						
13	0012	AAA13	女	科长	2015-07-16	7						
14												

1、职位=经理
（1）工龄>=10年　500元
（2）工龄6--9年　400元
（3）工龄2--5年　250元
（4）工龄<2年　0元
2、职位=科长
（1）工龄>=10年　350元
（2）工龄2--9年　200元
（3）工龄<2年　0元
3、职位=职员
（1）工龄>=10年　100元
（2）工龄2--9年　50元
（3）工龄<2年　0元

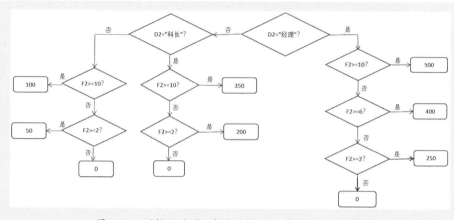

图 2-22　根据职位和工龄确定工龄工资

根据工龄工资的计算条件，绘制如图 2-23 所示的逻辑思路图。

图 2-23　逻辑思路图，根据职位和工龄确定工龄工资

根据这个逻辑思路图，采用函数参数对话框 + 名称框的方法，就可以快速、准确完成常见工龄工资计算公式，如下所示。

```
=IF(D2="经理",IF(F2>=10,500,IF(F2>=6,400,IF(F2>=2,250,0))),
 IF(D2="科长",IF(F2>=10,350,IF(F2>=2,200,0)),
 IF(F2>=10,100,IF(F2>=2,50,0))))
```

公式看起来很长、很复杂，其实，计算逻辑清晰了，公式并不复杂。

本节知识回顾与测验

1. 如何根据表格逻辑及给定的条件，绘制解决问题的逻辑思路图？
2. 如何快速而准确地输入复杂的嵌套 IF 函数公式？
3. 如果发现嵌套 IF 函数公式结果错了，怎样快速检查出是哪层嵌套出错了？
4. 请自行完成本节案例 2-11 的 IF 函数嵌套公式。

2.5 多条件组合判断

前面介绍的逻辑判断问题，都是同一个条件下的不同情况判断。在实际工作中，还经常需要将多个不同条件进行组合，实现多条件组合判断处理。此时，需要使用 AND 函数和 OR 函数。

2.5.1 AND 函数应用：多个与条件组合

如果给定了几个不同的条件，这些条件必须都满足才能进行相应的处理，这需要使用 AND 函数，该函数的用法如下：

=AND（条件 1，条件 2，条件 3，…）

 案例 2-14

图 2-24 是一个员工信息表，现在要增加一列"工龄分组"，按照"5 年以下""6 ~ 10 年""11 ~ 20 年""21 年以上"对工龄进行分组。

	A	B	C	D	E	F	G	H	I
1	姓名	所属部门	学历	性别	出生日期	年龄	入职时间	本公司工龄	工龄分组
2	A0062	后勤部	本科	男	1968-12-15	54	1980-11-15	42	
3	A0081	生产部	本科	男	1977-1-9	46	2009-10-16	13	
4	A0002	总经办	硕士	男	1979-6-11	43	2018-12-21	4	
5	A0001	技术部	博士	女	1970-10-6	52	1986-4-8	37	
6	A0016	财务部	本科	男	1985-10-5	37	2018-4-28	4	
7	A0015	财务部	本科	男	1986-11-8	36	2010-10-18	12	
8	A0052	销售部	硕士	男	1980-8-25	42	1992-8-25	30	
9	A0018	财务部	本科	女	1973-2-9	50	1995-7-21	27	
10	A0076	市场部	大专	男	1999-6-22	23	2022-3-2	1	
11	A0041	生产部	本科	男	1988-10-10	34	2016-1-19	7	
12	A0077	市场部	本科	女	1981-9-13	41	2016-9-1	6	
13	A0073	市场部	本科	男	1988-3-11	35	1997-8-26	25	
14	A0074	市场部	本科	男	1988-3-8	35	2017-10-28	5	

图 2-24 员工基本信息

这个问题需要使用嵌套 IF 函数设计公式，并且在每层 IF 函数中，还需要使用 AND 函数来判断工龄是否在某个工龄期限内。

绘制如图 2-25 所示的逻辑思路图，就可以快速输入如下工龄分组计算公式：

```
=IF(H2<=5,"5 年以下 ",
 IF(AND(H2>=6,H2<=10),"6-10 年 ",
 IF(AND(H2>=11,H2<=20),"11-20 年 ",
 "21 年以上 ")))
```

在这个公式中，表达式 AND(H2>=6,H2<=10) 判断 H2 单元格的工龄是否在 6 ~ 10 年；表达式 AND(H2>=11,H2<=20) 判断 H2 单元格的工龄是否在 11 ~ 20 年。

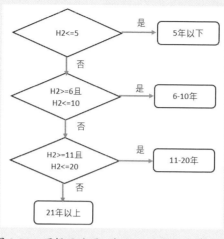

图 2-25 逻辑思路图，根据工龄分组计算公式

2.5.2 OR 函数应用：多个或条件组合

如果给定了几个不同的条件，这些条件只要有一个满足就进行相应的处理，此时可以使用 OR 函数将这些条件组合起来，该函数的用法如下：

=OR (条件 1, 条件 2, 条件 3,…)

案例 2-15

图 2-26 中的示例，要求对每个产品进行分类，其中，彩电、冰箱和空调归属家电类；电脑、相机和手机归属数码类；沙发、衣柜和书柜归属家具类；不属于这三类的归属于其他类。

	A	B	C	D	E	F	G
1	日期	产品	客户	销量	销售额	产品分类	
2	2023-1-1	电脑	客户18	7	63,868		
3	2023-1-2	电脑	客户10	7	45,584		
4	2023-1-5	相机	客户07	7	28,700		
5	2023-1-6	冰箱	客户06	8	22,552		
6	2023-1-8	沙发	客户08	7	72,023		
7	2023-1-10	衣柜	客户10	5	97,775		
8	2023-1-11	彩电	客户06	3	7,371		
9	2023-1-15	沙发	客户18	5	63,420		
10	2023-1-15	相机	客户20	5	32,895		
11	2023-1-16	书柜	客户18	10	49,890		
12	2023-1-17	书柜	客户15	7	36,078		

图 2-26 销售记录表

每个产品的归类是一个或条件。例如，彩电、冰箱和空调都归属家电类，那么 B 列产品名称只要是彩电、冰箱和空调的任意一个，就是家电类，因此需要使用 OR 函数来组合：

OR(B2=" 彩电 ",B2=" 冰箱 ",B2=" 空调 ")

绘制如图 2-27 所示的逻辑思路图，就可以快速输入下列产品分类计算公式：

```
=IF(OR(B2=" 彩电 ",B2=" 冰箱 ",B2=" 空调 ")," 家电类 ",
  IF(OR(B2=" 电脑 ",B2=" 相机 ",B2=" 手机 ")," 数码类 ",
  IF(OR(B2=" 沙发 ",B2=" 衣柜 ",B2=" 书柜 ")," 家具类 ",
  " 其他 ")))
```

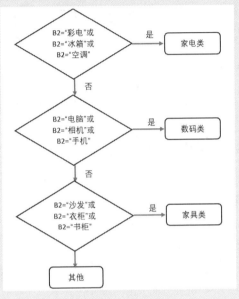

图 2-27　逻辑思路图，根据产品分类计算公式

2.5.3　AND 函数和 OR 函数联合应用

在某些情况下，还需要将 AND 函数和 OR 函数联合应用，做出更为复杂的条件判断。

案例 2-16

图 2-28 的示例中，要求对满足条件的员工做出备注说明，如果满足以下条件，就输入"调薪"：

- 技术部，硕士以上学历的，工龄没有限制，工资低于 10000 元。
- 销售部或财务部，工龄在 20 年以上的，工资低于 10000 元。

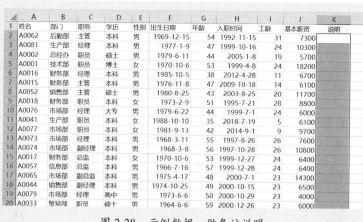

	A	B	C	D	E	F	G	H	I	J	K
1	姓名	部门	职务	学历	性别	出生日期	年龄	入职时间	工龄	基本薪资	说明
2	A0062	后勤部	主管	本科	男	1969-12-15	54	1992-11-15	31	7300	
3	A0081	生产部	经理	本科	男	1977-1-9	47	1999-10-16	24	10300	
4	A0002	总经办	职员	硕士	男	1979-6-11	44	2005-1-8	19	5700	
5	A0001	技术部	职员	博士	女	1970-10-6	53	1999-4-8	24	18200	
6	A0016	财务部	经理	本科	男	1985-10-5	38	2012-4-28	11	6700	
7	A0015	财务部	主管	本科	男	1976-11-8	47	2009-10-18	14	6100	
8	A0052	销售部	主管	硕士	男	1980-8-25	43	2003-8-25	20	11700	
9	A0018	财务部	职员	本科	女	1973-2-9	51	1995-7-21	28	8800	
10	A0076	市场部	经理	大专	男	1979-6-22	44	1999-7-1	24	6000	
11	A0041	生产部	职员	本科	女	1988-10-10	35	2018-7-19	5	6100	
12	A0077	市场部	职员	本科	女	1981-9-13	42	2014-9-1	9	9700	
13	A0073	市场部	经理	本科	男	1968-3-11	55	1997-8-26	26	7600	
14	A0074	市场部	副经理	本科	男	1968-3-8	56	1997-10-28	26	10800	
15	A0017	财务部	总监	本科	女	1970-10-6	53	1999-12-27	24	6400	
16	A0057	信息部	总监	本科	男	1966-7-16	57	1999-12-28	24	6400	
17	A0065	销售部	副总监	本科	男	1975-4-17	48	2000-7-1	23	14300	
18	A0044	销售部	副经理	本科	男	1974-10-25	49	2000-10-15	23	6500	
19	A0079	市场部	经理	高中	男	1973-6-6	50	2000-10-29	23	4000	
20	A0033	贸易部	职员	硕士	男	1964-6-6	59	2000-12-26	23	6000	

图 2-28 示例数据，做备注说明

根据要求的条件，绘制图 2-29 所示的逻辑思路图，采用函数参数对话框＋名称框的方法，就可以快速输入判断处理公式。

=IF(AND(B2="技术部",OR(D2="博士",D2="硕士"),J2<10000),"调薪",
IF(AND(OR(B2="销售部",B2="财务部"),I2>20,J2<10000),"调薪",
""))

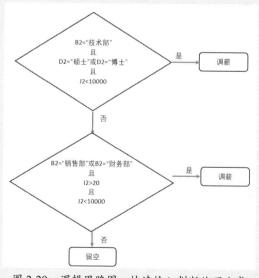

图 2-29 逻辑思路图，快速输入判断处理公式

本节知识回顾与测验

1. 几个与条件的组合判断，用什么函数？
2. 几个或条件的组合判断，用什么函数？
3. 如何快速、准确输入多个与条件和多个或条件组合判断的公式？

2.6 IF 函数高级应用

IF 函数的判断结果，不仅可以是一个，也可以是多个，即第 1 个参数可以是多个值的判断，第 2 个参数和第 3 个参数可以返回多个结果。

2.6.1 使用条件数组进行判断

IF 函数的 3 个参数，可以是指定的单个数据，也可以是数组或单元格区域，这种应用就是使用 IF 函数创建数组公式，从而解决一些复杂的实际问题。

📈 **案例 2-17**

图 2-30 是一个工资表示例数据，现在要求计算每个部门的工资中位数（以应税所得来计算）。

	A	B	C	D	E	F	G	H	I	J	K	L	M	N
1	姓名	成本中心	基本工资	津贴	加班工资	考勤扣款	应税所得	社保公积金	个税	实得工资			成本中心	工资中位数
2	A001	人力资源部	11000.00	1814.00	0.00	0.00	12814.00	1632.60	981.28	10200.12			人力资源部	
3	A002	人力资源部	4455.00	2524.63	1675.86	0.00	8655.49	1368.40	273.71	7013.38			总经办	
4	A003	人力资源部	5918.00	1737.00	0.00	0.00	7655.00	1125.70	197.93	6331.37			设备部	
5	A004	人力资源部	4367.00	1521.00	0.00	0.00	5888.00	922.80	43.96	4921.24			信息部	
6	A006	人力资源部	5280.00	1613.00	0.00	0.00	6893.00	1010.60	133.24	5749.16			维修部	
7	A007	人力资源部	4422.00	2533.88	369.66	222.00	7103.54	603.80	217.17	6504.57			一分厂	
8	A008	总经办	3586.00	2511.62	299.77	0.00	6397.39	997.80	84.96	5314.63			二分厂	
9	A009	总经办	3663.00	1787.00	0.00	0.00	5450.00	482.30	44.03	4923.67			三分厂	
10	A010	总经办	4455.00	2547.79	1117.24	366.00	7754.03	668.90	290.11	7161.02			总公司	
11	A011	总经办	3520.00	2335.61	1360.92	0.00	7216.53	954.30	171.22	6091.01				
12	A012	总经办	7700.00	1614.00	0.00	0.00	9314.00	735.20	460.76	8118.04				
13	A013	总经办	4730.00	2358.00	395.40	0.00	7483.40	1229.70	170.37	6083.33				
14	A014	设备部	5280.00	2809.71	165.52	113.00	8142.23	1246.60	222.20	6549.83				
15	A015	设备部	5922.40	1440.00	0.00	0.00	7362.40	902.60	190.98	6268.82				
16	A016	设备部	3487.00	2383.41	291.49	0.00	6161.90	982.50	62.94	5116.46				
17	A017	设备部	3487.00	2359.98	291.49	0.00	6138.47	539.00	104.95	5494.52				
18	A018	设备部	4290.00	1962.60	358.62	0.00	6611.22	140.30	192.09	6278.83				

图 2-30 IF 函数使用数组，创建数组公式

计算中位数（中值）可以使用 MEDIAN 函数。例如，单元格 N10 中计算总公司的工资中位数公式为：

```
=MEDIAN(G2:G177)
```

但是，如果要计算各个部门的工资中位数，则需要进行判断处理，也就是在计算每个部门时，仅提取出该部门的工资数据，其他部门的数据剔除出去。此时，可以使用 IF 函数进行判断处理，生成一个仅是该部门工资数据的数组，然后再使用 MEDIAN 函数进行计算。

单元格 N2 中的计算公式如下：

```
=MEDIAN(IF($B$2:$B$177=M2,$G$2:$G$177,""))
```

在该公式中，IF($B$2:$B$177=M2,$G$2:$G$177,"") 就是生成一个仅仅是某个指定部门的工资数据数组。

下面用一个数据较少的简单示例，来说明条件数组判断的基本逻辑。如图 2-31 所示，人力资源部的计算公式如下：

```
=MEDIAN(IF($C$2:$C$15=F2,$D$2:$D$15,""))
```

G2				fx	=MEDIAN(IF($C$2:$C$15=F2,$D$2:$D$15,""))			

	A	B	C	D	E	F	G	H	I
1	工号	姓名	成本中心	应税所得		成本中心	工资中位数		
2	1001	A001	人力资源部	12814.00		人力资源部	8,655		
3	1002	A016	设备部	6161.90		总经办	8,399		
4	1003	A003	人力资源部	7655.00		设备部	6,987		
5	1004	A012	总经办	9314.00		信息部	5,098		
6	1005	A014	设备部	8142.23		维修部	5,753		
7	1006	A032	维修部	5159.34					
8	1007	A015	设备部	7362.40					
9	1008	A029	信息部	5098.42					
10	1009	A002	人力资源部	8655.49					
11	1010	A030	信息部	5115.62					
12	1011	A031	信息部	4847.52					
13	1012	A013	总经办	7483.40					
14	1013	A033	维修部	6345.91					
15	1014	A018	设备部	6611.22					

图 2-31　简单示例

在该公式中，函数 IF($C$2:$C$15=F2,$D$2:$D$15,"") 的结果就是下列数组：

{12814;"";7655;"";"";"";"";"";8655.49;"";"";"";"";""}

也就是说，对 C 列区域进行判断，如果是"人力资源部"，就取出 D 列的数值；如果不是"人力资源部"，就是空值。这样，这个数组就是一个只有人力资源部数值的数组，然后利用 MEDIAN 函数对这个数组计算中位数。

注意：不能将其他部门数值处理为数值 0，因为 MEDIAN 函数会对零值进行计算，但对空值是不计算的。

2.6.2　使用常量数组进行判断：VLOOKUP 函数反向查找

IF 函数的第 1 个参数可以使用常量数组进行数据处理，例如，在 VLOOKUP 函数中，可以使用常量数组判断，处理反向查找问题。

案例 2-18

要将两列数调整位置，就可以使用下列数组公式，如图 2-32 所示。

=IF({1,0},B1:B9,A1:A9)

E1				fx	=IF({1,0},B1:B9,A1:A9)	

	A	B	C	D	E	F
1	客户	编码			编码	客户
2	客户01	4059			4059	客户01
3	客户02	4060			4060	客户02
4	客户03	4061			4061	客户03
5	客户04	4062			4062	客户04
6	客户05	4063			4063	客户05
7	客户06	4064			4064	客户06
8	客户07	4065			4065	客户07
9	客户08	4066			4066	客户08

图 2-32　在 IF 函数中使用常量数组

在该公式中，IF 函数的第 1 个参数使用了一个常量数组 {1,0}，也就是说，如果是 1，就取 B1:B9 单元格区域数据，否则就取 A1:A9 单元格区域数据。

这种方法可以用在 VLOOKUP 函数中，实现数据的反向查找，如图 2-33 所示。指定编码，来查找对应的客户名称，查找公式如下：

```
=VLOOKUP(E2,IF({1,0},B2:B9,A2:A9),2,0)
```

	A	B	C	D	E	F	G
E3				=VLOOKUP(E2,IF({1,0},B2:B9,A2:A9),2,0)			
1	客户	编码					
2	客户01	4059		指定编码：	4062		
3	客户02	4060		客户名称=	客户04		
4	客户03	4061					
5	客户04	4062					
6	客户05	4063					
7	客户06	4064					
8	客户07	4065					
9	客户08	4066					

图 2-33　VLOOKUP 函数的反向查找

注意：这并不是说 VLOOKUP 函数可以从右往左反向查找，它仍然是从左往右查找的，只不过在公式中，使用 IF 函数将两列数据的左右次序做了调整而已（逻辑原理如前面的图 2-32 所示）。

2.6.3　使用常量数组进行判断：多个或条件求和

IF 函数的第 1 个参数还可以使用常量数组进行或条件求和，这样使汇总计算更加灵活。

📈 **案例 2-19**

图 2-34 是一个或条件情况下的求和问题，也就是说，将产品类别是"数码"和"百货"的销售额进行求和。

	A	B	C	D	E	F	G	H	I
H2				=SUMPRODUCT(IF(B2:B15={"数码","百货"},C2:C15,""))					
1	地区	产品类别	销售额						
2	华北	家电	251		产品类别是数码、百货 的销售额合计			3979	
3	华北	数码	715						
4	华东	家电	312						
5	华南	家电	642						
6	华北	百货	454						
7	华北	服饰	585						
8	华东	服饰	317						
9	华东	百货	741						
10	华南	数码	498						
11	华中	家电	1073						
12	华东	数码	287						
13	华中	数码	1130						
14	西南	家电	930						
15	西南	百货	154						

图 2-34　或条件下的求和

此时，可以使用 IF 函数进行条件判断，将数码和百货的销售额提取出来，而将其他类别的销售额剔除出去，生成一个只有数码和百货销售额的数组，然后再使用 SUM 函数或 SUMPRODUCT 函数进行求和，计算公式如下：

=SUMPRODUCT(IF(B2:B15={" 数码 "," 百货 "},C2:C15,""))

在该公式中，使用常量数组 {" 数码 "," 百货 "} 进行判断，而函数 IF(B2:B15={" 数码 "," 百货 "},C2:C15,"") 的结果是下列的数组：

{"","";715,"";"","";"","";"",454;"","";"","";"",741;498,"","", "";287,"";1130,"";"","";"",154}

在该例中，还可以指定任意几个或条件，如图 2-35 所示。这样，就可以计算这几个指定类别的合计数，公式如下：

=SUMPRODUCT(IF(B2:B15=G2:I2,C2:C15,""))

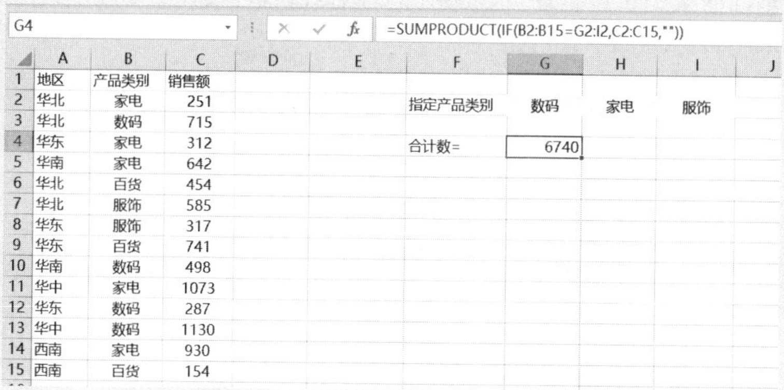

图 2-35　指定任意几个或条件的求和

本节知识回顾与测验

1. 当 IF 函数的第 1 个参数是一个数组时，IF 函数的结果是一个数组还是一个数？
2. 在 IF 函数中，第 1 个参数如果是 1，表示什么条件？如果是 0，表示什么条件？
3. 如何使用 IF 函数联合其他函数，做多个或条件下的数据求和？

2.7　其他逻辑判断函数

在数据逻辑判断处理中，还有一些非常有用的逻辑判断函数，如 IFS 函数、IFERROR 函数等，下面分别介绍这些函数的实际应用。

2.7.1 ▶ IFS 函数及其应用

IFS 函数在多条件判断处理尤其是嵌套处理方面，比嵌套 IF 函数更加灵活，方便应用，其用法如下：

```
=IFS（判断条件 1，条件 1 成立的结果，
      判断条件 2，条件 2 成立的结果，
      判断条件 3，条件 3 成立的结果，
      …）
```

📊 **案例 2-20**

对于前面的案例 2-12，还可以使用 IFS 函数公式，设计出下面两种形式的判断公式，结果如图 2-36 所示。

| F2 | ▼ : × ✓ fx | =IFS(E2<=200,6.8,E2<=650,6.23,E2<=1000,5.6,E2>1000,5.3) |

	A	B	C	D	E	F	G	H	I	J
1	序号	发货日期	到货日期	收货区域	里程(km)	运价(元/km)				
2	1	7月1日	7月2日	AAA	610	6.23			说明	运价
3	2	7月1日	7月2日	BBB	380	6.23			里程≤200	6.8
4	3	7月1日	7月2日	CCC	516	6.23			200<里程≤650	6.23
5	4	7月1日	7月2日	DDD	375	6.23			650<里程≤1000	5.6
6	5	7月1日	7月2日	EEE	315	6.23			1000>里程	5.3
7	6	7月1日	7月2日	FFF	873	5.60				
8	7	7月1日	7月2日	GGG	195	6.80				
9	8	7月1日	7月2日	HHH	130	6.80				
10	9	7月1日	7月2日	JJJ	1396	5.30				
11	10	7月1日	7月2日	AAA	587	6.23				
12	11	7月2日	7月3日	KKK	935	5.60				
13	12	7月2日	7月3日	PPP	715	5.60				

图 2-36　IFS 函数判断处理 1

公式 1，从小往大判断：

```
=IFS(E2<=200,6.8,
     E2<=650,6.23,
     E2<=1000,5.6,
     E2>1000,5.3)
```

公式 2，从大到小判断：

```
=IFS(E2>1000,5.3,
     E2>650,5.6,
     E2>200,6.23,
     E2<=200,6.8)
```

📈 **案例 2-21**

在前面的案例 2-14 中，使用 IFS 函数创建公式如下，判断结果如图 2-37 所示。

I2				fx	=IFS(H2<=5,"5年以下",H2<=10,"6-10年",H2<=20,"11-20年",H2>20,"21年以上")					
	A	B	C	D	E	F	G	H	I	J	K	L
1	姓名	所属部门	学历	性别	出生日期	年龄	入职时间	本公司工龄	工龄分组			
2	A0062	后勤部	本科	男	1968-12-15	54	1980-11-15	42	21年以上			
3	A0081	生产部	本科	男	1977-1-9	46	2009-10-16	13	11-20年			
4	A0002	总经办	硕士	男	1979-6-11	43	2018-12-21	4	5年以下			
5	A0001	技术部	博士	女	1970-10-6	52	1986-4-8	37	21年以上			
6	A0016	财务部	本科	男	1985-10-5	37	2018-4-28	5	5年以下			
7	A0015	财务部	本科	男	1986-11-8	36	2010-10-18	12	11-20年			
8	A0052	销售部	硕士	男	1980-8-25	42	1992-8-25	30	21年以上			
9	A0018	财务部	本科	女	1973-2-9	50	1995-7-21	27	21年以上			
10	A0076	市场部	大专	男	1999-6-22	23	2022-3-2	1	5年以下			
11	A0041	生产部	本科	女	1988-10-10	34	2016-1-19	7	6-10年			
12	A0077	市场部	本科	女	1981-9-13	41	2016-9-1	6	6-10年			
13	A0073	市场部	本科	男	1988-3-11	35	1997-8-26	25	21年以上			
14	A0074	市场部	本科	男	1988-3-8	35	2017-10-28	5	5年以下			
15	A0017	财务部	本科	男	1970-10-6	52	1999-12-27	23	21年以上			

图 2-37　IFS 函数判断处理 2

公式 1，从小往大判断：

```
=IFS(H2<=5,"5 年以下 ",
     H2<=10,"6-10 年 ",
     H2<=20,"11-20 年 ",
     H2>20,"21 年以上 ")
```

公式 2，从大往小判断：

```
=IFS(H2>=21,"21 年以上 ",
     H2>=11,"11-20 年 ",
     H2>=6,"6-10 年 ",
     H2<=5,"5 年以下 ")
```

2.7.2 IFERROR 函数应用：处理错误值

如果公式本身没有错误，但由于数据源的问题造成计算错误，那么最好将错误值处理掉，这样可以让报表更加美观。

在处理公式错误值时，可以联合使用 IF 函数和 ISERROR 函数，也可以使用更简单的 IFERROR 函数，其用法如下：

=IFERROR（表达式、 值或引用，要把错误处理为的结果）

 案例 2-22

图 2-38 是一个简单的示例，使用 IFERROR 函数来处理错误值，单元格 D2 中的公式如下：

```
=IFERROR(C2/B2-1,"")
```

D2		× ✓ fx	=IFERROR(C2/B2-1,"")		
	A	B	C	D	E	F
1	项目	去年	今年	同比增长率		
2	AAA	546	768	40.7%		
3	BBB		287			
4	CCC	768	908	18.2%		
5	DDD	577		-100.0%		
6	EEE		1378			

图 2-38　IFERROR 函数应用

如果联合使用 IS 函数和 ISERROR 函数，公式就变得复杂了：

```
=IF(ISERROR(C2/B2-1),"",C2/B2-1)
```

IFERROR 函数更多用在构建自动化数据分析模型中，在本书后面的章节中会频繁使用 IFERROR 函数。

📝 本节知识回顾与测验

1. IFS 函数的基本逻辑是什么？如何正确设置每个参数？

2. 下面是一个嵌套 IF 应用，请快速、准确做出公式。

根据职位确定津贴：总监 800 元，经理 500 元，主管 300 元，一般员工 100 元。

3. 如果要将公式表达式错误值处理为指定的结果，使用什么函数？

第 3 章

文本数据处理案例精讲

在实际工作中，文本数据的处理并不是一件很困难的事情，因为有大量的文本函数可以选择使用，如 LEN 函数、LEFT 函数、RIGHT 函数、MID 函数、FIND 函数、SUBSTITUTE 函数、TEXTJOIN 函数、TEXT 函数、CLEAN 函数、TRIM 函数等。灵活使用这些函数，可以解决大多数的文本数据处理问题。

3.1 清理数据中的垃圾

如果文本数据的前后有空格，或者有看不见的非打印字符，就需要将它们清理掉，以免影响数据分析。常用的函数有 TRIM 函数、CLEAN 函数。

3.1.1 TRIM 函数：清理文本中的空格

TRIM 函数的功能就是清理文本前后的空格，以及文本内部的多余空格（保留一个空格），该函数的用法很简单：

```
=TRIM(文本字符串或引用)
```

例如，下面公式的结果是文本 "2023 年经营分析 "：

```
=TRIM("    2023年经营分析        ")
```

下面公式的结果是文本 " Statement of Profit 2023"：

```
=TRIM("   Statement   of    Profit    2023   ")
```

在某些情况下，当利用 LEFT 函数、RIGHT 函数或 MID 函数来截取字符后，会在截取结果字符串的前后存在空格，此时可以使用 TRIM 函数清除字符前后多余的空格。

例如，假设单元格 A1 是字符串"10048　付金湖集团首付款"，那么下列公式的结果是 "10048 "：

```
=LEFT(A1,LENB(A1)-LEN(A1))
```

如果要提取真正的编码"10048"，则需要使用 TRIM 清除后面的空格：

```
=TRIM(LEFT(A1,LENB(A1)-LEN(A1)))
```

3.1.2 CLEAN 函数：清除非打印字符

从系统导出的数据，有时候会在数据的前面或后面存在看不见的非打印字符（包括字符中间的换行符），此时可以使用 CLEAN 函数来清除。CLEAN 函数的用法如下：

```
=CLEAN(文本字符串或引用)
```

📈 **案例 3-1**

图 3-1 是使用 CLEAN 函数清除单元格文本的换行符，将单元格中的几行文字恢复为一行。

使用 LEN 函数进行检查，可以看出，原始数据位数和恢复一行后的数据位数是不一样的。

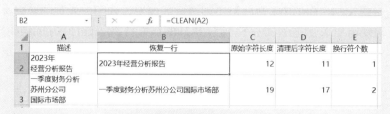

图 3-1　使用 CLEAN 函数清理换行符

图 3-2 是一个简单的示例，A 列的子订单编码是从系统导出的，E 列是手工修改的子订单号，现在要根据 E 列的子订单号，从 A 列匹配出来，保存在 F 列，使用简单的 VLOOKUP 函数，但是结果是错误的，查找不到数据（实际上是有数据的）。

```
=VLOOKUP(E2,$A$2:$A$12,1,0)
```

图 3-2　示例数据

既然查不到数据，那肯定是 E 列的数据在 A 列中没有找到能够完全匹配的数据，尽管使用"查找和替换"对话框查找出数据，如图 3-3 所示。这种查找是以含有指定数据的关键词匹配查找，也就是说，只要单元格中含有指定的字符，就能查找出来。

A	B	C	D	E	F
子订单编号（系统导出）				子订单号（手工修改）	匹配的系统编号
5015796380826590263				5015796380826590263	#N/A
5015312655437251788				5015796380826459191	#N/A
5014843916221779439					
5014415903854659051					
5014421473556666012					
5014421474186205147					
5014367600659113164					
5014032765407413429					
5012503206083149409					
5011912142189157822					
5011901959381014412					

查找和替换

查找(D)　替换(P)

查找内容(N):　5015796380826590263

选项(T) >>

查找全部(I)　查找下一个(F)　关闭

工作簿	工作表	名称	单元格	值	公式
工作簿1	Sheet2		$A$2	5015796380826590263	
工作簿1	Sheet2		$E$2	5015796380826590263	

2 个单元格被找到

图 3-3　查找出两个数据

之所以出现 VLOOKUP 函数匹配不到数据的情况，是因为 A 列的数据存在非打印字符，可使用 LEN 函数测试一下，LEN(A2) 的结果是 20，LEN(E2) 的结果是 19。

可以使用 CLEAN 函数将 A 列数据的非打印字符清除掉，也就是在单元格 F2 中输入如下公式即可，结果如图 3-4 所示。

```
=IFERROR(VLOOKUP(E2,CLEAN($A$2:$A$12),1,0),"")
```

	子订单编号（系统导出）				子订单号（手工修改）	匹配的系统编号
	A	B	C	D	E	F
1	子订单编号（系统导出）				子订单号（手工修改）	匹配的系统编号
2	5015796380826590263				5015796380826590263	5015796380826590263
3	5015312655437251788				5015796380826459191	
4	5014843916221779439				5015312655437251788	5015312655437251788
5	5014415903854659051				5010351698965064708	
6	5014421473556666012				5011822042354510454	
7	5014421474186205147				5014333710921319539	
8	5014367600659113164				5014367600659113164	5014367600659113164
9	5014032765407413429				5011822042355279382	
10	5012503206083149409				5012265809098136875	
11	5011912142189157822				5014415903854659051	5014415903854659051
12	5011901959381014412				5011901959381014412	5011901959381014412

图 3-4　得到正确的结果

在该公式中，CLEAN($A$2:$A$12) 就是清除 A 列原始数据中的非打印字符。

📝 本节知识回顾与测验

1. 如何使用函数快速清除字符串前后的空格和中间的多余空格？

2. 如何使用函数快速清除字符串中的非打印字符（如换行符）？

3. 如果是中文字符串，如何快速清除字符串中的所有空格？

4. 如果是英文字符串，能不能用组合键 Crtl+H 查找替换掉字符串中多余的空格？

5. 如果使用查找函数匹配不出数据，但看着应该是有数据的，那么，如何设计公式来解决数据匹配查找？

3.2　统计字符的长度

在统计字符长度时，有两个非常实用的函数：LEN 和 LENB，分别计算字符的字符数和字节数。尽管这两个函数在实际工作中用得并不多，但在某些场合却是非常重要的。

3.2.1　LEN 函数和 LENB 函数的基本应用

LEN 函数用于计算字符串的字符数，LENB 函数用于计算字符串的字节数，它们的用法如下：

```
=LEN（文本字符串或引用）
=LENB（文本字符串或引用）
```

字符数就是肉眼实际看到的字符个数，字节数则是按照半角字符是一个字节、全角字符是两个字节计算。

例如，在下列公式中，LEN 函数的计算结果是 9（9 个字符），LENB 函数的计算结果是 14（4 个数字是 4 个字节，5 个汉字是 10 个字节，合计 4+10=14 字节）：

```
=LEN("2023 年经营分析 ")
=LENB("2023 年经营分析 ")
```

3.2.2 综合应用案例：拆分列

下面介绍一个联合使用 LEN 函数和 LENB 函数处理数据的实际案例。

📈 案例 3-2

图 3-5 中的示例，要求将材料编码和材料名称分开。

	A	B	C
1	材料	材料编码	材料名称
2	6.16.01.08高光直镀内衬原纸		
3	6.16.01.03.019金色转移内卡纸		
4	6.16.06.001磨砂内卡原纸		
5	6.16.01.07.042金色直镀内衬纸		
6	6.16.01.07.014金色环保铝纸		
7	6.16.01.07.015青金直镀衬纸		
8	6.16.01.07.031银色直镀衬纸		
9	6.16.06.001.008浅灰绿磨砂卡纸		

图 3-5　示例数据

材料编码和材料名称的区别是：材料编码由数字和句点构成，都是半角字符；材料名称都是汉字，是全角字符。

一个全角字符（汉字）是两个字节，一个半角字符（数字和句点）是一个字节，这样，一个全角字符就比一个半角字符多了一个字节，如果能够计算出多出的字节数，就知道了全角字符的个数，就很容易分别提取出材料名称和材料编码了。

通用的计算公式如下。

```
全角字符个数 =LENB（字符串）-LENB（字符串）
半角字符个数 =2*LEN（字符串）-LENB（字符串）
```

因此，材料编码和材料名称的提取公式分别如下，结果如图 3-6 所示。

单元格 B2，材料编码（材料编码是左侧的几个字符，因此使用 LEFT 函数）：

```
=LEFT(A2,2*LEN(A2)-LENB(A2))
```

单元格 C2，材料名称（材料名称是右侧的几个字符，因此使用 RIGHT 函数）：

```
=RIGHT(A2,LENB(A2)-LEN(A2))
```

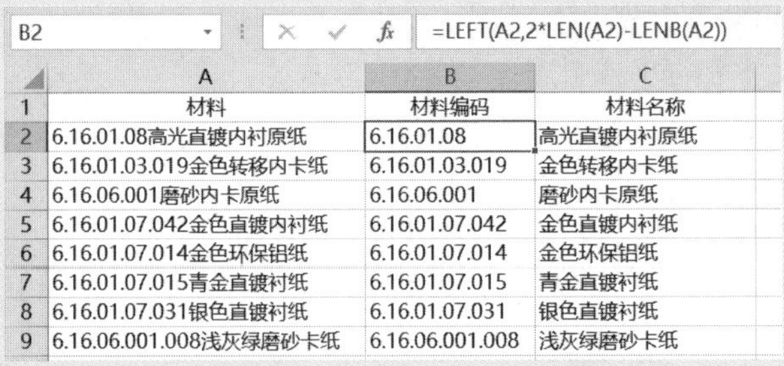

图 3-6　材料编码和材料名称

也可以先提取材料名称（使用 LENB 函数和 LEN 函数可以计算出材料名称的字符数），然后再使用下列公式提取左侧的材料编码（单元格 B2）：

```
=LEFT(A2,LEN(A2)-LEN(C2))
```

3.2.3　综合应用案例：设置数据验证，只能输入汉字名称

还可以联合使用 LEN 函数和 LENB 函数来解决其他的一些数据问题，如设置数据验证、限制规范数据输入。

案例 3-3

假设有这样一个要求，在 A 列只能输入汉字的员工名称，并且汉字名称中间以及前后都不能有空格。如何设置数据验证来限制这样的输入呢？效果如图 3-7 所示。

图 3-7　只能输入没有空格的汉字名称

该效果需要设置自定义数据验证，如图 3-8 所示，自定义条件公式如下：

```
=LENB(A2)=2*LEN(A2)
```

这个公式很好理解，如果输入的都是汉字，那么字符数乘以 2 就是字节数了，否则，输入的就不是纯汉字，中间可能有空格、数字、字母、句点等半角字符。

图 3-8　设置数据验证，只能输入汉字名称

3.2.4　综合应用案例：设置数据验证，只能输入固定位数的不重复数据

联合使用 LEN 函数和其他函数，还可以设置限制条件更多的数据验证。例如，最典型的一个应用是不允许输入重复数据，并且只能是规定的位数。

📈 案例 3-4

在设计员工花名册时，需要在某列（如 C 列）输入 18 位身份证号码，并且不允许重复输入，此时，也需要设置图 3-9 所示的自定义数据验证，自定义条件公式如下：

```
=AND(LEN(C2)=18,COUNTIF($C$2:C2,C2)=1)
```

图 3-9　设置数据验证，只能输入 18 位不重复身份证号码

这个公式有两个条件，分别限制字符位数和字符重复个数。

条件 1：LEN(C2)=18，判断输入的数据是否是 18 位。

条件 2：COUNTIF($C$2:C2,C2)=1，判断从第 2 行到本行，输入的数据是否为第一个。

这样，如果在单元格中输入重复的身份号码，或者输入的身份证号码不是 18 位，就会弹出警告框，禁止输入，如图 3-10 所示。

图 3-10　只允许输入不重复的 18 位身份证号码

本节知识回顾与测验

1. 字符数和字节数有什么区别？

2. 计算字符数用什么函数？计算字节数用什么函数？

3. 请设计数据验证，在单元格中只能输入除汉字以外的字符。

4. 请设计数据验证，在单元格中只能输入 11 位的手机号，注意手机号是数字，但必须以数字格式保存。

5. 请设计数据验证，在单元格中只能输入 11 位的手机号，注意手机号是数字，但必须以文本格式保存。

3.3　截取字符

用户可以根据需要，从一个字符串中的指定位置提取一段字符，截取左侧的几个字符，截取右侧的几个字符，等等。此时，可以常用的 3 个文本函数是：LEFT 函数、RIGHT 函数和 MID 函数。

3.3.1　LEFT 函数：从左侧截取字符

从一个字符串左侧截取指定个数的字符，需要使用 LEFT 函数，其用法如下：

=LEFT（文本字符串或引用，字符个数）

例如，下面公式的结果是字符串"2023 年"，也就是将字符串"2023 年经营分析"左侧的 5 个字符取出来：

=LEFT("2023 年经营分析",5)

案例 3-5

在某些数据处理中，经常需要从字符串左侧提取指定个数的字符。例如，图 3-11 是一个客户编码和客户名称在一起的示例数据，客户编码是固定的 6 位数字，那么提起客户编码的公式如下：

```
=LEFT(A2,6)
```

B2	:	× ✓	fx	=LEFT(A2,6)	
	A		B		C
1	客户编码名称		客户编码		
2	3.5.99北京风华科技有限公司		3.5.99		
3	5.2.71苏州铟科半导体材料有限公司		5.2.71		
4	8.3.66深圳智材信息技术		8.3.66		

图 3-11　提取客户编码

在某些情况下，从字符串左侧提取的字符个数是不固定的，此时，可以使用其他函数计算出需要提取的字符个数（包括 LEN 函数、LENB 函数等）。如前面的案例 3-2，就是使用 LEN 函数和 LENB 函数计算的。

还有一些情况可以先确定一个特殊字符的位置，然后就可以得到需要提取字符的个数，此时常用 FIND 函数或 SEARCH 函数确定这个特殊字符的位置，这种应用将在后面进行介绍。

3.3.2　RIGHT 函数：从右侧截取字符

从一个字符串右侧截取指定个数的字符，需要使用 RIGHT 函数，其用法如下：

```
=RIGHT(文本字符串或引用,字符个数)
```

例如，下面公式的结果是字符串"经营分析"，也就是从字符串"2023 年经营分析"的右侧提取 4 个字符：

```
=RIGHT("2023 年经营分析",4)
```

以前面案例 3-5 中的数据为例，客户编码和客户名称在一起，客户编码是固定的 6 位数字，那么提取客户名称的公式如下，结果如图 3-12 所示。

```
=RIGHT(A2,LEN(A2)-6)
```

在该公式中，先使用 LEN 函数计算出原始数据的字符个数，再减去 6 个字符（客户编码是固定的 6 位数），剩下的就是右侧客户名称字符数，最后使用 RIGHT 函数提取出客户名称。

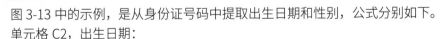

图 3-12　提取客户名称

3.3.3 MID 函数：从指定位置截取字符

如果要从一个文本字符串中指定的位置截取指定个数的字符，可以使用 MID 函数，其用法如下：

`=MID（文本字符串或引用，指定开始截取的位置，字符个数）`

例如，下面公式的结果是字符串"经营"：

`=MID("2023 年经营分析 ",6,2)`

在前面的案例 3-5 中，还可以使用 MID 函数提取客户名称，因为客户名称是从第 7 个字符开始的右侧所有字符，因此可以使用下面更简单的公式：

`=MID(A2,7,100)`

在该公式中，MID 函数的第 3 个参数设置为一个充分大的数字，这里设置为 100，也就是提取第 7 个字符开始的 100 个字符，这个数字够用了，因为客户名称一般不会超过 100 个字符。

3.3.4 截取字符综合应用案例：从身份证号码提取信息

身份证号码中有丰富的个人信息。例如，前 6 位数字是地区码，中间 8 位数字是出生日期，第 17 位是性别，这样，可以使用 LEFT 函数提取前 6 位数字得到地区信息，使用 MID 函数提取中间 8 位数字得到出生日期，使用 MID 函数提取第 17 位数字得知性别。

📈 **案例 3-6**

图 3-13 中的示例，是从身份证号码中提取出生日期和性别，公式分别如下。
单元格 C2，出生日期：

`=1*TEXT(MID(B2,7,8),"0000-00-00")`

单元格 D2，性别：

`=IF(ISEVEN(MID(B2,17,1))," 女 "," 男 ")`

提取出生日期的公式中，先使用 MID 函数提取生日 8 位数字，然后使用 TEXT 函数将其按照年 - 月 - 日的格式进行转换，得到一个文本型日期，再乘以数字 1，就得到数值型日期。

在提取性别的公式中，先使用 MID 函数提取第 17 位数字，然后使用 ISEVEN 函数判断是否为偶数（或者使用 ISODD 函数判断是否为奇数），最后使用 IF 函数进行性别判断处理。

图 3-13　从身份证号码中提取出生日期和性别

✏ 本节知识回顾与测验

1. 从字符串中的指定位置截取字符串，可以使用哪个文本函数？
2. 从字符串的左侧第一个转字符开始往右截取一段字符，可以使用哪个函数？
3. 从字符串的右侧第一个转字符开始往左截取一段字符，可以使用哪个函数？
4. 如果从一个字符串右侧倒数第 8 个字符开始截取 3 个字符，如何设计公式？
5. 在图 3-14 的数据中，请使用一个综合公式，直接使用左侧的原始数据，统计每个类别、每个月的出库量：

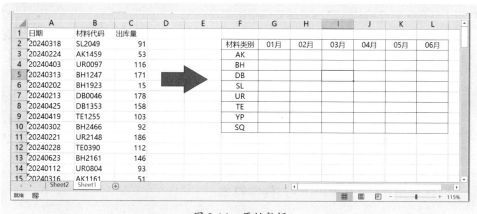

图 3-14　原始数据

3.4　连接字符串

连接字符串也是日常数据处理中常见的操作。所谓连接字符串，就是将几个字符按照指定的分隔符连接在一起，生成一个新的字符串。

用连接运算符 & 连接字符串

连接字符串时，如果是简单的几个字符，可以直接使用连接运算符 "&"。
但要注意，如果连接的是常量，那么文本常量或日期常量需要使用双引号。

📈 **案例 3-7**

例如，下列公式的结果就是 "编码：100200300"，如图 3-15 所示。

```
="编码："&A1&A2&A3
```

| D2 | ▾ | : | × | ✓ | fx | ="编码："&A1&A2&A3 |

▲	A	B	C	D	E
1	100				
2	200		连接的字符串：	编码：100200300	
3	300				

图 3-15　使用连接运算符 "&" 连接字符串

3.4.2　使用 CONCAT 函数或 CONCATENATE 函数连接字符串

使用 CONCAT 函数或 CONCATENATE 函数连接字符串很简单，设置函
数每个参数为要连接的字符串或单元格引用即可。

在图 3-15 的示例中，使用 CONCAT 函数或 CONCATENATE 函数连接
字符串的公式分别如下：

```
=CONCAT("编码："，A1:A3)
=CONCATENATE("编码："，A1,A2,A3)
```

说明：CONCATENATE 是一个旧函数，在连接字符串时，单元格只能逐个引用，
但任何版本都可以使用。在高版本 Excel 中，它被 CONCAT 替代了，而 CONCAT 是
一个新函数，不仅可以逐个引用字符串单元格，而且还可以引用单元格区域。

3.4.3　使用 TEXTJOIN 函数连接字符串

当需要将各个字符串以一个指定的分隔符进行连接时，可以使用 TEXTJOIN 函数，
其用法如下：

```
=TEXTJOIN(分隔符，是否忽略空值，字符串1或引用，字符串2或引用，
字符串3或引用，…)
```

函数的第 2 个参数，默认（为 TRUE 或者留空）是忽略空单元格。

案例 3-8

对于图 3-16 所示的姓名，要求将它们用逗号分隔，连接成一个新字符串，保存在一个单元格中，公式如下：

```
=TEXTJOIN(",",,A2:A9)
```

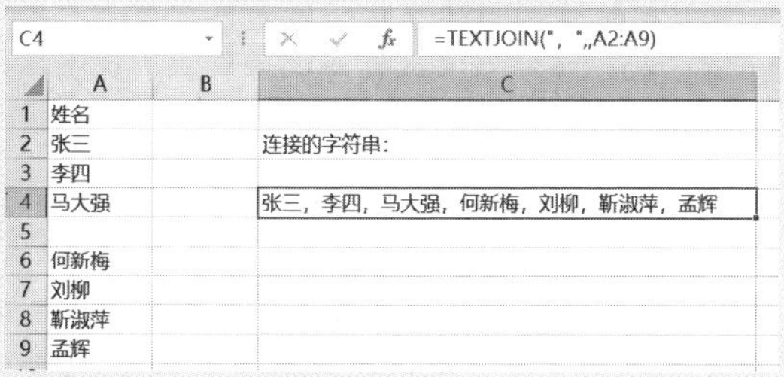

图 3-16 使用 TEXTJOIN 函数连接连续区域的字符串

该函数的每个文本字符串或引用参数，可以引用不同的单元格区域，从而将不同区域的字符串连接在一起，如图 3-17 所示，公式如下：

```
=TEXTJOIN(",",,B2:B4,B6:B9)
```

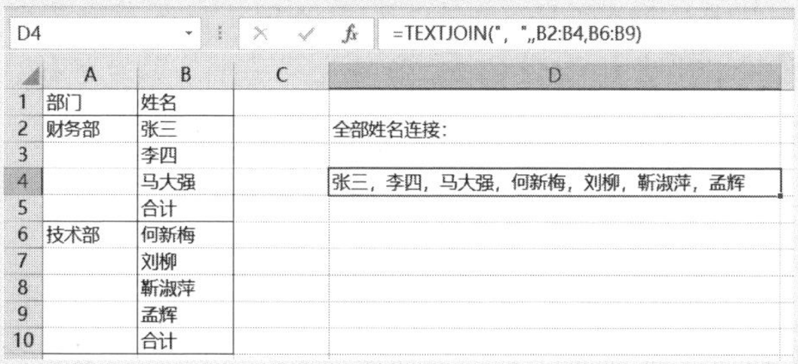

图 3-17 使用 TEXTJOIN 函数连接不连续区域的字符串

3.4.4 综合应用案例：设计摘要说明

该案例要使用 TEXTJOIN 函数连接字符串，也要使用第 2 章介绍过的 IF 函数，以及后面有关章节即将要介绍 OFFSET 函数和 MATCH 函数。

案例 3-9

图 3-18 是一个统计表格，现在要在 D 列构建一个每个部门姓名列表和金额合计数的摘要说明字符串，单元格 D2 中的公式如下：

```
=IF(A2="","",
    TEXTJOIN(",",,OFFSET(B2,,,MATCH("合计",B2:B16,0)-1,1),
    VLOOKUP("合计",B2:C16,2,0)&"元")
    )
```

	A	B	C	D
1	部门	姓名	金额	摘要
2	财务部	张三	882	张三, 李四, 马大强, 1924元
3		李四	473	
4		马大强	569	
5		合计	1924	
6	技术部	何新梅	271	何新梅, 刘柳, 靳淑萍, 孟辉, 3083元
7		刘柳	399	
8		靳淑萍	1116	
9		孟辉	1297	
10		合计	3083	
11	营销部	孟达	445	孟达, 梅明华, 郑铮好, 明韵, 何欣, 3064元
12		梅明华	865	
13		郑铮好	566	
14		明韵	628	
15		何欣	560	
16		合计	3064	

图 3-18　设计摘要说明

该公式的核心逻辑是如何确定每个部门的员工姓名所在单元格区域，因此，使用 MATCH 函数确定"合计"的位置，再使用 OFFSET 函数确定某部门的姓名区域，最后使用 TEXTJOIN 函数进行连接。

- 函数 OFFSET(B2,,,MATCH("合计",B2:B16,0)-1,1) 是获取某部门的姓名区域。
- 函数 VLOOKUP("合计",B2:C16,2,0) 是查找某部门的合计数。

本节知识回顾与测验

1. 连接字符串有几种方法？各有什么优缺点？

2. 如果要将几个单元格的数据用指定的分隔符连接成一个字符串，使用什么函数？

3. 连接字符串的 3 个函数 CONCATENATE、CONCAT 和 TEXTJOIN 有什么不同？在使用中应注意哪些问题？

4. 如果要将指定的文本常量与某个单元格数据进行连接，如何设计公式？例如，要把文本字符串"2024 年"与单元格 A1 数据连接成一个新字符串。

5. 如果要将指定的文本常量与指定单元格区域数据进行连接，并且要求每个单元格数据用指定分隔符隔开，那么如何设计公式？例如，要把文本字符串"2024 年"与单元格区域 A1:A10 数据连接成一个新字符串，单元格区域 A1:A10 的每个数据用分号隔开。

3.5 替换字符

当需要将字符串中指定的字符替换为新字符时，可以使用 SUBSTITUTE 函数和 REPLACE 函数，但这两个函数的使用方法是不同的。

3.5.1 SUBSTITUTE 函数及其应用

SUBSTITUTE 函数是将字符串中指定的字符替换为新字符，用法如下：

=SUBSTITUTE（字符串，旧字符，新字符，存在重复字符的话替换第几次出现的字符）

例如，下列公式的结果是字符串"2023 上半年财务经营分析"，也就是将字符串中的"经营"替换为"上半年财务经营"：

=SUBSTITUTE("2023 经营分析"，"经营"，"上半年财务经营")

下列公式的结果是字符串"2023 经营分析汇报与财务分析汇报会"，也就是将字符串中第 2 个出现的"经营"替换为"财务"：

=SUBSTITUTE("2023经营分析汇报与经营分析汇报会"，"经营"，"财务"，2)

📈 **案例 3-10**

SUBSTITUTE 函数在数据处理中是很有用的,图 3-19 中的示例,C 列数据不规范,金额和单位是一起输入的，现在要计算金额合计数，可以使用下列公式：

=SUMPRODUCT(1*SUBSTITUTE(C2:C4,"元"，""))

	A	B	C	D	E	F	G	H
1	日期	项目	金额					
2	2023-4-26	项目1	2000元					
3	2023-5-7	项目2	10000元					
4	2023-5-28	项目3	6000元					
5		合计	18000					

C5 → fx =SUMPRODUCT(1*SUBSTITUTE(C2:C4,"元",""))

图 3-19　一个公式计算合计数

在该公式中，使用 SUBSTITUTE 函数将 C 列数据中的"元"替换掉，就剩下了只有金额数字构成的数组，但是要注意的是，SUBSTITUTE 函数的结果是文本，因此替换后得到的金额是文本型数字，将文本型数字乘以 1 转换为数值型数字，再使用 SUMPRODUCT 函数将这个数组中的各个金额数字相加，就是合计数了。

又如，图 3-20 所示的 A 列数据，要求将第 3 个横杠"-"替换为 3 个斜杠"///"，则公式如下：

```
=SUBSTITUTE(A2,"-","///",3)
```

图 3-20　将第 3 个横杠 "-" 替换为 3 个斜杠 "///"

3.5.2　REPLACE 函数及其应用

REPLACE 函数是将字符串中，从指定位置开始的、指定个数的字符，替换为新字符，用法如下：

=REPLACE（字符串，指定位置，字符个数，新字符）

例如，下列公式结果是字符串"北京分公司 2023 年上半年经营分析"，也就是将旧字符串"北京分公司 2023 年经营分析"中，从第 6 个开始的 5 个字符（"2023 年"）替换为新字符"2023 年上半年"：

=REPLACE（" 北京分公司 2023 年经营分析 ",6,5,"2023 年上半年 "）

REPLACE 函数在替换字符时，不需要知道具体的字符，只需指定位置以及字符个数即可。例如，下面公式的结果是字符串"ABC*XYZ"，也就是将从第 4 个字符开始的 3 个字符替换为 "*"：

=REPLACE("ABC123XYZ",4,3,"*")

3.5.3　综合应用案例：快速统计汇总

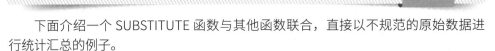

📈 案例 3-11

下面介绍一个 SUBSTITUTE 函数与其他函数联合，直接以不规范的原始数据进行统计汇总的例子。

图 3-21 中 B 列编码很乱，现在要求不允许设计辅助列，直接使用原始数据统计每个类别的合计数。

	日期	编码	入库量			类别	入库量
2	2024-7-21	AM1729	223				
3	2024-4-25	CC2031	242			类别	入库量
4	2024-7-29	CC 1783	226			AM	
5	2024-2-8	DD 1337	238			CC	
6	2024-1-21	GG0427	215			DD	
7	2024-3-2	DD 1765	51			GG	
8	2024-3-3	AM1068	186			AA	
9	2024-5-12	AM0717	72				
10	2024-2-19	DD 0174	212				
11	2024-1-4	AA 1278	105				
12	2024-4-19	GG1373	235				
13	2024-6-4	GG1368	240				
14	2024-4-21	AA 0782	74				
15	2024-1-26	AM1291	82				
16	2024-6-4	GG0237	166				
17	2024-2-14	GG0788	159				

图 3-21　不规范的编码

可以使用 SUBSTITUTE 函数将 B 列的所有空格清除，这样编码就是一个无任何空格的标准规范编码了，然后使用 LEFT 函数取出编码前 2 位大类字母进行比较，就可以得到各个类别的合计数了。公式如下：

```
=SUMPRODUCT((LEFT(SUBSTITUTE($B$2:$B$165," ",""),2)=F4)
    *$C$2:$C$165)
```

本节知识回顾与测验

1. 替换字符串有哪几个常用的函数？各用于什么场合？

2. 某列中有很多诸如"销售额 1000 万元""销售额 820 万元"这样的字符串，如何将它们转换为能够计算的销售额数字 1000、820？

3. 如何将字符串"ABC-20450-SSD-FFR-W0439-2990"中的第 4 个横杠"-"替换为竖线"|"？

3.6　查找字符

如果要从一个字符串中，查找指定字符第一次出现的位置，可以使用 FIND 函数或 SEARCH 函数。这两个函数在实际数据处理中是非常有用的。

3.6.1　FIND 函数及其应用

FIND 函数是查找指定字符（区分大小写）在字符串中第一次出现的位置，用法如下：

=FIND(指定要查找的字符, 字符串, 开始查找的位置)

注意：FIND 函数是区分大小写的。

第 3 个参数如果忽略，默认为从左侧第 1 个字符开始查找。

例如，下面公式的结果是 5，表示查找字符"与"在字符串中第一次出现的位置，是第 5 个：

=FIND(" 与 "," 财务分析与销售分析 ")

下面公式的结果是 8，表示从第 6 个字符位置开始查找"分析"在字符串中出现的位置，是第 8 个：

=FIND(" 分析 "," 财务分析与销售分析 ",6)

下面公式的结果是 6，表示小写字母"c"是第 6 个：

=FIND("c","ABCabc")

下面公式的结果是 3，表示大写字母"C"是第 3 个：

=FIND("C","ABCabc")

案例 3-12

图 3-22 中的示例，要求从 A 列规格及数量中，分别提取出规格和数量，两者的区别是星号"*"，星号前面的是规格，星号后面的是数量，因此，可以使用 FIND 函数查找星号的位置，可以使用 LEFT 函数和 MID 函数提取规格和数量。

B2		× ✓ fx	=LEFT(A2,FIND("*",A2)-1)		
	A	B	C	D	E
1	规格及数量	规格	数量		
2	20'GPX*5	20'GPX	5		
3	20'GPX*22	20'GPX	22		
4	40'GPXC*106	40'GPXC	106		
5	40'GPVB*27	40'GPVB	27		
6	40'HCT*218	40'HCT	218		
7	45'HCRY*50	45'HCRY	50		

图 3-22 提取规格和数量

注意：使用 MID 函数提取数量后需要乘以数字 1，变为可以计算的数值，因为 MID 函数的结果是文本。

单元格 B2，提取规格：

=LEFT(A2,FIND("*",A2)-1)

单元格 C2，提取数量：

=1*MID(A2,FIND("*",A2)+1,100)

3.6.2 SEARCH 函数及其应用

FIND 函数是区分大小写的，如果不区分大小写，需要使用 SEARCH 函数，其用法如下：

=SEARCH（指定要查找的字符，字符串，开始查找的位置）

第 3 个参数如果忽略，就默认为从左侧第 1 个字符开始查找。

例如，下面公式的结果是 3，也就是说，由于不区分大小写，查找小写字母 c 的位置，就认为是大写字母 C 的位置，因为，在不区分大小写情况下，字母 c 第一次出现的位置是第 3 个：

=SEARCH("c","ABCabc")

在实际数据处理中，如果不区分大小写，SEARCH 函数和 FIND 函数都是一样的，但用得更多的是 FIND 函数。如果需要区分大小写，则必须使用 SEARCH 函数了。

3.6.3　综合应用案例：复杂的数据分列

案例 3-13

了解 FIND 函数的基本用法后，下面介绍一个综合应用案例。

图 3-23 中的示例，要求从 A 列取出规格、单位和数量，分三列保存。

	A	B	C	D
1	成品下料尺寸	规格	单位	数量
2	定制0.7*180*860/1件			
3	定制0.7*105*1000/26件			
4	定制4.5*70*1000/41件			
5	商品1.2*105*1000/5件			
6	定制0.7*200*750/2套			
7	商品0.7*200*750/1套			
8	定制0.7*188*1000/10件			
9	定制1250*140*1.0/12件			
10	定制1.0*168*980/8套			
11	定制1.2*340*1320/5套			
12				

图 3-23　示例数据

观察表格，可以发现这样的规律：规格是从第 3 个字符开始，到斜杠结束；数量是斜杠后面的数字，单位是最后一个字符。

这样，可以设计下列公式，分别提取规格、单位和数量。

单元格 B2，提取规格：

=MID(A2,3,FIND("/",A2)-3)

单元格 C2，提取单位：

=RIGHT(A2,1)

单元格 D2，提取数量：

=1*LEFT(MID(A2,FIND("/",A2)+1,100),LEN(MID(A2,FIND ("/",A2)+1,100))-1)

✏ **本节知识回顾与测验**

1.如果要区分大小写，从字符串中查找指定字符第一次出现的位置，可使用什么函数？

2.如何查找指定字符在字符串第 2 次出现的位置？如字符串"经营分析报告及财务成本分析报告"，要查找第 2 个"分析"出现的位置，如何科学设计一个动态公式？

3.7 转换字符

如果要将一个数字转换为指定格式的文本字符，必须使用 TEXT 函数，该函数功能非常强大。

3.7.1 为什么要使用 TEXT 函数转换字符

📈 **案例 3-14**

在工作中可能会遇到这样的情况，如图 3-24 所示。想要在 F 列得到一个由项目名称、上下箭头和百分比数字组成的字符串，但是，如果使用下列公式直接连接，就得不到想要的结果：

```
=A2&D2
```

	A	B	C	D	E	F
1	项目	去年	今年	同比增长率	希望得到的字符串	直接连接的结果
2	项目A	809	1244	53.8%	项目A ▲53.8%	项目A0.53770086526576
3	项目B	1090	747	-31.5%	项目B ▼31.5%	项目B-0.314678899082569
4	项目C	422	827	96.0%	项目C ▲96.0%	项目C0.959715639810427
5	项目D	716	847	18.3%	项目D ▲18.3%	项目D0.182960893854749

图 3-24　直接连接的结果是错误的

为什么情况会这样？其实不奇怪，D 列的增长率本身就是一个小数，只不过是设置了单元格式，显示成了百分比而已，因此，直接连接起来，增长率数字就是它的小数本身了："项目 A0.53770086526576"，并且也无法根据百分比数字的正负显示不同的箭头。

如何解决诸如此类的字符串问题？可以使用 TEXT 函数。

3.7.2 TEXT 函数及其应用

TEXT 函数是将一个数字，按照指定的格式转换为文本，其用法如下：

```
=TEXT(数字，格式代码)
```

函数的第 1 个参数必须是数字（日期、时间也是数字）；第 2 个参数必须是合法的格式代码，可以是常规格式代码，也可以是自定义数字格式代码。

TEXT 函数转换的对象是数字（或者能够转换为数字的文本型数字），结果是文本字符串，这点要特别注意。

📊 案例 3-15

例如，可以将数字 32138602.6895 转换为各种格式的文本，相应代码及转换结果如表 3-1 所示。

表 3-1   TEXT 函数应用示例：转换数字

格 式 代 码	结　　果	公　　式
0	32138603	=TEXT(C2,"0")
0.0	32138602.7	=TEXT(C2,"0.0")
0.00	32138602.69	=TEXT(C2,"0.00")
#,##0.00	32,138,602.69	=TEXT(C2,"#,##0.00")
0.00%	3213860268.95%	=TEXT(C2,"0.00%")
▲ #,##0.00	▲ 32,138,602.69	=TEXT(C2," ▲ #,##0.00")
0.00,	32138.60	=TEXT(C2,"0.00,")
0.00,,	32.14	=TEXT(C2,"0.00,,")
0!.0,	3213.9	=TEXT(C2,"0!.0,")
▲ 0!.0,	▲ 3.2	=TEXT(C2," ▲ 0!.0,,")

日期和时间本质上也是数字，因此也可以使用 TEXT 函数转换为各种日期信息文本。例如，日期"2023-4-5"，常见的格式代码及转换结果如表 3-2 所示。

表 3-2   TEXT 函数应用示例：转换日期

格 式 代 码	结　　果	公　　式
yyyy-m-d	2023-4-5	=TEXT(C2,"yyyy-m-d")
yyyy-mm-dd	2023-04-05	=TEXT(C2,"yyyy-mm-dd")
yy-m-d	23-4-5	=TEXT(C2,"yy-m-d")
m-d	4-5	=TEXT(C2,"m-d")
yyyy.m.d	2023.4.5	=TEXT(C2,"yyyy.m.d")
yyyy.mm.dd	2023.04.05	=TEXT(C2,"yyyy.mm.dd")
yy.m.d	23.4.5	=TEXT(C2,"yy.m.d")
m.d	4.5	=TEXT(C2,"m.d")

格式代码	结　果	公　式
yyyy 年 m 月 d 日	2023 年 4 月 5 日	=TEXT(C2,"yyyy 年 m 月 d 日 ")
yyyy 年 m 月	2023 年 4 月	=TEXT(C2,"yyyy 年 m 月 ")
m 月 d 日	4 月 5 日	=TEXT(C2,"m 月 d 日 ")
yyyy 年	2023 年	=TEXT(C2,"yyyy 年 ")
yy 年	23 年	=TEXT(C2,"yy 年 ")
m 月	4 月	=TEXT(C2,"m 月 ")
mm 月	04 月	=TEXT(C2,"mm 月 ")
d 日	5 日	=TEXT(C2,"d 日 ")
dd 日	05 日	=TEXT(C2,"dd 日 ")
yyyy 年 m 月 d 日 aaaa	2023 年 4 月 5 日 星期三	=TEXT(C2,"yyyy 年 m 月 d 日 aaaa")
aaaa	星期三	=TEXT(C2,"aaaa")
m–d–yyyy dddd	4–5–2023 Wednesday	=TEXT(C2,"m–d–yyyy dddd")
m–d–yyyy ddd	4–5–2023 Wed	=TEXT(C2,"m–d–yyyy ddd")
dddd	Wednesday	=TEXT(C2,"dddd")
ddd	Wed	=TEXT(C2,"ddd")
mmmm	April	=TEXT(C2,"mmmm")
mmm	Apr	=TEXT(C2,"mmm")

了解 TEXT 函数的基本原理和使用方法，在前面的案例 3-13 中，正确的字符串连接公式如下：

```
=A2&TEXT(D2," ▲ 0.0%; ▼ 0.0%")
```

图 3-25 是位数不定的数字，现在要求将数字转换为长度固定（比如 6 位）的文本型数字，则转换公式如下：

```
=TEXT(A2,"000000")
```

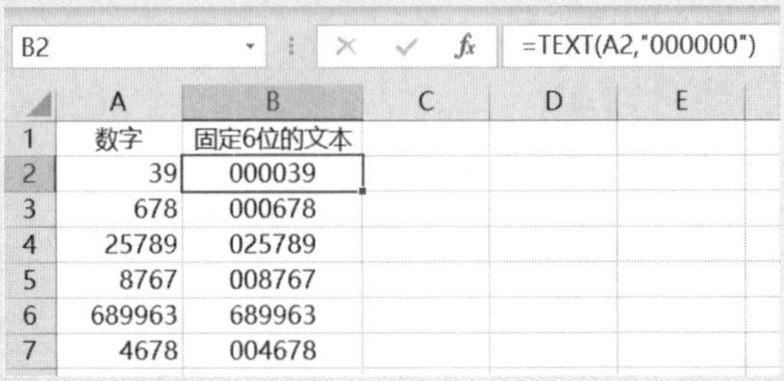

图 3-25　将位数不定的数字转换为固定位数的文本型数字

3.7.3 综合应用案例：直接使用原始数据进行汇总计算

无论是日常数据的处理，还是构建自动化数据分析模板，TEXT 函数都是非常有用的。例如，可以直接使用从系统导出的原始数据进行自动化处理，而没必要插入辅助列或者使用分列来做分析底稿。

案例 3-16

图 3-26 中的示例，左侧三列是从系统导出的产品发货记录，现在要求直接根据原始数据来统计每个类别产品各月的发货量，这里产品类别是产品编码的左两位字母。

	A	B	C	D	E	F	G	H	I	J	K	L
1	日期	产品编码	发货量									
2	2023.08.23	AB.01391	350			每个类别产品各月发货量统计						
3	2023.09.01	CR.00675	782			月份	AB	CR	RT	UP	QF	合计
4	2023.04.18	RT.02455	846			1月						
5	2023.03.21	RT.01731	681			2月						
6	2023.11.20	RT.05866	54			3月						
7	2023.05.24	CR.02918	413			4月						
8	2023.01.19	CR.00691	227			5月						
9	2023.08.03	CR.01317	614			6月						
10	2023.11.13	UP.04181	385			7月						
11	2023.01.18	CR.01647	297			8月						
12	2023.04.25	AB.00171	765			9月						
13	2023.06.02	UP.04788	371			10月						
14	2023.06.13	AB.06025	507			11月						
15	2023.06.11	RT.03656	839			12月						
16	2023.12.26	UP.01963	426			合计						
17	2023.04.17	AB.01051	631									
18	2023.04.28	AB.06792	796									
19	2023.12.04	AB.01942	21									
20	2023.09.27	RT.06915	292									
21	2023.05.26	CR.07641	60									

图 3-26　示例数据

在该例中，不允许设计辅助列从 A 列提取月份和从 B 列提取大类字母，而是需要使用一个公式直接根据原始的三列数据进行计算。

这个问题的解决思路如下。

- 月份处理：使用 SUBSTITUTE 函数将日期中的句点替换为减号，将非法日期转换为正确日期（实际上是文本型日期，不过，文本型日期可以直接进行计算），再使用 TEXT 函数从日期中提取月份名称。
- 产品类别处理：使用 LEFT 函数提取产品编码的左两位字母即可。
- 对提取的月份名称和产品类别分别进行判断，使用 SUMPRODUCT 函数进行多条件求和。

基于以上逻辑思路，单元格 G4 中的求和公式如下，计算结果如图 3-27 所示。

```
=SUMPRODUCT(
            (TEXT(SUBSTITUTE($A$2:$A$350,".","-"),"m月")=$F4)*1,
            (LEFT($B$2:$B$350,2)=G$3)*1,
            $C$2:$C$350)
```

| G4 | | ▼ | × ✓ fx | =SUMPRODUCT((TEXT(SUBSTITUTE($A$2:$A$350,".","-"),"m月")=$F4)*1,(LEFT($B$2:$B$350,2)=G$3)*1,$C$2:$C$350) |

	A	B	C	D	E	F	G	H	I	J	K	L	M	N	O	P
1	日期	产品编码	发货量													
2	2023.08.23	AB.01391	350			每个类别产品各月发货量统计										
3	2023.09.01	CR.00675	782			月份	AB	CR	RT	UP	QF	合计				
4	2023.04.18	RT.02455	846			1月	1634	2813	2940	3541	735	11663				
5	2023.03.21	RT.01731	681			2月	2248	3488	1926	1905	3723	13290				
6	2023.11.20	RT.05866	54			3月	2976	3508	1812	3478	933	12707				
7	2023.05.24	CR.02918	413			4月	4223	1792	1806	1303	3431	12555				
8	2023.01.19	CR.00691	227			5月	2117	2306	2810	1882	3630	12745				
9	2023.08.03	CR.01317	614			6月	4245	3128	2726	4681	2623	17403				
10	2023.11.13	UP.04181	385			7月	4159	2265	1528	4503	1968	14423				
11	2023.01.18	CR.01647	297			8月	1422	2188	2467	2913	2242	11232				
12	2023.04.25	AB.00171	765			9月	700	2336	3155	1368	2341	9900				
13	2023.06.02	UP.04788	371			10月	703	2793	1348	876	3388	9108				
14	2023.06.13	AB.06025	507			11月	4748	2102	2115	3233	1824	14022				
15	2023.06.11	RT.03656	839			12月	2849	2712	2184	5723	1931	15399				
16	2023.12.26	UP.01963	426			合计	32024	31431	26817	35406	28769	154447				
17	2023.04.17	AB.01051	631													
18	2023.04.28	AB.06792	796													
19	2023.12.04	AB.01942	21													
20	2023.09.27	RT.06915	292													
21	2023.05.26	CR.07641	60													
22	2023.09.08	UP.06032	19													
23	2023.04.24	UP.03233	237													

图 3-27　直接使用原始数据进行汇总计算

该例仅仅是 TEXT 函数的简单应用，在本书后面的各章中，还会陆续介绍 TEXT 函数的各种实际应用案例。

📝 本节知识回顾与测验

1.TEXT 函数的转换对象是什么类型数据？转换的结果是什么类型数据？

2.TEXT 函数能否将一个合法的文本型日期转换为指定格式的文本？例如，有一个文本型日期"2023-10-18"，要求转换为 Oct，公式如何编写？

3. 在 TEXT 函数中，可以使用自定义格式代码吗？

4. 有一个单元格保存的是数字，但可能是正数，可能是负数，也可能是零，现在要求设计一个能够生成动态字符串的公式：将正数显示为红色，数字前添加上箭头；将负数显示为蓝色，数字前添加下箭头，并不再显示负号；数字零仍然显示为零。那么，如何设计这样的转换公式？

3.8　其他实用的文本函数及引用

前面介绍的是一些在数据处理中常用的文本函数及其实际应用案例，在数据分析中，尤其是制作可视化图表时，往往需要在图表上显示单元格数据，需要分行显示标注信息，等等，此时可以使用 CHAR 函数或 UNICHAR 函数。

3.8.1　CHAR 函数及其应用

CHAR 函数是返回某代码数字所代表的字符，用法如下：

=CHAR（代码数字）

例如，下列公式的结果是大写字母 A：

```
=CHAR(65)
```

而下列公式就得到换行符：

```
=CHAR(10)
```

案例 3-17

对于图 3-28 中的数据，如果想要得到分行显示项目名称和增长率的效果，那么公式如下：

```
=A2&CHAR(10)&TEXT(D2," ▲0.0%;▼0.0%")
```

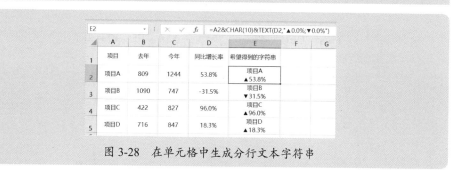

图 3-28　在单元格中生成分行文本字符串

3.8.2　综合应用案例：在图表中显示更多信息

下面介绍一个综合应用案例，说明 CHAR 函数在制作图表中的应用，这个图表的详细制作过程，请观看视频。

案例 3-18

图 3-29 中的各个产品排名分析示例，绘制的是普通的柱形图，现在要求在图表上显示每个产品的销售占比百分比数字，如何显示？

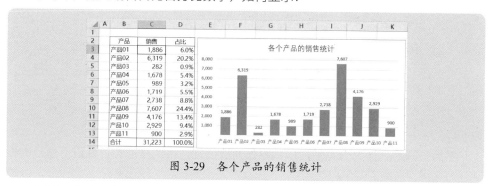

图 3-29　各个产品的销售统计

在该图表中，柱形顶端已经显示了销售数据，但是销售占比显示在哪里？有些人觉得将占比绘制一条折线，并绘制在次坐标轴上，如图 3-30 所示。这样的显示也有点牵强，阅读性较差。

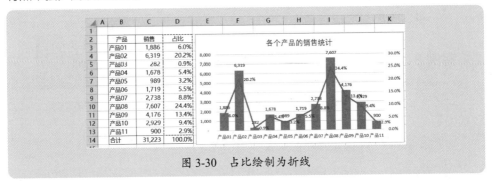

图 3-30　占比绘制为折线

相对于销售数字，占比百分比数字只是一个参考，可以将其显示在分类轴标签上，并与产品名称分行显示，如图 3-31 所示。

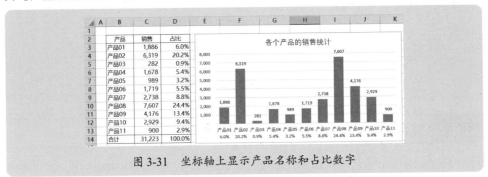

图 3-31　坐标轴上显示产品名称和占比数字

这个图表的制作很简单，设计辅助列，将产品名称和占比数据连接字符串，如图 3-32 所示。单元格 F3 中的公式如下：

```
=B3&CHAR(10)&TEXT(D3,"0.0%")
```

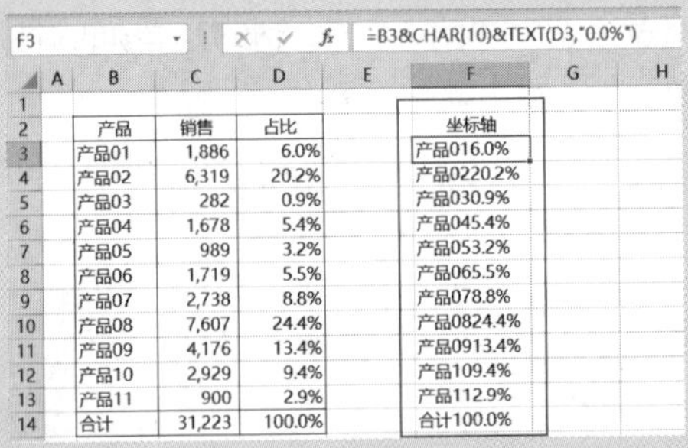

图 3-32　设计辅助列

然后与辅助列作为分类轴，以销售作为数值轴，绘制柱形图，并进行适当的格式化，就得到需要的效果。

也可以将实际销售数据和占比数据分两行显示在系列标签中，效果如图 3-33 所示。

产品	销售	占比
产品01	1,886	6.0%
产品02	6,319	20.2%
产品03	282	0.9%
产品04	1,678	5.4%
产品05	989	3.2%
产品06	1,719	5.5%
产品07	2,738	8.8%
产品08	7,607	24.4%
产品09	4,176	13.4%
产品10	2,929	9.4%
产品11	900	2.9%
合计	31,223	100.0%

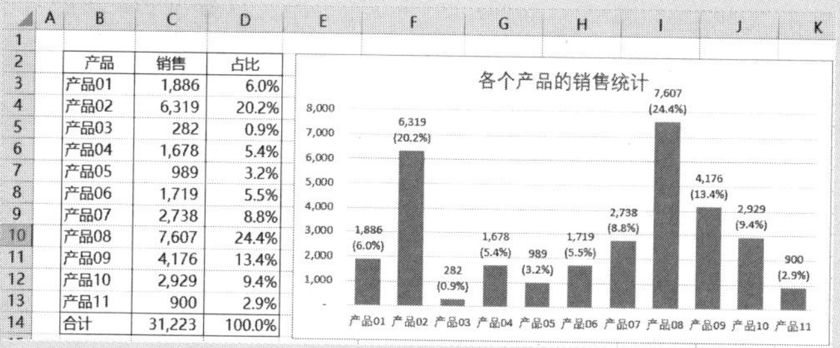

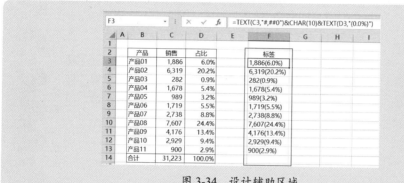

图 3-33　实际销售数据和占比数据分两行显示在标签中

这个图表也是需要设计辅助区域，如图 3-34 所示。单元格 F3 中的公式如下：

产品	销售	占比	标签
产品01	1,886	6.0%	1,886(6.0%)
产品02	6,319	20.2%	6,319(20.2%)
产品03	282	0.9%	282(0.9%)
产品04	1,678	5.4%	1,678(5.4%)
产品05	989	3.2%	989(3.2%)
产品06	1,719	5.5%	1,719(5.5%)
产品07	2,738	8.8%	2,738(8.8%)
产品08	7,607	24.4%	7,607(24.4%)
产品09	4,176	13.4%	4,176(13.4%)
产品10	2,929	9.4%	2,929(9.4%)
产品11	900	2.9%	900(2.9%)
合计	31,223	100.0%	

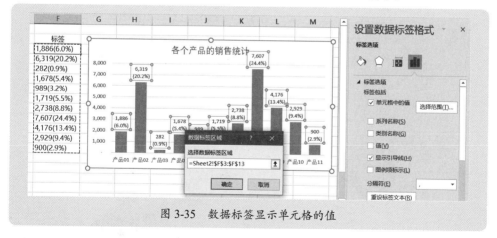

图 3-34　设计辅助区域

绘制正常的柱形图，但是标签要显示单元格值，如图 3-35 所示。

图 3-35　数据标签显示单元格的值

本节知识回顾与测验

1. CHAR 函数有哪些功能？如何在公式中输入一个换行符，将文本字符串分两行显示？

2. 请绘制一个条形图，在条形外端分两行同时显示每个项目的实际数据及百分比数字。

第 **4** 章

日期和时间数据处理案例精讲

　　企业各种业务数据表单，都离不开日期和时间数据，利用有关日期和时间函数对相关数据进行计算，就是一个必须掌握的技能了。本章介绍在数据处理和分析中常用的日期和时间函数，以及其他函数处理日期和时间的实际应用案例。

4.1 处理文本格式的日期

　　从系统导出的数据表中，日期数据往往是文本格式日期，此时可以使用分列工具将文本格式日期转换为数值型日期，但如果想要以原始数据直接进行统计分析计算，则可以使用相关的转换函数来处理，如 SUBSTITUTE 函数、TEXT 函数、DATEVALUE 函数、TIMEVALUE 函数等。

4.1.1 使用 SUBSTITUTE 函数处理非法日期

　　如果是像"2023.4.27"这样的非法日期，可以使用 SUBSTITUTE 函数将句点"."替换为减号"-"，转换为文本型日期，然后再将转换后的文本型日期乘以 1，就得到数值型日期了。

　　这种情况下的 SUBSTITUTE 函数处理方法，更多是用在函数公式中做综合计算。

4.1.2 使用 TEXT 函数处理非法日期

　　如果是像"20230427"这样的非法日期，也就是日期是 8 位数字，那么就需要使用 TEXT 函数进行处理了，也就是先按照"0000-00-00"的格式进行分隔，转换为文本型日期，然后再将转换后的文本型日期乘以 1，就得到数值型日期。

　　例如，可使用 TEXT 函数处理从身份证号码中提取出的 8 位数日期。

4.1.3 使用 DATEVALUE 函数处理文本型日期

　　对于文本型日期，可以乘以数字 1 将其转换为数值型日期，也可以使用 DATEVALUE 函数进行转换，DATEVALUE 函数的用法如下：

```
=DATEVALUE ( 文本格式的日期 )
```

　　图 4-1 中的示例，转换公式分别如下。

D3	▼ : × ✓ fx =DATEVALUE(B3)		
	A	B	C	D
1				
2		文本格式日期	乘以1	使用DATEVALUE
3		2023-4-27	2023-4-27	2023-4-27
4		27-Apr-2023	2023-4-27	2023-4-27
5		27-Apr	2023-4-27	2023-4-27
6		2023/4/27	2023-4-27	2023-4-27

图 4-1　使用 DATEVALUE 函数转换文本格式日期

　　单元格 C3，乘以 1：

```
=B3*1
```

　　单元格 D3，使用 DATEVALUE 函数：

```
=DATEVALUE (B3)
```

该函数使用很简单，但是日期字符串必须是能够转换为日期的格式，否则会返回错误值 #VALUE!。例如，下列公式就得不到正确结果：

```
=DATEVALUE("27-4-2023")
```

但下列公式就能转换为正确的日期：

```
=DATEVALUE("27-Apr-2023")
```

注意：如果是诸如 "27-Apr" 这样的日期，那么转换后，会是当年的 4 月 27 日。

本节知识回顾与测验

1. 文本格式日期转换为数值型日期，有几种使用方法？常用的有哪些转换函数？
2. 对于诸如 "27-04-2023" 这样的文本日期，如何转换为数值型日期？
3. 如何从一列日期数据中，快速圈释出非法日期？
4. 日期的本质是什么？处理日期数据有哪些规则必须了解和掌握？

4.2 日期组合与还原

在很多情况下，很多人喜欢把日期处理为年、月、日三列数字，这样处理既不方便输入日期数据，也不方便日期数据的处理和分析。此外，有时候也会将单独的两个月份数字和日数字生成当年的一个日期，那么，为了得到正确的日期，就需要使用相关函数来处理，如使用 DATE 函数等。

4.2.1 使用 DATE 函数组合年月日数字

对于图 4-2 所示的表格，年月日是 3 个数字保存在三列，这样数据处理和分析非常不便（很多人这样设计表格的目的可能是想要筛选年、月、日等），因此，需要将这 3 个数字进行组合，生成一个真正的日期。

将年、月、日 3 个数字生成真正的日期，需要使用 DATE 函数，其用法如下：

```
=DATE(年数字，月数字，日数字)
```

因此，图 4-2 所示的表格数据，生成真正日期的公式为：

```
=DATE(A2,B2,C2)
```

	A	B	C	D	E
	年	月	日	日期	
1	2023	2	10	2023-2-10	
2	2023	1	22	2023-1-22	
3	2023	4	8	2023-4-8	
4	2023	3	19	2023-3-19	
5	2023	5	1	2023-5-1	

图 4-2　使用 DATE 函数组合年月日数字

也可以使用下列公式来组合：

```
=A2&"-"&B2&"-"&C2
```

但这个公式的结果是一个文本格式的日期字符串，并不是数值型日期，还需要将其进行转换（乘以 1 或者使用 DATEVALUE 函数），因此，这种处理就是把简单问题复杂化了：

```
=1*(A2&"-"&B2&"-"&C2)
=DATEVALUE(A2&"-"&B2&"-"&C2)
```

4.2.2 使用 DATE 函数或 DATEVALUE 函数和其他函数生成具体日期

有些人可能把本来应该是一个具体日期的数据，仅仅输入了日或者月日，这种所谓的"日期"对于数据分析而言很麻烦，需要将其整理成真正的日期，下面举例说明。

📈 **案例 4-1**

在图 4-3 所示的表格中，A 列是一个文本，如果该表格是 2023 年 5 月份的销售记录表，那么，如何将 A 列日期转换为具体的 2023 年 5 月份日期，结果保存在表格的 D 列？

D2			✕ ✓ fx	=DATE(2023,5,SUBSTITUTE(A2,"日",""))			
▲	A	B	C	D	E	F	G
1	日期	产品	销售	日期			
2	1日	产品07	95	2023-5-1			
3	1日	产品12	114	2023-5-1			
4	1日	产品01	72	2023-5-1			
5	1日	产品05	13	2023-5-1			
6	1日	产品03	18	2023-5-1			
7	1日	产品02	98	2023-5-1			
8	2日	产品01	151	2023-5-2			
9	2日	产品06	70	2023-5-2			
10	2日	产品08	99	2023-5-2			
11	2日	产品05	42	2023-5-2			
12	2日	产品03	147	2023-5-2			
13	2日	产品04	146	2023-5-2			
14	3日	产品07	42	2023-5-3			

图 4-3　A 列是一个日期文字

这个转换同样可以使用 DATE 函数来解决，年份数字是固定值 2023，月份数字是固定值 5，但日数字则需要从 A 列中提取，使用 SUBSTITUTE 函数将"日"替换掉就可以了。因此，单元格 D2 中的公式如下：

```
=DATE(2023,5,SUBSTITUTE(A2,"日",""))
```

这不是唯一的解决方案，也可以先组合中文格式的日期（如"2023 年 5 月 1 日"），然后再使用 DATEVALUE 函数进行转换，此时公式如下：

```
=DATEVALUE("2023 年 5 月 "&A2)
```

显然，第 2 个公式比第 1 个公式更简洁、更高效。

还有一种可能遇到的情况，日期是输入的"月.日"文本数据，如图 4-4 所示，假设这是 2023 年的日期，那么如何将这样的"月.日"文本数据转换为真正的日期？

D2			✕ ✓ *fx*	=DATEVALUE(2023&"-"&SUBSTITUTE(A2,".","-"))			

▲	A	B	C	D	E	F	G	H	I
1	日期	产品	销售	日期					
2	5.1	产品07	95	2023-5-1					
3	5.20	产品12	114	2023-5-20					
4	5.11	产品01	72	2023-5-11					
5	5.4	产品05	13	2023-5-4					
6	5.25	产品03	18	2023-5-25					
7	6.6	产品02	98	2023-6-6					
8	6.17	产品01	151	2023-6-17					
9	6.28	产品06	70	2023-6-28					
10	5.31	产品08	99	2023-5-31					
11	5.10	产品01	34	2023-5-10					

图 4-4 "月.日"文本数据及其转换

一个简单的公式是先连接日期字符串，然后再使用 DATEVALUE 函数进行转换，参考公式如下：

```
=DATEVALUE(2023&"-"&SUBSTITUTE(A2,".","-"))
```

✒ 本节知识回顾与测验

1.将年、月、日 3 个数字组合成真正日期的正确方法是什么？

2.如果是给出了"27.04"这样的日期数据（假设表示 2023 年 4 月 27 日），那么如何将其处理为真正的日期？

3.如果是给出了"27.04/2023"这样的日期数据（假设表示 2023 年 4 月 27 日），那么如何将其处理为真正的日期？

4.3 从日期中提取重要信息

上节介绍的是如何组合生成真正日期的技能和技巧，以及一些实际案例。如果要把日期拆分成年月日 3 个数呢？如果要从日期中提取年份名称、月份名称、季度名称、周名称、星期名称呢？此时，就需要使用相关的函数进行直接计算或者进行判断处理了。

4.3.1 从日期中提取年月日数字

如果要从日期中提取年月日数字，可以分别使用 YEAR 函数、MONTH 函数和 DAY 函数，使用方法很简单，如下所示：

```
=YEAR（日期）
=MONTH（日期）
=DAY（日期）
```

图 4-5 中的示例，分别说明了这 3 个函数的基本用法。

在实际工作中，有时候需要对表单的日期进行计算，提取年、月和日数字，就可以使用这样的计算公式。

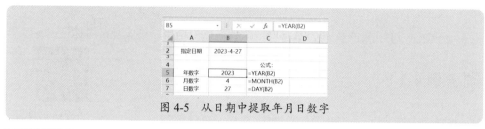

图 4-5　从日期中提取年月日数字

案例 4-2

图 4-6 中的示例，要求从左侧两列原始数据中，汇总出右侧的每个月合计数，注意这里的月份标题是数字 1、2、3 等。

图 4-6　年月统计汇总

可以使用 MONTH 函数从日期中提取月份数字，然后与报表的标题进行比较判断，再使用 SUMPRODUCT 函数求和，公式如下：

```
=SUMPRODUCT((MONTH($A$2:$A$192)=E3)*$B$2:$B$192)
```

4.3.2　从日期中提取年份、月份和日名称

如果要从一个日期中提取年份、月份和日名称，如日期"2023-4-27"，需要得到的结果是"2023 年""4 月""27 日"，很多人是使用字符串连接的方法得到结果，参考公式分别如下所示：

```
=YEAR("2023-4-27")&" 年 "
=MONTH("2023-4-27")&" 月 "
=DAY("2023-4-27")&" 日 "
```

但是，这 3 个公式并不是最简单的公式，使用 TEXT 函数是最简单、高效的方法，参考公式分别如下所示：

```
=TEXT("2023-4-27","yyyy 年 ")
=TEXT("2023-4-27","m 月 ")
=TEXT("2023-4-27","d 日 ")
```

如果要从日期中提取英文月份名称，那就只能使用 TEXT 函数了，参考公式如下：

```
=TEXT("2023-4-27","mmmm")    结果是英文月份全称：April
=TEXT("2023-4-27","mmm")     结果是英文月份简称：Apr
```

图 4-7 中的示例，要求从原始数据中，直接汇总计算各月、各个产品的销售合计数，注意这里的月份名称是英文月份简称。

	A	B	C	D	E	F	G	H	I	J	K	L	M	N
1	日期	客户	产品	销售			月份	产品1	产品2	产品3	产品4	产品5	产品6	合计
2	2023-1-1	客户06	产品6	55			Jan							
3	2023-1-1	客户08	产品4	90			Feb							
4	2023-1-1	客户15	产品3	13			Mar							
5	2023-1-2	客户25	产品5	99			Apr							
6	2023-1-2	客户22	产品5	69			May							
7	2023-1-3	客户12	产品4	30			Jun							
8	2023-1-3	客户09	产品6	50			Jul							
9	2023-1-3	客户23	产品3	31			Aug							
10	2023-1-3	客户17	产品6	141			Sep							
11	2023-1-4	客户10	产品3	113			Oct							
12	2023-1-5	客户23	产品2	23			Nov							
13	2023-1-5	客户23	产品5	140			Dec							
14	2023-1-6	客户05	产品2	145			合计							
15	2023-1-6	客户18	产品4	17										
16	2023-1-6	客户01	产品6	96										
17	2023-1-7	客户08	产品6	104										
18	2023-1-7	客户19	产品2	146										

图 4-7　示例数据及报告结构

可以使用 TEXT 函数从日期中提取英文月份简称，这样就可以设计如下的汇总公式，结果如图 4-8 所示。

```
=SUMPRODUCT((TEXT($A$2:$A$715,"mmm")=$G3)*1,
            ($C$2:$C$715=H$2)*1,
            $D$2:$D$715)
```

H3			× ✓ fx	=SUMPRODUCT((TEXT($A$2:$A$715,"mmm")=$G3)*1,($C$2:$C$715=H$2)*1,$D$2:$D$715)										
	A	B	C	D	E	F	G	H	I	J	K	L	M	N
1	日期	客户	产品	销售			月份	产品1	产品2	产品3	产品4	产品5	产品6	合计
2	2023-1-1	客户06	产品6	55			月份	产品1	产品2	产品3	产品4	产品5	产品6	合计
3	2023-1-1	客户08	产品4	90			Jan	370	975	710	773	1232	1503	5563
4	2023-1-1	客户15	产品3	13			Feb	997	1215	857	591	685	669	5014
5	2023-1-2	客户25	产品5	99			Mar	516	793	1283	1210	370	779	4951
6	2023-1-3	客户22	产品5	69			Apr	716	400	437	882	1263	537	4235
7	2023-1-3	客户12	产品4	30			May	789	387	718	909	940	789	4532
8	2023-1-3	客户09	产品6	50			Jun	788	693	1115	1097	997	205	4895
9	2023-1-3	客户23	产品3	31			Jul	572	701	746	536	776	1012	4343
10	2023-1-3	客户17	产品6	141			Aug	984	829	1104	831	674	328	4750
11	2023-1-4	客户10	产品3	113			Sep	630	1125	476	1105	289	548	4173
12	2023-1-5	客户23	产品2	23			Oct	650	540	964	667	677	1010	4508
13	2023-1-5	客户23	产品5	140			Nov	497	299	968	953	570	919	4206
14	2023-1-6	客户05	产品2	145			Dec	517	876	390	617	1074	1145	4619
15	2023-1-6	客户18	产品4	17			合计	8026	8833	9768	10171	9547	9444	55789
16	2023-1-6	客户01	产品6	96										
17	2023-1-7	客户08	产品6	104										
18	2023-1-7	客户19	产品2	146										
19	2023-1-7	客户15	产品5	135										
20	2023-1-7	客户13	产品5	93										
21	2023-1-8	客户07	产品6	14										

图 4-8　一个公式就可完成汇总报表

在该公式中，使用 TEXT 函数从日期中提取英文月份名称并进行判断。

4.3.3 从日期中提取季度名称

在前面介绍的案例中，如果要使用公式来制作每个季度的汇总表，又该如何设计公式呢？这就需要解决如何从日期中提取季度名称。

季度是有明显规律的，1~3 月是一季度，4~6 月是二季度，7~9 月是三季度，10~12 月是四季度，可以使用 MONTH 函数从日期中提取月份数字，然后除以 3（因为 3 个月是一个季度），并使用 ROUNDUP 函数向上进位，如果其结果是 1，就是一季度；如果是 2，就是二季度，以此类推，这样从日期中提取季度名称的通用公式如下：

```
=CHOOSE(ROUNDUP(MONTH(日期)/3,0),"一季度","二季度","三季度","四季度")
```

案例 4-4

以前面案例 4-3 中的数据为例，要统计每个产品在每个季度的销售，如图 4-9 所示，则单元格 H3 中的公式如下：

```
=SUMPRODUCT((CHOOSE(ROUNDUP(MONTH($A$2:$A$715)/3,0),"一季度","二季度","三季度","四季度")=H$2)*1,($C$2:$C$715=$G3)*1,$D$2:$D$715)
```

图 4-9 统计汇总每个季度的销售

从日期中提取季度名称的通用公式中，可以将季度名称更改为需要的任意名称，如使用英文季度名称，如下所示：

```
=CHOOSE(ROUNDUP(MONTH(日期)/3,0),"Q1","Q2","Q3","Q3")
```

4.3.4 从日期中提取星期几及星期名称

如果要从日期中提取星期名称，也就是判断指定日期是星期几，可以使用 WEEKDAY 函数，其用法如下：

第 4 章 日期和时间数据处理案例精讲

```
=WEEKDAY(日期，指定一周中第几周的数值)
```

函数的第 2 个参数如果忽略或者输入 1，表示每周的第 1 天是星期日，第 2 天是星期一，以此类推，也就是说，函数的结果是 1 表示是星期天，结果是 2 表示是星期一，等等。

一般情况下，按照人们的习惯，将第 2 个参数设置为 2 比较好，此时函数结果是 1 就是星期一，结果是 2 就是星期二，这样比较好记一些。

例如，下列公式结果是 4，表示 2023-4-27 是星期四。

```
=WEEKDAY("2023-4-27",2)
```

WEEKDAY 的结果是数字，因此可以根据函数的结果对数据进行判断处理。例如，可以设计一个动态考勤表，自动调整表头以及对公休日自动变色。

📈 **案例 4-5**

图 4-10 就是一个动态考勤表的示例，在单元格 B2 中指定年份，在单元格 H2 中指定月份，就得到指定年份、指定月份的考勤表。

图 4-10 动态考勤表效果

该考勤表制作过程并不复杂，几个要点如下。

- 单元格 B4 和 B5 的公式如下，是根据指定年份和月份生成该年该月的第一天日期：

```
=DATE(B2,H2,1)
```

- 单元格 C4 的公式很简单，是单元格 B4 的日期加 1：

```
=B4+1
```

- 将单元格 C4 往下往右复制，在第 4 行和第 5 行得到该月的各天日期。
- 将第 4 行的日期设置自定义格式，显示为日数字，自定义格式代码是"d"。
- 将第 5 行的日期设置自定义格式，显示为中文星期简称，自定义格式代码是"aaa"。
- 从第 4 行选择单元格区域，设置条件格式，如图 4-11 所示。自定义条件公式如下。

```
=WEEKDAY(B$4,2)>=6
```

图 4-11　新建条件格式

判断日期是星期几，在考勤数据处理中也是经常用到的。例如，要计算工作日加班和双休日加班（假设不存在节假日和调休）。

案例 4-6

图 4-12 就是一个加班记录，要求计算每个人的工作日加班时间和双休日加班时间。

	A	B	C	D	E	F	G	H	I	J
1	姓名	部门	加班日期	加班时间(小时)			姓名	工作日加班	双休日加班	合计
2	A001	财务部	2023-7-2	1			A001			
3	A001	财务部	2023-7-11	4.5			A002			
4	A001	财务部	2023-7-14	2.5			A003			
5	A001	财务部	2023-7-25	3.5			A004			
6	A001	财务部	2023-7-28	4.5			A005			
7	A001	财务部	2023-7-29	4.5			A006			
8	A002	销售部	2023-7-3	2			A007			
9	A002	销售部	2023-7-6	4.5			A008			
10	A002	销售部	2023-7-7	1.5			A009			
11	A002	销售部	2023-7-9	2.5			A010			
12	A002	销售部	2023-7-16	3.5						
13	A002	销售部	2023-7-17	1.5						
14	A002	销售部	2023-7-24	1.5						
15	A002	销售部	2023-7-27	1.5						
16	A002	销售部	2023-7-28	4						
17	A003	财务部	2023-7-16	2.5						
18	A003	财务部	2023-7-19	3.5						

图 4-12　加班记录表及汇总表

对 C 列日期使用 WEEKDAY 函数进行计算并判断，就可以创建一个高效公式进行统计汇总，计算结果如图 4-13 所示。

单元格 H2，工作日加班时间：

```
=SUMPRODUCT(($A$2:$A$76=G2)*1,
            (WEEKDAY($C$2:$C$76,2)<=5)*1,
            $D$2:$D$76)
```

单元格 I2，双休日加班时间：

```
=SUMPRODUCT(($A$2:$A$76=G2)*1,
            (WEEKDAY($C$2:$C$76,2)>=6)*1,
            $D$2:$D$76)
```

图 4-13　统计汇总表

如果要获取日期所代表的星期名称（中文星期名称或者英文星期名称），就需要使用 TEXT 函数了，下面是参考公式，注意 TEXT 函数第 2 个参数所示的格式代码：

=TEXT("2023-4-27","aaaa")	结果为 " 星期四 "
=TEXT("2023-4-27","aaa")	结果为 " 四 "
=TEXT("2023-4-27","dddd")	结果为 "Thursday"
=TEXT("2023-4-27","ddd")	结果为 "Thu"

📊 **案例 4-7**

图 4-14 是从系统导出的某个月订单数据，现在要按照星期几汇总每个商品的订货数量。

图 4-14　统计订货数量

这个问题并不难，使用 TEXT 函数从日期中提取星期几并进行判断，然后进行汇总即可。单元格 K2 中的汇总公式如下：

```
=SUMPRODUCT(($D$2:$D$1735=$J2)*1,
            (TEXT($A$2:$A$1735,"aaaa")=K$1)*1,
            $E$2:$E$1735)
```

4.3.5 从日期中提取周次名称

如果要按照每周进行统计汇总，就需要了解每个日期是某年的第几周，可以使用 WEEKNUM 函数或 ISOWEEKNUM 函数来判断，其用法分别如下：

=WEEKNUM（日期，指定一周中第几周的数值）

=ISOWEEKNUM（日期）

WEEKNUM 函数的用法与 WEEKDAY 函数是完全一样的。WEEKNUM 函数的结果是一个代表周次的数字。例如，如果是 1，就是第一周；如果是 2，就是第二周，以此类推。

WEEKNUM 函数只能对单个日期进行计算，不能对单元格区域进行批量计算，因此，在使用该函数时，需要设计辅助列。

ISOWEEKNUM 函数既可以对单个日期计算，也可以对单元格区域进行批量计算，因此可以在公式中直接运用。注意，ISOWEEKNUM 函数默认每周的第一天是星期一，如果某年的第一天是星期二以后的日期，则会归类于上年的最后一周。

案例 4-8

图 4-15 是一个全年的订货清单，现在要求计算每个地区每周的订货数量。

	A	B	C	D	E	F	G	H	I	J	K	L	M	N	O	P
1	日期	客户	城区	商品	订货数量	定价	金额			周次	市中区	北城	东城	南城	西城	合计
2	2023-1-1	A013	市中区	贵新大螃蟹	6	189.7	1138.2			第1周						-
3	2023-1-1	A018	市中区	内蒙奶酪	8	8.7	69.6			第2周						-
4	2023-1-1	A004	市中区	贵新大螃蟹	5	189.7	948.5			第3周						-
5	2023-1-1	A004	市中区	贵新大螃蟹	3	189.7	569.1			第4周						-
6	2023-1-1	A008	北城	内蒙奶贝	15	18.5	277.5			第5周						-
7	2023-1-1	A005	市中区	三顿半咖啡	24	44.3	1063.2			第6周						-
8	2023-1-1	A016	东城	内蒙奶酪	32	8.7	278.4			第7周						-
9	2023-1-1	A009	市中区	贵新大螃蟹	2	189.7	379.4			第8周						-
10	2023-1-1	A003	市中区	内蒙奶酪	4	8.7	34.8			第9周						-
11	2023-1-1	A020	市中区	三顿半咖啡	6	44.3	265.8			第10周						-
12	2023-1-1	A015	市中区	三顿半咖啡	80	44.3	3544			第11周						-
13	2023-1-1	A002	东城	蔬菜汤	9	14.9	134.1			第12周						-
14	2023-1-1	A014	市中区	三顿半咖啡	24	44.3	1063.2			第13周						-
15	2023-1-1	A004	东城	内蒙奶酪	10	8.7	87			第14周						-
16	2023-1-1	A022	市中区	内蒙奶贝	35	18.5	647.5			第15周						-
17	2023-1-1	A022	市中区	张飞牛肉干	3	109.5	328.5			第16周						-
18	2023-1-1	A009	南城	内蒙奶贝	20	18.5	370			第17周						-
19	2023-1-1	A025	市中区	内蒙奶贝	10	8.7	87			第18周						-
20	2023-1-1	A004	市中区	热干面	3	15	45			第19周						-
21	2023-1-1	A018	市中区	蔬菜汤	180	14.9	2682			第20周						-
22	2023-1-1	A025	市中区	贵新大螃蟹	8	189.7	1517.6			第21周						-
23	2023-1-1	A007	市中区	三顿半咖啡	7	44.3	310.1			第22周						-
24	2023-1-1	A009	市中区	热干面	10	15	150			第23周						-
25	2023-1-1	A019	西城	三顿半咖啡	24	44.3	1550.5			第24周						-
26	2023-1-1	A018	市中区	法国红酒	42	5.7	239.4			第25周						-
27	2023-1-1	A024	市中区	热干面	120	15	1800			第26周						

图 4-15 全年订货清单

这个问题也不难，联合使用 ISOWEEKNUM 函数和 TEXT 函数从日期中获取周次名称，进行判断处理和汇总即可。单元格 K2 中的公式如下：

=SUMPRODUCT((TEXT(ISOWEEKNUM($A$2:$A$5995),"第0周")=$J2)*1,
            ($C$2:$C$5995=K$1)*1,
            $E$2:$E$5995)

计算结果如图 4-16 所示。

图 4-16 每周订货数量汇总计算结果

如果使用 WEEKNUM 函数，则需要设计辅助列，从日期中提取周次，如图 4-17 所示。单元格 H2 中的计算公式如下：

```
=TEXT(WEEKNUM(A2,2),"第0周")
```

图 4-17 设计辅助列，提取周次名称

有了这个辅助列后，再使用数据透视表进行汇总分析，就更简单了。

✍ 本节知识回顾与测验

1. 从日期中分别提取年、月、日 3 个数字，分别用什么函数？

2. 从日期中分别提取季度名称、中文月份名称、英文月份名称，分别用什么公式？

3. 从日期中提取中文星期几和英文星期几，分别用什么公式？

4. 如何设计公式，统计员工的工作日加班时间和双休日加班时间？

5. 不论是 WEEKDAY 函数，还是 WEEKNUM 函数，它们的第 2 个参数是什么含义？

6. ISOWEEKNUM 函数和 WEEKNUM 函数有什么区别？

4.4 获取当前日期和时间

在处理日期和时间数据时，经常需要使用当前日期和当前时间来计算，此时可以使用 TODAY 函数和 NOW 函数。

4.4.1 TODAY 函数及其应用

获取当天日期使用 TODAY 函数，该函数没有参数，因此使用方法如下：

```
=TODAY()
```

例如，从今天开始，20 天后的日期如下：

```
=TODAY()+20
```

从今天开始，20 天前的日期如下：

```
=TODAY()-20
```

📊 案例 4-9

图 4-18 是一个销售记录，要求统计最近 7 天每天的销量。

日期	销售量			最近7天的销量统计	
2024-2-28	156				
2024-3-11	26			日期	销量
2024-2-26	64			2024-3-12	2243
2024-2-26	145			2024-3-11	1772
2024-2-24	113			2024-3-10	1063
2024-3-2	139			2024-3-9	1940
2024-1-31	105			2024-3-8	1505
2024-1-30	26			2024-3-7	1534
2024-3-12	93			2024-3-6	875
2023-12-31	66				
2024-2-22	41				
2024-2-13	58				
2024-2-24	101				
2024-2-13	10				
2024-3-10	155				
2024-1-15	112				

图 4-18 统计最近 7 天的每天销量

先做一个最近 7 天的日期表，在第 1 个单元格 E5 中输入 "=TODAY()"，下面的单元格日期依次是上一个单元格日期减去 1 天，则单元格 F5 中的公式为 "=SUMIF(A:A,E5,B:B)"。

TODAY 函数可以用于很多方面，如在合同管理中，计算合同到期天数，如图 4-19 所示。单元格 F5 中的公式为 "=E5-TODAY()"。

图 4-19　计算合同到期天数

4.4.2 NOW 函数及其应用

获取当前时间可使用 NOW 函数，注意该函数没有参数，使用方法如下：

```
=NOW()
```

该函数不仅得到了当天的日期，也得到了运行工作表时的当时时钟时间。例如，假设今天是 2023 年 4 月 28 日 7 点 44 分，那么 NOW 函数的结果是：2023-4-28 7:44。

如果要为当前时间加上一个指定的时间值，这个时间值需要用双引号括起来。

例如，从现在开始，5 小时后的时间如下：

```
=NOW()+"5:0:0"
```

从现在算，5 小时前的时间如下：

```
=NOW()-"5:0:0"
```

在实际工作中，NOW 函数使用得并不多，但在某些特殊场合，需要使用 NOW 函数对时间进行计算。

案例 4-10

可以设计一个提醒表格，计算出每个项目需要提交相关材料的剩余时间，如图 4-20 所示。

图 4-20　计算距截止日的剩余时间

单元格 C5 中的计算公式很简单：

```
=B5-NOW()
```

C 列单元格区域设置自定义数字格式，如图 4-21 所示。自定义格式代码如下：

　ｄ天ｈ小时ｍ分钟

图 4-21　设置日期时间的自定义格式

4.4.3 ▶ NOW 函数与 TODAY 函数的区别

　　TODAY 函数可得到一个不带时间的日期，也就是一个正整数。

　　NOW 函数可得到一个带时间的日期，它不是一个正整数，而是一个小数，这个小数的整数部分就是日期，小数部分就是时间。

　　例如，当前日期是 2023 年 4 月 28 日，当前时间是 9:28:36，那么 TODAY 函数的结果是 2023-4-28，也就是数值 45044；NOW 函数得到的结果是 2023-4-28 9:28:36，也就是数值 45044.394861111111111，这里的小数 0.394861111111111 就是 9:28:36。

　　因此，函数 TODAY 的结果与函数 NOW 的结果是不一样的。

　　如果在单元格中输入了公式 "=NOW()"，而想要得到一个日期，可以使用 INT 函数取整，参考公式如下：

　　=INT(NOW())

该公式的结果与直接使用 TODAY 函数是一样的：

　　=TODAY()

也可以使用下列公式来提取日期部分：

　　=1*TEXT(NOW(),"yyyy-m-d")

输入有 TODAY 函数和 NOW 函数的工作表，当每次打开工作簿时，TODAY 函数和 NOW 函数都会进行重新计算，并自动更新为当天的日期和当前的时间，在关闭工作簿时，也会提醒用户是否保存对工作簿的修改。

📌 本节知识回顾与测验

1. 如何动态获取当天日期，也就是说，当天日期每天会自动更新？

2.TODAY 函数和 NOW 函数有什么区别？在实际数据处理中，如何合理使用它们？

3. 假设单元格 C2 是合同到期日，如何动态计算离合同到期时的剩余天数？

4. 请设计一个员工生日提醒模型，要求达到如下效果：当天生日的，单元格填充红色；一周内要到生日的，单元格填充黄色。

4.5　计算将来日期和过去日期

假设今天是 2023 年 4 月 27 日，那么 5 个月以后的今天是哪天？5 个月以前的今天是哪天？5 个月以后的那个月的月底是哪天？5 个月以前的那个月的月底又是哪天？

这就是计算将来日期和过去日期，需要使用有关的函数来计算，如 DATE 函数、EOMONTH 函数。

如果要计算的期限是天数，例如，10 天以后或以前是哪天，直接相加或相减这个天数就可以了，而没必要使用函数。

4.5.1　EDATE 函数：计算将来或过去的具体日期

EDATE 函数计算指定日期以前或以后几个月的日期，其用法如下：

```
=EDATE ( 开始日期，指定的月数 )
```

注意函数的第 2 个参数是指定的月份，也就是说，必须以月数输入，如果表格的期限是年数，则需要乘以 12 转换成月数。

函数第 2 个参数如果是正数，就是计算未来的日期；如果是负数，就是计算过去的日期。

例如，今天是 2023 年 4 月 27 日，那么 5 个月以后的日期是 2023-9-27：

```
=EDATE("2023-4-27",5)
```

而 5 个月以前的日期是 2022-11-27：

```
=EDATE("2023-4-27",-5)
```

如果今天是 2023 年 4 月 27 日，3 年以后是哪天？计算公式如下，注意要将年份数字换算成月数：

```
=EDATE("2023-4-27",3*12)
```

而 3 年以前的日期计算公式如下：

```
=EDATE("2023-4-27",-3*12)
```

4.5.2 EOMONTH 函数：计算将来或过去的月底日期

EOMONTH 函数计算指定日期以前或以后几个月的月底日期，其用法如下：

```
=EOMONTH（开始日期，指定的月数）
```

与 EDATE 函数一样，函数的第 2 个参数是指定的月份，也就是说，必须以月数输入，如果表格的期限是年数，则需要乘以 12 转换成月数。

函数第 2 个参数如果是正数，就是计算未来几个月的月底日期；如果是负数，就是计算过去几个月的月底日期。

例如，今天是 2023 年 4 月 27 日，那么 5 个月以后的月底日期是 2023-9-30：

```
=EOMONTH("2023-4-27",5)
```

而 5 个月以前的月底日期是 2022-11-30：

```
=EOMONTH("2023-4-27",-5)
```

如果今天是 2023 年 4 月 27 日，3 年以后的月底日期计算公式如下，注意要将年份数字换算成月数，结果是 2026-4-30：

```
=EOMONTH("2023-4-27",3*12)
```

而 3 年以前的月底日期计算公式如下，结果是 2020-4-30：

```
=EOMONTH("2023-4-27",-3*12)
```

4.5.3 综合应用案例：计算合同到期日

在合同管理中，经常需要自动计算合同到期日，不同公司有不同的合同到期日计算规则，但大部分合同到期日的计算，仍然是使用 EDATE 函数或 EOMONTH 函数。

📈 **案例 4-11**

图 4-22 中的示例，要求根据合同签订日期和合同期限，计算合同到期日。

要解决这个问题，可直接使用 EDATE 函数，但要注意，合同到期日是计算出的结果减去 1 天，因此，单元格 E3 中的公式如下：

```
=EDATE(C3,D3*12)-1
```

| E3 | | ▼ | : | × ✓ | f_x | =EDATE(C3,D3*12)-1 |

	A	B	C	D	E
1	劳动合同一览表				
2	姓名	部门	签到日期	期限(年)	到期日
3	A001	财务部	2022-12-3	3	2025-12-2
4	A002	人力资源部	2023-4-28	2	2025-4-27
5	A003	销售部	2022-10-14	2	2024-10-13
6	A004	技术部	2023-4-20	5	2028-4-19

图 4-22　计算合同到期日：具体日期

假设公司规定，不论是哪天签定的合同，合同到期日统一规定到指定年份后的月底日期，那么就需要使用 EOMONTH 函数计算了，公式如下，结果如图 4-23 所示。

```
=EOMONTH(C3,D3*12)
```

| E3 | | ▼ | : | × ✓ | f_x | =EOMONTH(C3,D3*12) |

	A	B	C	D	E
1	劳动合同一览表				
2	姓名	部门	签到日期	期限(年)	到期日（月底）
3	A001	财务部	2022-12-3	3	2025-12-31
4	A002	人力资源部	2023-4-28	2	2025-4-30
5	A003	销售部	2022-10-14	2	2024-10-31
6	A004	技术部	2023-4-20	5	2028-4-30

图 4-23　计算合同到期日：月底日期

假设公司规定，如果签订日期是 20 号以前（含 20 号），合同到期日是指定年份后的当月 20 号；如果签订日期是 20 号以后，合同到期日是指定年份后的下个月的 20 号，此时，就需要使用 EOMONTH 函数并加以判断计算了，公式如下，结果如图 4-24 所示。

```
=IF(DAY(C3)<=20,EOMONTH(C3,D3*12-1)+20,EOMONTH(C3,D3*12)+20)
```

| E3 | | ▼ | : | × ✓ | f_x | =IF(DAY(C3)<=20,EOMONTH(C3,D3*12-1)+20,EOMONTH(C3,D3*12)+20) |

	A	B	C	D	E	F	G	H
1	劳动合同一览表							
2	姓名	部门	签到日期	期限(年)	到期日（区分20号前后）	合同签订日备注		
3	A001	财务部	2022-12-3	3	2025-12-20	20号以前		
4	A002	人力资源部	2023-4-28	2	2025-5-20	20号以后		
5	A003	销售部	2022-10-14	2	2024-10-20	20号以前		
6	A004	技术部	2023-4-20	5	2028-4-20	20号以前		

图 4-24　按 20 号前后签订合同计算到期日

该公式巧妙地利用 EOMONTH 函数来计算上月月底日期或者本月月底日期，然后再加 20 天就是本月 20 号或下月 20 号了。

这是一个基本逻辑判断公式，逻辑比较清晰，但公式并不简洁。根据逻辑判断条件，可以把公式简化为下列更简洁的形式，也就是对 EOMONTH 函数的第 2 个参数进行判断处理：

```
=EOMONTH(C3,D3*12-(DAY(C3)<=20))+20
```

这个公式的逻辑也很简单，重点使用了下列条件表达式：

```
(DAY(C3)<=20)
```

这个表达式是判断签订日期是否在 20 号（含 20 号）以前，如果是，条件表达式的结果是 TRUE，而 TRUE 在算术运算中是被当成 1 处理的，因此就在总月数上减去了 1，也就是计算上个月的月底日期。

如果判断签订日期是在 20 号以后，条件表达式的结果是 FALSE，就是 0，总月数减去 0 还是这个总月数，也就是计算这个月的月底日期。

因此，EOMONTH 函数的第 2 个参数，是一个总月数的计算结果：

```
D3*12-(DAY(C3)<=20)
```

4.5.4 综合应用案例：计算付款截止日

在财务工作中，往往需要设计一个应付款表格，以便准备资金、安排付款，此时，就需要根据合同签订日计算付款截止日了。

📊 案例 4-12

假设公司规定，付款截止日计算规则如下：如果是 20 号（含 20 号）前收到的发票，那么付款截止日是本月的月底；如果是 20 号以后收到的发票，付款截止日是下个月的 10 号，示例数据如图 4-25 所示。

E2			× ✓ fx	=EOMONTH(D2,0)+(DAY(D2)>20)*10	
	A	B	C	D	E	F
1	客户	合同号	合同名称	入票日期	付款截止日	付款金额
2	A001	HT204	BY14050	2023-5-8	2023-5-31	30,000
3	A002	U4Y050	PEORT39	2023-5-20	2023-5-31	10,000
4	A003	OPR8590	7IK0304	2023-5-29	2023-6-10	8,000
5	A004	KSL5893	FJLK3991	2023-5-21	2023-6-10	250,000

图 4-25　计算付款截止日

根据这个付款规定，可以使用下列公式进行计算：

```
=EOMONTH(D2,0)+(DAY(D2)>20)*10
```

这个公式巧妙利用了条件表达式来解决是否加 10 天，如果是 20 号以后日期，表达式 DAY(D2)>20 的结果是 TRUE，这个 TRUE 乘以 10 就是 10，因此在月底日期上加 10 天就是下个月 20 号了；如果是 20 号以前日期，表达式的结果是 FALSE，这个 FALSE 乘以 10 的结果是 0，就不用加 10 天了。

思考：如果遇到双休日怎么计算？如果遇到节假日怎么处理？总不能双休日和节假日到公司打款转账吧？这样的问题，需要继续联合使用其他的函数（如 WEEKDAY 函数）来解决。

✏ 本节知识回顾与测验

1. 如何计算某个日期几个月前或者几个月后的当天日期是哪天？

2. 如何计算某个日期几个月前或者几个月后的月底日期是哪天？

3. 公式规定，某个月 15 号以前入职的，工龄从下个月开始按整月计算工龄；某个月 15 号以后入职的，工龄从下个月开始按整月计算工龄，那么如何设计公式？

4.6 计算两个日期之间的期限

在人力资源数据处理和分析中，需要计算员工的年龄和工龄；在财务数据处理和分析中，需要计算固定资产折旧、贷款期限。这些都是给定了两个日期，要求计算它们之间的期限（年数、月数）。

在计算两个日期之间的期限时，经常使用 DATEDIF 函数、YEARFRAC 函数，以及其他相关的函数。

如果是计算两个日期之间的天数，就不需要使用函数了，直接相减即可。

4.6.1 DATEDIF 函数及其应用

在计算两个日期之间的期限时，最常用的是 DATEDIF 函数，这是隐藏函数，在 Excel 函数列表中是看不到的，函数的用法如下：

`=DATEDIF( 开始日期， 截止日期， 计算结果类型代码 )`

函数中的计算结果类型代码含义如表 4-1 所示（字母不区分大小写）。

表 4-1 函数中的计算结果类型代码含义

格式代码	结　　果
"Y"	时间段中的总年数
"M"	时间段中的总月数
"D"	时间段中的总天数
"MD"	两日期中天数的差，忽略日期中的年和月
"YM"	两日期中月数的差，忽略日期中的年和日
"YD"	两日期中天数的差，忽略日期中的年

例如，某职员进公司日期为 2007 年 2 月 6 日，离职时间为 2023 年 5 月 31 日，那么他在公司工作了多少年零多少月和零多少天？

整数年，结果是 16：

`=DATEDIF("2007-2-6","2023-5-31","Y")`

零几个月，结果是 3：

`=DATEDIF("2007-2-6","2023-5-31","YM")`

零几天，结果是 25：

```
=DATEDIF("2007-2-6","2023-5-31","MD")
```

也就是说，该员工在公司工作了 16 年 3 个月零 25 天。

在使用 DATEDIF 函数时，一个重要的注意事项就是两个日期的统一标准问题。在计算期限时，如果开始日期是月初，那么截止日期也要是月初；如果开始日期是月末，那么截止日期也要是月末。

例如，开始日期是 2022-10-1，截止日期是 2023-9-30，要计算这两个日期之间的总月数，很显然应该是 12 个月，但下列公式计算得到的结果却是 11 个月：

```
=DATEDIF("2022-10-1","2023-9-30","m")
```

要想得到正确的结果，公式必须改为将第 2 个日期加一天，或者将第 1 个日期减一天，将两个日期的起点标准调整为一致：

```
=DATEDIF("2022-10-1","2023-9-30"+1,"m")
```

或者：

```
=DATEDIF("2022-10-1"-1,"2023-9-30","m")
```

如果存在闰月的情况，就需要慎重处理了。例如，2023-2-1 与 2024-2-29，它们之间有几个月？

下面公式的结果就是 12：

```
=DATEDIF("2023-2-1","2024-2-29","m")
```

如果将截止日期换成 2024-3-1（加一天），则计算结果变为了 13：

```
=DATEDIF("2023-2-1","2024-2-29"+1,"m")
```

如果将初始日期换成 2023-1-31，则计算结果是正确的：

```
=DATEDIF("2023-2-28"-1,"2024-2-29","m")
```

为了避免出现这样的问题，可以使用 YEARFRAC 函数来解决，后面再介绍 YEARFRAC 函数。

📈 案例 4-13

DATEDIF 函数的典型应用是在员工信息管理（俗称花名册）中，如根据生日计算年龄，根据入职日期计算工龄等，如图 4-26 所示。

D2		▼ : × ✓ fx	=DATEDIF(C2,TODAY(),"y")			
▲	A	B	C	D	E	F
1	姓名	部门	出生日期	年龄	入职日期	工龄
2	A001	财务部	1982-7-18	40	2018-9-22	4
3	A002	财务部	1980-3-1	43	2001-6-30	21
4	A003	销售部	1976-8-28	46	2000-10-11	22
5	A004	销售部	2000-10-22	22	2023-2-15	0
6	A005	技术部	1992-8-25	30	2019-12-22	3

图 4-26　计算年龄和工龄

单元格 D2，计算年龄：

```
=DATEDIF(C2,TODAY(),"y")
```

单元格 F2，计算工龄：

```
=DATEDIF(E2,TODAY(),"y")
```

公式是一种动态计算，由于使用了 TODAY 函数，因此，每天打开工作表，都会重新计算一次，更新最新的计算结果。

4.6.2 YEARFRAC 函数及其应用

DATEDIF 函数可以计算整数年、整数月，以及多出的零头月数和零头 天数，如果要计算带小数点的年数呢？例如，期限是 3 年零 8 个月零 12 天，就是 3.59954 年，如何能够得到这样的结果呢？此时可以使用 YEARFRAC 函数。

YEARFRAC 函数的使用方法如下：

```
=YEARFRAC(开始日期,截止日期,1)
```

例如，开始日期是 2014-11-22，截止日期是 2023-4-28，两个日期之间共有 8.43099671412925 年，即：

```
=YEARFRAC("2014-11-22","2023-4-28",1)
```

将 YEARFRAC 函数的结果用 INT 函数取整，就是 DATEDIF 函数第 3 个参数设置为 "Y" 的结果，因此，下面两个公式的结果是一样的：

```
=INT(YEARFRAC("2014-11-22","2023-4-28",1))
=DATEDIF("2014-11-22","2023-4-28","Y")
```

📊 案例 4-14

一些企业会以小数点表示的工龄对员工属性进行统计分析，此时，就可以使用 YEARFRAC 函数来计算工龄。

图 4-27 是使用 YEARFRAC 函数计算工龄的示例，单元格 F2 中的公式如下：

```
=YEARFRAC(E2,TODAY(),1)
```

	A	B	C	D	E	F
						=YEARFRAC(E2,TODAY(),1)
1	姓名	部门	出生日期	年龄	入职日期	实际工龄
2	A001	财务部	1982-7-18	40	2018-9-22	4.66
3	A002	财务部	1980-3-1	43	2001-6-30	21.89
4	A003	销售部	1976-8-28	46	2000-10-11	22.61
5	A004	销售部	2000-10-22	22	2023-2-15	0.26
6	A005	技术部	1992-8-25	30	2019-12-22	3.41

图 4-27　使用 YEARFRAC 函数计算工龄

4.6.3 综合应用案例：直接用身份证号码计算年龄

了解 DATEDIF 函数和 YEARFRAC 函数的基本原理和使用方法后，下面介绍一个综合案例，也就是从身份证号码中直接计算年龄。

📈 案例 4-15

这个问题很简单，先使用 MID 函数提取 8 位生日数字，使用 TEXT 函数转换为文本格式的日期，再使用 DATEDIF 函数计算年龄，如图 4-28 所示。年龄计算公式如下。

```
=DATEDIF(TEXT(MID(B2,7,8),"0000-00-00"),TODAY(),"y")
```

	C2	▼	× ✓	fx	=DATEDIF(TEXT(MID(B2,7,8),"0000-00-00"),TODAY(),"y")		
	A	B	C	D	E	F	G
1	姓名	身份证号码	年龄				
2	A001	'110108197702052291	46				
3	A002	11010819891004321X	33				
4	A003	'110108196309232280	59				

图 4-28　直接从身份证号码计算年龄

在该公式中，使用 MID 函数和 TEXT 函数提取的生日是文本格式日期，由于文本格式日期是可以直接进行计算的，因为没必要再乘以数字 1 或者使用 DATEVALUE 函数进行数值化转换。

🖊 本节知识回顾与测验

1. 如何快速计算两个日期之间的天数？
2. 在使用 DATEDIF 函数时，如何正确理解并使用该函数的第 3 个参数？
3. 如何计算员工的工龄，并表示为文本字符串 "** 年零 ** 月零 ** 天"？
4. 如何使用 YEARFRAC 函数计算两个日期之间的整年数？
5. 如果你是财务工作者，请设计一个能够动态计算每个固定资产已折旧月数的模板。
6. 假设一个员工花名册表格，有一列是员工的离职日期，也就是说，这个表格既有在职员工，也有离职员工（离职员工都会有具体的离职日期），请设计一个动态公式，自动计算在职员工的工龄，而离职员工的工龄只需计算到离职日期。

4.7 计算工作日

如果不存在调休的话，计算工作日是很简单的，本节就认为没有调休情况存在，介绍如何使用函数公式快速对工作日进行计算，例如，指定一段时间的工作日是哪天、两个日期之间的工作日天数等。常用的函数有 WORKDAY 函数、WORKDAY.INTL 函数、NETWORKDAYS 函数、NETWORKDAYS.INTL 函数等。

4.7.1 计算一段时间后的工作日是哪天

今天是 2023 年 5 月 9 日，5 个工作日以后是哪天？注意不包含双休日及法定节假日。

对于这样的问题，可以使用 WORKDAY 函数或 WORKDAY.INTL 函数计算。

WORKDAY 函数用于计算几个工作日之后或之前的日期，用法如下：

```
=WORKDAY（基准日期，工作日天数，节假日列表）
```

这里的节假日列表是可选参数，指定国家法定节假日 (假设不存在调休情况)。

例如，对于上面的问题，5 个工作日以后是 2023-5-16：

```
=WORKDAY("2023-5-9",5)
```

📊 案例 4-16

如果有节假日，需要先列示出法定节假日列表，图 4-29 中是一个考虑法定节假日的工作日计算，给定日期是 2023-3-29，工作日天数是 7 天，那么从 2023-3-29 开始，7 个工作日后的日期是 2023-4-10，计算公式如下 (本例中计算的时间期间内没有调休的情况)。

```
=WORKDAY(C3,C4,G2:G28)
```

	A	B	C	D	E	F	G	H
C6			fx	=WORKDAY(C3,C4,G2:G28)				
1						节日	放假时间	调休上班
2						元旦	2022-12-31	
3		指定日期	2023-3-29				2023-1-1	
4		指定工作日天数	7				2023-1-2	
5						春节	2023-1-21	2023-1-28
6		到期工作日：	2023-4-10				2023-1-22	2023-1-29
7							2023-1-23	
8							2023-1-24	
9							2023-1-25	
10							2023-1-26	
11							2023-1-27	
12						清明节	2023-4-5	
13						劳动节	2023-4-29	2023-4-23
14							2023-4-30	2023-5-6
15							2023-5-1	
16							2023-5-2	
17							2023-5-3	
18						端午节	2023-6-22	2023-6-25
19							2023-6-23	
20							2023-6-24	
21						中秋/国庆节	2023-9-29	2023-10-7
22							2023-9-30	2023-10-8
23							2023-10-1	

图 4-29　计算指定几个工作日后的日期

如果计算的期间内有调休的情况，那么还需要把调休上班的天数再加回去，这样计算公式就比较麻烦了。

WORKDAY 函数默认周末是周六和周日两天，如果企业是 6 天工作制呢？如果是 4 天工作制呢？如果公司的休息日是周一周二呢？此时，需要使用 WORKDAY.INTL 函数，其用法如下：

=WORKDAY.INTL（基准日期，工作日天数，表示周末的数字，节假日列表）

这里，第 3 个参数"表示周末的数字"含义如表 4-2 所示。

表 4-2　表示周末的数字含义

表示周末的数字	表示周末的星期
1 或省略	星期六、星期日
2	星期日、星期一
3	星期一、星期二
4	星期二、星期三
5	星期三、星期四
6	星期四、星期五
7	星期五、星期六
11	仅星期日
12	仅星期一
13	仅星期二
14	仅星期三
15	仅星期四
16	仅星期五
17	仅星期六

例如，假设公司是周日单休，给定日期是 2023-3-29，工作日天数是 7 天，那么从 2023-3-29 开始，7 个工作日后的日期是 2023-4-7，计算公式如下（见图 4-29）：

=WORKDAY.INTL(C3,C4,11,G2:G28)

4.7.2 计算两个日期之间的工作日天数

如果给定了两个日期，要计算它们之间的工作日天数（考虑法定节假日），则可以使用 NETWORKDAYS 函数或 NETWORKDAYS.INTL 函数，其用法分别如下：

=NETWORKDAYS（开始日期，截止日期，节假日列表）

=NETWORKDAYS.INTL（开始日期，截止日期，表示周末的数字，节假日列表）

📈 案例 4-17

例如，开始日期是 2023-3-29，截止日期是 2023-4-15，考虑节假日（不考虑调休）

情况下，两个日期之间的工作日天数计算公式分别如下，如图 4-30 所示。

(1) 周末是默认的周六和周日（双休）：

```
=NETWORKDAYS(C3,C4,G2:G28)
```

(2) 周末是周日（单休）：

```
=NETWORKDAYS.INTL(C3,C4,11,G2:G28)
```

	A	B	C	D	E	F	G	H
						节日	放假时间	调休上班
1						元旦	2022-12-31	
2							2023-1-1	
3		开始日期	2023-3-29				2023-1-2	
4		截止日期	2023-4-15			春节	2023-1-21	2023-1-28
5							2023-1-22	2023-1-29
6		工作日天数（周六周日双休）	12				2023-1-23	
7		工作日天数（周日单休）	15				2023-1-24	
8							2023-1-25	
9							2023-1-26	
10							2023-1-27	
11						清明节	2023-4-5	
12						劳动节	2023-4-29	2023-4-23
13							2023-4-30	2023-5-6
14							2023-5-1	
15							2023-5-3	
16						端午节	2023-6-22	2023-6-25
17							2023-6-23	
18							2023-6-24	
19						中秋/国庆节	2023-9-29	2023-10-7
20							2023-9-30	2023-10-8
21							2023-10-1	

图 4-30　计算两个日期之间的工作日天数

✎ 本节知识回顾与测验

1. 今天是 2024-2-20，那么 10 个工作日以后是哪天？请设计公式。

2. 不考虑调休，如何计算某个月的工作日天数？

3. 某公司实行周六单休制，请计算每个月的工作天数（不考虑节假日调休）。

4.8　计算时间

在很多情况下需要对时间进行计算，如员工加班时间、生产时间等。此时，可以根据具体情况直接计算，也可以使用相关的时间函数进行计算。

4.8.1　时间计算规则及注意事项

在 Excel 中，时间是天的一部分，因为 Excel 对日期和时间的处理规则就是基本单位是天，因此，1 小时就是 1/24 天，也就是小数 0.0416666666666667；12 小时就是半天，也就是小数 0.5，以此类推。

时间在单元格中的输入规则是"时:分:秒",显示的是自定义格式,但时间的本质是小数。

当对时间数据进行判断时,不能以冒号格式输入时间,因为冒号是单元格引用符号。例如,要判断单元格 A2 的时间是否大于 8 点半,可以使用下述两种方式之一:

```
=A2>8.5/24
=A2>TIMEVALUE("8:30")
```

第 1 个公式是将 8 点半转换为以天为单位的小数,第 2 个公式则是使用 TIMEVALUE 函数将文本格式时间转换为数值时间。

下面的输入方式是错误的,因为 8:30 在公式中并不是时间,而是引用第 8~30 行:

```
=A2>8:30
```

4.8.2 时间计算经典案例:指纹打卡数据处理

时间计算并不复杂,主要用在生产部门的机器工时和人工工时等,以及人力资源部门的考勤数据处理。

案例 4-18

图 4-31 是一个整理的考勤数据,要判断每个人每天的出勤情况,分 4 种情况进行判断处理:是否迟到,是否早退,是否正常出勤,是否打卡异常,判断规则如下。

迟到:签到时间大于 8:30。

早退:下班时间早于 17:30。

正常出勤:既不迟到也不早退。

打卡异常:未签到或者为签退。

	A	B	C	D	E	F	G	H	I	J
1	登记号码	姓名	部门	日期	上班	下班	是否迟到	是否早退	是否正常出勤	是否异常打卡
2	3	李四	总公司	2023-3-2	8:19:47	17:30:52				
3	3	李四	总公司	2023-3-3	8:21:35	17:36:52				
4	3	李四	总公司	2023-3-4	8:45:35	17:29:27				
5	3	李四	总公司	2023-3-5	8:39:03					
6	3	李四	总公司	2023-3-6		17:19:38				
7	3	李四	总公司	2023-3-9	8:21:14	17:27:28				
8	3	李四	总公司	2023-3-10	8:21:52	17:30:13				
9	3	李四	总公司	2023-3-11	8:15:12					
10	3	李四	总公司	2023-3-12	8:23:51	17:29:54				
11	3	李四	总公司	2023-3-14	8:18:27	17:29:11				
12	3	李四	总公司	2023-3-15	8:21:37	17:28:21				
13	3	李四	总公司	2023-3-19	8:18:38	17:27:15				
14	3	李四	总公司	2023-3-20	8:19:09	17:29:09				
15	3	李四	总公司	2023-3-21	8:26:24	17:28:54				
16	3	李四	总公司	2023-3-25	8:31:59	17:30:47				
17	3	李四	总公司	2023-3-27	8:16:00					
18	3	李四	总公司	2023-3-28	8:26:18					

图 4-31 指纹考勤数据

这种判断处理,需要使用 IF 函数、AND 函数、OR 函数等,判断处理公式分别如下,判断处理结果如图 4-32 所示。

（1）单元格 G2，判断是否迟到，首先判断是否有签到时间，如果没签到，就不用判断是否迟到：

```
=IF(E2="","",IF(E2>8.5/24,"迟到",""))
```

（2）单元格 H2，判断是否早退，首先判断是否有签退时间，如果没签退，就不用判断是否早退：

```
=IF(F2="","",IF(F2<17.5/24,"早退",""))
```

（3）单元格 I2，判断是否正常出勤，只有同时有签到时间和签退时间，并且既不迟到也不早退，才进行处理：

```
=IF(AND(E2<>"",F2<>"",E2<=8.5/24,F2>=17.5/24),"正常出勤","")
```

（4）单元格 J2，判断是否异常打卡，如果只有签到时间或者只有签退时间，就判定为打卡异常：

```
=IF(OR(E2="",F2=""),"打卡异常","")
```

		G2		× ✓ fx	=IF(E2="","",IF(E2>8.5/24,"迟到",""))				
▲	A	B	C	D	E	F	G	H	I	J
1	登记号码	姓名	部门	日期	上班	下班	是否迟到	是否早退	是否正常出勤	是否异常打卡
2	3	李四	总公司	2023-3-2	8:19:47	17:30:52			正常出勤	
3	3	李四	总公司	2023-3-3	8:21:35	17:36:52			正常出勤	
4	3	李四	总公司	2023-3-4	8:45:35	17:29:27	迟到	早退		
5	3	李四	总公司	2023-3-5	8:39:03		迟到			打卡异常
6	3	李四	总公司	2023-3-6		17:19:38		早退		打卡异常
7	3	李四	总公司	2023-3-9	8:21:14	17:27:28		早退		
8	3	李四	总公司	2023-3-10	8:21:52	17:30:13			正常出勤	
9	3	李四	总公司	2023-3-11	8:15:12					打卡异常
10	3	李四	总公司	2023-3-12	8:23:51	17:29:54		早退		
11	3	李四	总公司	2023-3-14	8:18:27	17:29:11		早退		
12	3	李四	总公司	2023-3-15	8:21:37	17:28:21		早退		
13	3	李四	总公司	2023-3-19	8:18:38	17:27:15		早退		
14	3	李四	总公司	2023-3-20	8:19:09	17:29:09		早退		
15	3	李四	总公司	2023-3-21	8:26:24	17:28:54		早退		
16	3	李四	总公司	2023-3-25	8:31:59	17:30:47	迟到			
17	3	李四	总公司	2023-3-27	8:16:00					打卡异常
18	3	李四	总公司	2023-3-28	8:26:18					打卡异常

图 4-32　考勤判断处理

4.8.3　时间计算经典案例：机器工时计算

大部分工厂是有白班和夜班的，这样，在计算产品生产的机器工时、人工工时等，就需要考虑白班还是夜班，不能直接用上线时间减去下线时间，而是要考虑具体表格数据表是怎么记录的。

案例 4-19

图 4-33 中的示例，要求计算每个工序的机器工时，这里假设产品的生产时长不会超过两天。

	A	B	C	D	E	F	G
1	生产日期	产品	班次	工序	上线时间	下线时间	机器工时?
2	2023-4-22	AAA	白班	模压	10:35	15:21	
3			白班	涂膜	15:30	18:23	
4			夜班	胶印	18:30	3:45	
5			夜班	丝印	4:00	8:55	

图 4-33　产品生产记录

这个表格的基本逻辑如下。

- 如果下线时间大于上线时间，那么两个时间就是同一天的时间，可以直接相减得到机器工时。
- 如果下线时间小于上线时间，说明下线时间已经是第二天的时间了，两个时间就不能直接相减，而是需要将下线时间加 1 天，才能相减得到机器工时。

因此，机器工时计算公式如下，计算结果如图 4-34 所示。

```
=(F2+(F2<E2))-E2
```

G2　=(F2+(F2<E2))-E2

	A	B	C	D	E	F	G
1	生产日期	产品	班次	工序	上线时间	下线时间	机器工时?
2	2023-4-22	AAA	白班	模压	10:35	15:21	4:46
3			白班	涂膜	15:30	18:23	2:53
4			夜班	胶印	18:30	3:45	9:15
5			夜班	丝印	4:00	8:55	4:55

图 4-34　计算每个工序的机器工时

这个公式得到的机器工时是以时间表示的。例如，4:46 表示模压工序的机器工时是 4 小时 46 分钟，如果要将这个时间换算为小时，那么公式需要修改为：

```
=((F2+(F2<E2))-E2)*24
```

也就是说，4 小时 46 分钟就是 4.8 小时。计算结果如图 4-35 所示。

G2　=((F2+(F2<E2))-E2)*24

	A	B	C	D	E	F	G
1	生产日期	产品	班次	工序	上线时间	下线时间	机器工时(小时)
2	2023-4-22	AAA	白班	模压	10:35	15:21	4.8
3			白班	涂膜	15:30	18:23	2.9
4			夜班	胶印	18:30	3:45	9.3
5			夜班	丝印	4:00	8:55	4.9

图 4-35　按小时计算机器工时

本节知识回顾与测验

1. 时间的本质是什么？从日期时间角度来看，数字 1/4 表示什么？

2. 如何将时间 32:25 输入到单元格，并能正常显示为 32:25？

3. 假设公司出勤时间是上午 8:45 至下午 17:45，如何在打卡数据表中设计公式，自动判断是否迟到或早退？

第5章

数据统计与汇总案例精讲

数据统计汇总,是指按照项目类别进行计数,求和、最大值、最小值、平均值等。例如,在人力资源数据分析中,统计员工人数;在财务分析与销售分析中,统计产品销量和销售额;在原材料采购中,统计材料批次、采购量和采购金额,等等。

很多场合下的数据统计汇总,需要使用函数公式来解决(尽管大多数情况可以使用数据透视表快速进行汇总计算,但数据透视表对数据源的要求比较高)。本章主要介绍统计与汇总函数及其在数据处理和分析中的应用技巧与实际案例。

5.1 数据计数统计分析

数据计数，是指统计满足指定条件的单元格个数。例如，非空单元格个数，每个部门的本科学历的员工人数，每个产品的发货次数，每种材料的采购次数，等等。在计数统计分析中，常用的函数有 COUNTA、COUNTIF、COUNTIFS、COUNTBLANK 等。

5.1.1 COUNTA 函数：统计不为空的单元格个数

如果要统计不为空的单元格个数，无论单元格是什么数据，只要有数据就统计在内，可以使用 COUNTA 函数，其用法很简单：

=COUNTA（单元格区域）

例如，图 5-1 就是 COUNTA 函数的基本应用，计算公式如下：

=COUNTA(B2:C7)

F3	:	× ✓ fx	=COUNTA(B2:C7)			
	A	B	C	D	E	F
1						
2		北京	20:30			
3		上海			不为空的单元格个数	9
4			#N/A			
5		产品				
6		100	TRUE			
7		2023-4-28	-200			

图 5-1 COUNTA 函数基本应用

注意：COUNTA 函数只是统计不为空的单元格个数，换句话说，就是单元格有数据，不管数据是文本、数值、日期时间、符号，以及零长度字符串（""）等，就统计在内。

📊 案例 5-1

在有些情况下，如果单元格是通过公式输入的空值（""），那么这个空值（""）并不是真正的空单元格，而是一个零长度的字符串，这样，COUNTA 函数就会将其统计在内，如图 5-2 所示。

对于这样的问题，要想统计所有非空单元格的个数，必须使用 SUMPRODUCT 函数了，通过条件表达式进行比较判断单元格是否不为空（<>""）：

=SUMPRODUCT((B3:B14<>"")*1)

图 5-2　COUNTA 函数将公式空值（""）统计在内

COUNTA 函数更多情况下是与其他函数联合使用。例如，COUNTA 函数经常与 OFFSET 函数联合使用，以获取一个动态的数据区域，从而能够建立一个动态分析模型，在后面介绍 OFFSET 函数时再做详细介绍。

5.1.2 COUNTIF 函数：统计满足一个指定条件的单元格个数

当需要统计满足一个指定条件的单元格个数时，COUNTIF 函数就是一个首选的函数了，其用法如下：

=COUNTIF（条件判断区域，条件值）

首先要明确，函数的第 1 个参数"条件判断区域"，必须是工作表的单元格区域，不能是手工输入的数组。

函数的第 2 个参数"条件值"使用非常灵活，可以是精确值条件，可以是关键词匹配条件，也可以是比较值条件。

精确值条件，是指定一个具体明确条件，如"男""产品 A""财务部"等。

关键词匹配条件，是使用通配符（*）来匹配指定关键词，例如，要匹配的关键词是"A"，那么有以下几种常见的关键词匹配条件组合。

- 以"A"开头：A*
- 以"A"结尾：*A
- 包含"A"：*A*
- 不包含"A"：<>*A*

比较值条件，是使用比较运算符来构建条件，如">1000"，"<=30"等。

案例 5-2

图 5-3 中的示例，说明 3 种情况下的员工人数统计，统计公式分别如下。
男员工人数：

```
=COUNTIF(B2:B11," 男 ")
```

50 岁以上的人数：

```
=COUNTIF(C2:C11,">50")
```

姓"张"的人数：

```
=COUNTIF(A2:A11," 张 *")
```

H3				×	✓	fx	=COUNTIF(B2:B11,"男")		
	A	B	C	D	E	F	G	H	I
1	姓名	性别	年龄				条件	人数	公式
2	张鑫金	男	55			精确条件：	男员工人数	7	=COUNTIF(B2:B11,"男")
3	李四	女	47						
4	王大五	男	27			比较值条件：	50岁以上人数	3	=COUNTIF(C2:C11,">50")
5	张大强	男	32						
6	李三花	女	48			关键词匹配条件：	姓"张"的人数：	2	=COUNTIF(A2:A11,"张*")
7	孟达	男	52						
8	何先锋	男	33						
9	郑铮好	女	51						
10	韩鑫	男	25						
11	李丹	男	24						

图 5-3　COUNTIF 函数基本应用

COUNTIF 函数经常用在人力资源数据处理中，如统计每个部门的人数、每个学历的人数、每个职位的人数，等等。

5.1.3　COUNTIFS 函数：统计满足多个指定条件的单元格个数

COUNTIF 函数只是指定一个判断条件，如果要统计满足多个条件的单元格个数，可以使用 COUNTIFS 函数。其实，COUNTIFS 函数可以替代 COUNTIF 函数，单条件只是多条件的一种最简单情况。

COUNTIFS 函数使用方法如下：

```
=COUNTIF( 条件判断区域 1, 条件值 1,
          条件判断区域 2, 条件值 2,
          条件判断区域 3, 条件值 3,
          …
          条件判断区域 n, 条件值 n)
```

与 COUNTIF 函数一样，所有的条件判断区域都必须是工作表上的单元格区域，而且所有的条件值参数可以是精确值条件，可以是关键词匹配条件，也可以是比较值条件。

这些条件谁在前、谁在后无关紧要，只要将这些条件设置正确即可。

📈 案例 5-3

图 5-4 中的示例，用来统计每个年龄段的男女人数，以各个年龄段男员工人数统计为例，各个单元格的公式如下。

单元格 G2，25 岁（含）男员工人数，是 2 个条件的计数：

```
=COUNTIFS($B$2:$B$11," 男 ",
          $C$2:$C$11,"<=25")
```

单元格 G3，26~35 岁男员工人数，是 3 个条件的计数：

```
=COUNTIFS($B$2:$B$11," 男 ",
          $C$2:$C$11,">=26",
          $C$2:$C$11,"<=35")
```

单元格 G4，36~40 岁男员工人数，是 3 个条件的计数：

```
=COUNTIFS($B$2:$B$11," 男 ",
          $C$2:$C$11,">=36",
          $C$2:$C$11,"<=40")
```

单元格 G5，41~50 岁男员工人数，是 3 个条件的计数：

```
=COUNTIFS($B$2:$B$11," 男 ",
          $C$2:$C$11,">=41",
          $C$2:$C$11,"<=50")
```

单元格 G6，51 岁（含）男员工人数，是 2 个条件的计数：

```
=COUNTIFS($B$2:$B$11," 男 ",
          $C$2:$C$11,">=51")
```

图 5-4　多条件计数

如果要统计姓"李"的男员工人数，则需要使用通配符（*）做关键词匹配，公式如下：

```
=COUNTIFS(A2:A11," 李 *",
          B2:B11," 男 ")
```

5.1.4　综合应用案例：统计数据出现次数

如何判断数据是否重复出现？你如何知道数据出现了几次？是第几次出现？使用 COUNTIF 函数很容易就可以计算出来。

案例 5-4

图 5-5 中的示例，要求统计每个数据出现的次数，以及是第几次出现。

	A	B	C	D	E
1	数据	出现次数	第几次出现		
2	A	3	1		
3	B	2	1		
4	D	3	1		
5	A	3	2		
6	A	3	3		
7	C	2	1		
8	D	3	2		
9	B	2	2		
10	C	2	2		
11	E	1	1		
12	D	3	3		

图 5-5　统计出现次数及第几次出现

统计出现次数很简单，使用 COUNTIF 函数统计全部区域即可，单元格 B2 中的公式如下：

```
=COUNTIF(A:A,A2)
```

但是，统计是第几次出现，则需要将统计区域设置为逐步扩展的动态统计区域，也就是需要将统计区域的第 1 个单元格是绝对引用，当往下复制公式时，统计区域就自动扩展，因此单元格 C2 中的公式如下：

```
=COUNTIF($A$2:A2,A2)
```

案例 5-5

案列 5-4 是对一列数据进行统计，如果是多列数据呢？此时，如何判断多列数据情况下，数据是否是有重复，以及是第几次出现？

图 5-6 中的示例，表格有多列数据，某些行数据可能是重复的，现在要统计每行数据的出现次数以及第几次出现。

	A	B	C	D	E	F
1	日期	客户	产品	销售	出现次数?	第几次出现?
2	2023-5-1	客户A	产品A	300		
3	2023-5-2	客户A	产品B	100		
4	2023-5-3	客户B	产品B	60		
5	2023-5-4	客户C	产品A	200		
6	2023-5-1	客户C	产品B	100		
7	2023-5-6	客户D	产品A	320		
8	2023-5-2	客户A	产品B	100		
9	2023-5-8	客户D	产品B	478		
10	2023-5-3	客户B	产品B	60		

图 5-6　多列数据的重复问题

由于是判断所有列数据是否重复出现，因此本质上是一个多条件计数问题，统计公式分别如下，判断结果如图 5-7 所示。

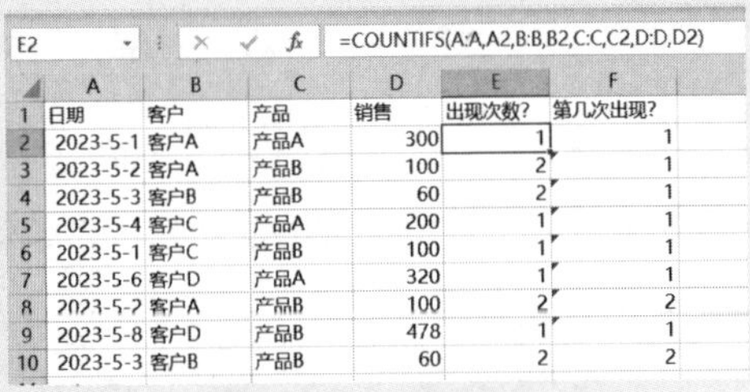

图 5-7 统计结果

单元格 E2，统计某行数据出现次数：

```
=COUNTIFS(A:A,A2,
          B:B,B2,
          C:C,C2,
          D:D,D2)
```

单元格 F2，统计某行数据是第几次出现：

```
=COUNTIFS($A$2:A2,A2,
          $B$2:B2,B2,
          $C$2:C2,C2,
          $D$2:D2,D2)
```

如果有十几列甚至数十列数据，那么使用 COUNTIFS 函数进行统计就比较麻烦了，因为这样操作的话，就要做十几个甚至数十个条件判断，公式很复杂，同时计算速度也会降低。此时，可以先设计一个辅助列，将各列数据连接成一个字符串，然后再使用 COUNTIF 函数进行统计，这样就简单多了。图 5-8 就是使用辅助列的方法来进行统计的。

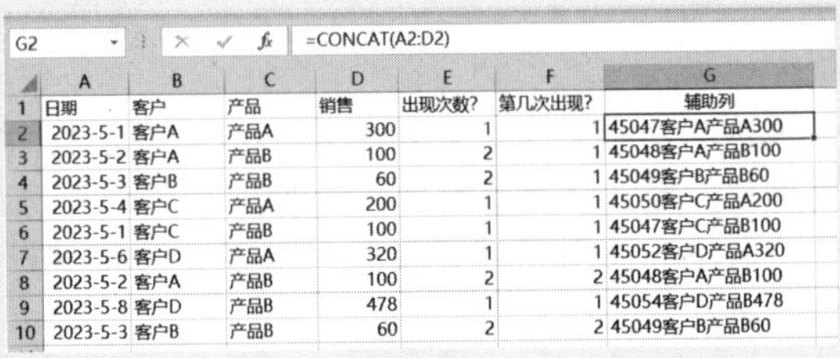

图 5-8 使用辅助列进行统计

单元格 G2，设计辅助列，连接各个单元格数据：

```
=CONCAT(A2:D2)
```

或者：

```
=CONCATENATE(A2,B2,C2,D2)
```

单元格 E2，统计某行数据出现次数：

```
=COUNTIF(G:G,G2)
```

单元格 F2，统计某行数据是第几次出现：

```
=COUNTIF($G$2:G2,G2)
```

下面进一步思考。

（1）如何删除多余的重复数据，保留一个不重复的数据？这个问题可以使用"删除重复值"命令来解决，该命令在"数据"选项中，如图 5-9 所示。

图 5-9 "删除重复值"命令按钮

（2）如何不破坏原始数据，而从原始数据中提取出不重复的唯一数据，保存在一个新表中？这个问题可以使用 UNIQUE 函数来解决，该函数在后面的章节会做详细介绍。

5.1.5 综合应用案例：员工属性分析报告

COUNTIF 函数和 COUNTIFS 函数的经典应用是在人力资源数据分析中制作员工属性分析报表，也就是每个部门的男女人数、各个学历层次人数、各个年龄段人数、各个工龄段人数等，尽管这样的统计报告可以使用数据透视表制作，但是使用函数更加便于制作一个全部属性分析的集成化报表。

📈 **案例 5-6**

图 5-10 是一个员工花名册，现要求制作图 5-11 所示的员工属性统计报表。

这个报表只需使用 COUNTIF 函数和 COUNTIFS 函数就可以了，不过需要注意，为了提高计算速度，避免选择整列作为判断区域，而是应该选择一个固定区域作为判断区域。

在本例中，选择到 1000 行（假设公司人数最多不超过 1000 人）。各个单元格计算公式如下，最终的计算结果如图 5-12 所示。

	A	B	C	D	E	F	G	H	I
1	工号	姓名	性别	部门	学历	出生日期	年龄	入职日期	工龄
2	G001	A001	女	生产部	高中	1979-7-22	43	2001-3-15	22
3	G002	A002	男	采购部	中专	1983-11-15	39	2008-8-22	14
4	G003	A003	男	生产部	中专	1986-1-9	37	2015-4-20	8
5	G004	A004	男	生产部	中专	1985-2-8	38	2012-4-20	11
6	G005	A005	男	生产部	中专	1982-12-23	40	2008-4-20	15
7	G006	A006	男	营销部	大专	1983-5-30	39	2019-2-12	4
8	G007	A007	男	营销部	本科	1967-2-20	56	2002-5-28	20
9	G008	A008	男	技术部	大专	1980-4-21	43	2002-7-8	20
10	G009	A009	男	生产部	高中	1981-5-7	41	2002-8-6	20
11	G010	A010	女	生产部	高中	1976-12-23	46	2002-8-6	20
12	G011	A011	男	营销部	高中	1975-10-26	47	2001-8-23	21
13	G012	A012	女	生产部	中专	1982-11-3	40	2001-9-4	21
14	G013	A013	男	生产部	初中	1988-7-15	34	2012-9-4	10
15	G014	A014	女	品管部	本科	1979-1-22	44	2000-2-5	23
16	G015	A015	男	生产部	中专	1977-11-17	45	2003-2-11	20
17	G016	A016	男	营销部	大专	1973-8-4	49	2003-2-14	20

员工信息　属性报告　⊕

图 5-10 员工基本信息

部门	总人数	性别		学历							年龄					工龄				
		男	女	博士	硕士	本科	大专	中专	高中	初中	25岁以下	26-35岁	36-45岁	46-55岁	56岁以上	不满1年	1-5年	6-10年	11-20年	20年以上
综合部																				
财务部																				
技术部																				
营销部																				
生产部																				
采购部																				
品管部																				
设备部																				
合计																				

图 5-11　员工属性分析报告

（1）统计每个部门的总人数，单元格 B3：

=COUNTIF（员工信息！\$D\$2:\$D\$1000,\$A3）

（2）统计每个部门各个性别的人数，单元格 C3：

=COUNTIFS（员工信息！\$D\$2:\$D\$1000,\$A3,
员工信息！\$C\$2:\$C\$1000,C\$2）

（3）统计每个部门各个学历的人数，单元格 E3：

=COUNTIFS（员工信息！\$D\$2:\$D\$1000,\$A3,
员工信息！\$E\$2:\$E\$1000,E\$2）

（4）统计每个部门各个年龄区间的人数，每个单元格使用不同的公式。
单元格 L3，25 岁以下：

=COUNTIFS（员工信息！\$D\$2:\$D\$1000,\$A3,
员工信息！\$G\$2:\$G\$1000,"<=25"）

单元格 M3，26～35 岁：

=COUNTIFS（员工信息！\$D\$2:\$D\$1000,\$A3,
员工信息！\$G\$2:\$G\$1000,">=26",
员工信息！\$G\$2:\$G\$1000,"<=35"）

单元格 N3，36～45 岁：

=COUNTIFS（员工信息！\$D\$2:\$D\$1000,\$A3,
员工信息！\$G\$2:\$G\$1000,">=36",
员工信息！\$G\$2:\$G\$1000,"<=45"）

单元格 O3，46～55 岁：

=COUNTIFS（员工信息！\$D\$2:\$D\$1000,\$A3,
员工信息！\$G\$2:\$G\$1000,">=46",
员工信息！\$G\$2:\$G\$1000,"<=55"）

单元格 P3，56 岁以上：

=COUNTIFS（员工信息！\$D\$2:\$D\$1000,\$A3,
员工信息！\$G\$2:\$G\$1000,">=56"）

（5）统计每个部门各个工龄区间的人数，每个单元格使用不同的公式。
单元格 Q3，不满 1 年：

```
=COUNTIFS ( 员工信息 !$D$2:$D$1000,$A3,
            员工信息 !$I$2:$I$1000,"<1")
```

单元格 R3，1~5 年：

```
=COUNTIFS ( 员工信息 !$D$2:$D$1000,$A3,
            员工信息 !$I$2:$I$1000,">=1",
            员工信息 !$I$2:$I$1000,"<=5")
```

单元格 S3，6~10 年：

```
=COUNTIFS ( 员工信息 !$D$2:$D$1000,$A3,
            员工信息 !$I$2:$I$1000,">=6",
            员工信息 !$I$2:$I$1000,"<=10")
```

单元格 T3，11~20 年：

```
=COUNTIFS ( 员工信息 !$D$2:$D$1000,$A3,
            员工信息 !$I$2:$I$1000,">=11",
            员工信息 !$I$2:$I$1000,"<=20")
```

单元格 U3，20 年以上：

```
=COUNTIFS ( 员工信息 !$D$2:$D$1000,$A3,
            员工信息 !$I$2:$I$1000,">20")
```

部门	总人数	性别		学历							年龄					工龄				
		男	女	博士	硕士	本科	大专	中专	高中	初中	25岁以下	26-35岁	36-45岁	46-55岁	56岁以上	不满1年	1-5年	6-10年	11-20年	20年以上
综合部	42	24	18	0	0	3	0	15	9	15	1	6	18	12	5	0	13	17	12	0
财务部	11	2	9	0	2	4	5	0	0	0	2	3	5	1	0	0	6	2	3	0
技术部	18	9	9	1	4	8	4	0	1	0	2	8	8	0	0	0	7	5	6	0
营销部	18	14	4	0	2	5	8	1	1	1	0	4	8	5	1	0	4	3	10	1
生产部	226	119	107	0	1	10	54	100	27	34	28	122	70	6	0	14	102	50	56	4
采购部	21	14	7	0	0	2	9	4	3	3	1	7	10	1	2	0	8	6	7	0
品管部	20	9	11	0	1	9	5	2	0	2	5	13	2	0	0	2	10	6	1	1
设备部	11	4	7	0	0	2	4	4	1	0	0	2	7	2	0	0	7	0	4	0
合计	367	195	172	2	10	43	89	126	42	55	39	165	128	27	8	16	157	89	99	6

图 5-12　完成的员工属性统计报表

该报表中有很多数字 0（也就是某个部门没有相应学历、年龄、工龄的员工），影响报表阅读，可以自定义数字格式，或者设置 Excel 选项，来隐藏报表中的数字 0。

图 5-13 就是自定义数字格式后的报表（同时也设置了工作表不显示网格线），自定义数字格式代码是"0;;;"，如图 5-14 所示。

部门	总人数	性别		学历							年龄					工龄				
		男	女	博士	硕士	本科	大专	中专	高中	初中	25岁以下	26-35岁	36-45岁	46-55岁	56岁以上	不满1年	1-5年	6-10年	11-20年	20年以上
综合部	42	24	18			3		15	9	15	1	6	18	12	5		13	17	12	
财务部	11	2	9		2	4	5				2	3	5	1			6	2	3	
技术部	18	9	9	1	4	8	4		1		2	8	8				7	5	6	
营销部	18	14	4		2	5	8	1	1	1		4	8	5	1		4	3	10	1
生产部	226	119	107		1	10	54	100	27	34	28	122	70	6		14	102	50	56	4
采购部	21	14	7			2	9	4	3	3	1	7	10	1	2		8	6	7	
品管部	20	9	11		1	9	5	2		2	5	13	2			2	10	6	1	1
设备部	11	4	7			2	4	4	1			2	7	2			7		4	
合计	367	195	172	2	10	43	89	126	42	55	39	165	128	27	8	16	157	89	99	6

图 5-13　隐藏数字 0、不显示网格线后的报表

图 5-14　设置自定义数字格式，隐藏数字 0

5.1.6　综合应用案例：删除两个表都存在的数据

如果两个表格中有些数据是一样的，有些数据只存在某一个表格中，现在的任务是，要从两个表中删除都存在的数据，剩下哪些只存在一个表的数据。对于这样的问题，如何使用统计函数来解决？

📈 案例 5-7

图 5-15 中的示例，要分别在表一和表二中，删除两个表中都存在的数据，仅保留只存在一个表的数据。

图 5-15　示例数据

分别在两个表设计辅助列，使用 COUNTIF 函数统计在另一个表中出现的次数，公式如下，如图 5-16 所示。

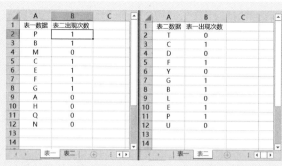

图 5-16　设计辅助列，使用 COUNTIF 函数进行统计

表一的辅助列公式：

=COUNTIF(表二 !A:A,A2)

表二的辅助列公式：

=COUNTIF(表一 !A:A,A2)

这样，公式就得到了 0 和不是 0 的数字，凡是不为 0 的就表示在另一个表中存在，数字 0 表示在另一个表中不存在（出现次数为 0）。

先将两个工作表的公式选择性粘贴为数值（这点非常重要），然后进行筛选，将不是 0 的行删除，那么剩下的就是只存在一个表的数据了，结果如图 5-17 所示。

图 5-17　只存在一个表的数据

5.1.7　构建条件值数组进行或条件的计数

COUNTIFS 函数的几个条件必须是与条件，如果要对几个或条件进行计数呢？也就是说，只要满足几个条件中的一个，就统计在内。此时，可以使用 COUNITF 函数进行多个或条件的计数处理。

📊 案例 5-8

如图 5-18 所示，要求统计硕士和本科学历的人数。一般的做法是分别统计硕士人数和本科人数，再相加：

=COUNTIF(C2:C11," 硕士 ")+COUNTIF(C2:C11," 本科 ")

其实，COUNTIF 函数的条件值可以是数组，这样可以设计更简单的公式来计算。

第 5 章　数据统计与汇总案例精讲

F3 {=SUM(COUNTIF(C2:C11,{"硕士","本科"}))}

	A	B	C	D	E	F
1	姓名	部门	学历			
2	A001	财务部	本科			
3	A002	技术部	硕士		硕士和本科人数	7
4	A003	营销部	大专			
5	A004	生产部	大专			
6	A005	营销部	本科			
7	A006	财务部	本科			
8	A007	营销部	本科			
9	A008	技术部	硕士			
10	A009	生产部	大专			
11	A010	品管部	本科			

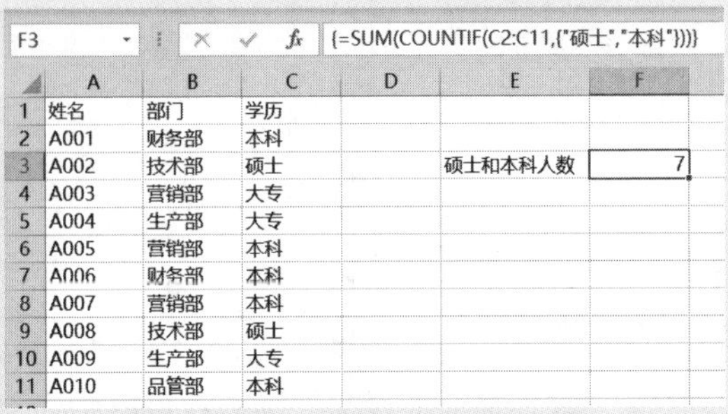

图 5-18　使用 COUNTIF 函数进行或条件的计数

一个公式是设计数组公式，如下所示：

```
=SUM(COUNTIF(C2:C11,{"硕士","本科"}))
```

在该公式中，函数 COUNTIF(C2:C11,{"硕士","本科"}) 的结果并不是一个，而是两个数字构成的数组 {2,5}（因为分别统计了硕士和本科，其中硕士人数是 2，本科人数是 5），这样，最后使用 SUM 函数将这两个数字相加，就是需要的结果了。

如果觉得数组公式比较麻烦，可以使用 SUMPRODUCT 函数代替 SUM 函数，这样的就是普通公式了，不需要按组合键 Ctrl+Shift+Enter：

```
=SUMPRODUCT(COUNTIF(C2:C11,{"硕士","本科"}))
```

与 COUNTIF 函数一样，COUNTIFS 函数也可以对几个或条件计数。

在图 5-18 的示例中，要统计营销部的硕士和本科人数，则公式如下，计算结果如图 5-19 所示（为了观察计算结果，这个表格增加了几行数据）。

```
=SUM(COUNTIFS(B2:B13,"营销部",
              C2:C13,{"硕士","本科"})
    )
```

或者：

```
=SUMPRODUCT(COUNTIFS(B2:B13,"营销部",
              C2:C13,{"硕士","本科"})
    )
```

F3 =SUM(COUNTIFS(B2:B13,"营销部",C2:C13,{"硕士","本科"}))

	A	B	C	D	E	F	G
1	姓名	部门	学历				
2	A001	财务部	本科				
3	A002	技术部	硕士		营销部的硕士和本科人数	3	
4	A003	营销部	大专				
5	A004	生产部	大专				
6	A005	营销部	本科				
7	A006	财务部	本科				
8	A007	营销部	本科				
9	A008	技术部	硕士				
10	A009	生产部	大专				
11	A010	品管部	本科				
12	A011	技术部	本科				
13	A012	营销部	硕士				

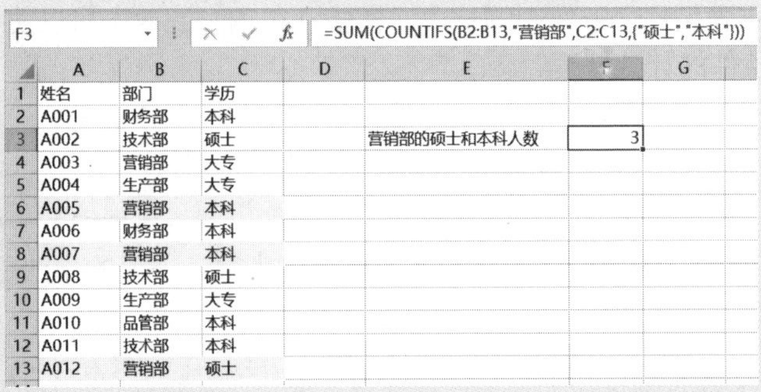

图 5-19　使用 COUNTIFS 函数进行或条件的计数

5.1.8 使用 COUNTIF 函数和 COUNTIFS 函数的注意事项

尽管 COUNTIF 函数和 COUNTIFS 函数的条件值可以是构建的数组，但函数的条件判断区域必须是工作表上的单元格区域（参数的名称有 Range 字样），不能是数组（Array），因此，不能在公式中使用数组作为条件判断区域。

案例 5-9

图 5-20 中的示例，左侧三列是从系统导出的数据，现在要统计指定业务编号"0401212"发生的次数，使用 COUNTIF 函数统计的结果 0。

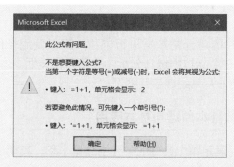

图 5-20　示例数据

出现这样结果的原因是，单元格 F2 是手工输入的业务编号，而 B 列的业务编号是从系统导出的，它的前后有看不见的特殊字符，这种特殊字符可以使用 SUBSTITUTE 函数来解决，可能会有人想当然地设计了下面的公式，结果就弹出一个警告框，说是公式有问题，不让输入公式，如图 5-21 所示。

```
=COUNTIF(SUBSTITUTE(B2:B10," ",""),F2)
```

图 5-21　公式有问题的警告框

前面介绍过，COUNTIF 函数也好，COUNTIFS 函数也好，其条件判断参数必须是工作表的单元格区域，不能是数组，而该公式却使用了数组"SUBSTITUTE(B2:B10," ","")"作为条件判断参数，因此违背了函数的定义。

解决的方法是先对 B 列处理，清除掉特殊字符，然后再使用 COUNITF 函数统计 B 列。

如果不想手工清理，而是使用一个综合公式进行统计，这时需要使用 SUMPRODUCT 函数，如下所示：

```
=SUMPRODUCT((SUBSTITUTE(B2:B10," ","")=F2)*1)
```

当然，这个问题也可以使用通配符来匹配关键词，公式如下：

```
=COUNTIF(B:B,"*"&F2&"*")
```

本节知识回顾与测验

1. COUNTA 函数用于统计非空单元格个数，如果存在公式得到的空值单元格，该如何统计真正有数据的单元格个数呢？

2. COUNTIF 函数是单条件计数，在使用中应注意哪些问题？

3. COUNTIFS 函数是多条件计数，在使用中应注意哪些问题？

4. COUNTIFS 函数是否可以替代 COUNTIF 函数？

5. COUNTIF 函数和 COUNTIFS 函数的条件值，能否做关键词匹配？如何实现关键词匹配？

6. 下面两个公式结果是否相同：公式 1 "=COUNTIF(A2:A10,"A")"，公式 2 "=COUNTIF(A2:A10,"=A")"，哪种写法更简单、合理？

7. COUNTIF 函数和 COUNTIFS 函数如何实现多个或条件计数？例如，要统计华北地区的产品 A、产品 D 和产品 R 的销售订单数，公式怎么设计？假设 B 列是地区，C 列是产品。

8. 在人力资源数据统计分析中，假若要统计销售部中，年龄在 30 ~ 50 岁，学历是博士、硕士和本科的人数，应该如何设计公式？

5.2 数据求和统计分析

如果要将满足条件的单元格数据进行行求和，可以使用条件求和函数 SUMIF 和 SUMIFS，这两个函数在实际数据统计分析中应用非常灵活。本节结合实际案例，介绍这两个函数的基本用法及其经典应用案例。

5.2.1 SUMIF 函数基本原理与基本应用

SUMIF 函数用于对满足单个条件的单元格数据求和，其用法很简单：

=SUMIF（条件判断区域，条件值，求和区域）

第 3 个参数"求和区域"是可选参数，如果忽略，那么条件判断区域与求和区域是同一个，也就是自己判断自己，自己求和自己。

与 COUNTIF 函数一样，第 1 个参数"条件判断区域"和第 3 个参数"求和区域"必须是工作表的单元格区域，而不能是数组。

此外，第 2 个参数"条件值"可以是精确值条件，可以是关键词匹配条件，也可以是比较值条件，同样，该参数也可以使用多个条件值构建的数组。

与 COUNTIF 函数不同的是，SUMIF 函数不是统计满足条件的单元格个数，而是要把满足条件的单元格数据求和计算。

📈 案例 5-10

图 5-22 中的示例，要求计算每个产品的发货量合计，这里需要在 C 列判断是否某个产品，如果是，就对 D 列的发货量求和，因此，计算公式如下。

```
=SUMIF(C:C,G2,D:D)
```

	A	B	C	D	E	F	G	H
1	日期	客户	产品	发货量			产品	发货量
2	2023-1-13	客户02	产品4	43			产品4	4465
3	2023-6-23	客户08	产品1	130			产品1	4151
4	2023-3-15	客户12	产品3	58			产品3	5548
5	2023-7-11	客户05	产品7	26			产品7	4986
6	2023-2-14	客户03	产品6	146			产品6	4016
7	2023-3-14	客户11	产品2	53			产品2	4835
8	2023-8-18	客户09	产品1	84			产品5	5553
9	2023-3-1	客户02	产品3	58			产品8	3111
10	2023-5-13	客户12	产品5	150			合计	36665
11	2023-2-23	客户12	产品7	67				
12	2023-8-27	客户01	产品1	34				
13	2023-5-6	客户03	产品7	112				
14	2023-5-14	客户08	产品1	92				
15	2023-4-5	客户03	产品2	32				

图 5-22　SUMIF 函数基本应用

如果要计算每个客户的发货量呢？例如，计算"客户 03"的发货量合计，则公式如下：

```
=SUMIF(B:B,"客户 03",D:D)
```

5.2.2　SUMIF 函数经典案例：对小计行求和

了解 SUMIF 函数的基本原理与基本用法后，下面介绍几个实际数据处理中 SUMIF 函数的经典灵活应用案例。

📈 案例 5-11

很多人设计的表格中，会有每个大类下的小计，如果要计算总计，很多人就是将这些大类的小计逐个相加，如图 5-23 所示。

```
=C6+C10+C14+C18+C21
```

这种逐个相加是很烦琐的，而且也很容易出错。由于要加的是所有小计，而小计的判断是 B 列里有"小计"两个字的才相加，因此使用 SUMIF 函数是很简单的：

```
=SUMIF($B$2:$B$21,"小计",C2:C21)
```

	A	B	C	D	E	F	G	H	I	J	K	L	M	N	O
1	产品大类	产品子类	1月	2月	3月	4月	5月	6月	7月	8月	9月	10月	11月	12月	合计
2	家电类	彩电	552	170	445	949	388	1254	1369	159	1215	156	924	1131	748
3		空调	459	835	1378	1064	184	199	677	437	932	1048	404	1345	223
4		洗衣机	898	1078	1166	999	1304	1163	501	480	769	758	383	484	757
5		抽油烟机	1202	1324	166	1265	300	1146	728	228	386	640	650	706	1122
6		小计	3111	3407	3155	4277	2176	3762	3275	1304	3302	2602	2361	3666	2850
7	小家电类	电饭煲	311	564	1044	228	1209	1371	1332	1213	1377	260	1321	516	1136
8		养生壶	324	495	144	916	1080	1023	384	1340	1106	364	1418	1456	1036
9		豆浆机	1117	160	1279	1485	945	775	1297	1359	1291	259	1117	823	1354
10		小计	1752	1219	2467	2629	3234	3169	3013	3912	3774	883	3856	2795	3526
11	服饰类	男装	963	753	1312	298	344	720	1374	681	1346	324	478	1085	1058
12		女装	703	1071	516	775	253	816	1334	242	1150	1458	928	1026	290
13		儿童装	609	649	789	235	734	644	1231	715	248	1342	173	690	146
14		小计	2275	2473	2617	1308	1331	2180	3939	1638	2744	3124	1579	2801	1494
15	生鲜类	肉类	1336	222	1081	202	688	149	1019	935	995	817	620	1155	1063
16		米面类	1023	1043	974	560	350	1107	370	710	642	1389	863	585	706
17		蔬菜类	413	1442	220	1450	1377	972	278	395	658	1002	257	336	1041
18		小计	2772	2707	2275	2212	2415	2228	1667	2040	2295	3208	1740	2076	2810
19	百货类	床上用品	1435	1006	1293	389	981	336	536	1378	1373	284	684	214	1024
20		日用百货	693	397	900	370	974	189	135	1061	713	782	985	1128	747
21		小计	2128	1403	2193	759	1955	525	671	2439	2086	1066	1669	1342	1771
22		总计	12038	11209	12707	11185	11111	11864	12565	11333	14201	10883	11205	12680	12451

C22 | =C6+C10+C14+C18+C21

图 5-23　要求加总所有小计数

我们还可以从另外一个角度思考，小计是所有大类下的子类相加的，如果把所有小计数排除出去，也就是说，加总那些不是小计数的项目，那么合计数就是总计。因此，还可以使用下面的公式进行求和：

=SUMIF($B$2:$B$21,"<>小计",C2:C21)

不论判断是"小计"，还是判断不是"小计"，这两个公式都要比逐个单元格相加简单、高效。

5.2.3　SUMIF 函数经典案例：隔列求和

📈 **案例 5-12**

如果是在横向上隔列相加，也可以根据具体情况（数据特征）使用 SUMIF 函数创建高效公式。

如图 5-24 是各个类别产品的各月计划开票和实际开票汇总表，现在要求将各个月的计划开票和实际开票相加，得到全年累计计划开票和累计实际开票，分别保存在 C 列和 D 列。

如果使用下面的公式，将 12 个月的数据逐个相加，也未尝不可：

=E3+G3+I3+K3+M3+O3+Q3+S3+U3+W3+Y3+AA3

但更高效的公式是使用 SUMIF 函数进行判断求和，也就是在第 2 行的标题中进行判断，因此高效计算公式如下：

=SUMIF($E$2:$AB$2,C$2,$E3:$AB3)

产品大类	产品子类	全年累计		1月		2月		3月		4月		5月		6月		7月		8月	
		计划开票	实际开票	计划开票	实际开票	计划开票	实际开票	计划开票	实际开票	计划开票	实际开票	计划开票	实际开票	计划开票	实际开票	计划开票	实际开票	计划开票	实际开票
AAA	A01			1,371	2,588	2,274	1,878	2,055	1,274	2,864	1,634	814	2,194	1,414	2,070	1,242	1,862		
	A02			693	1,783	1,161	462	999	1,290	1,418	1,107	456	1,223	682	1,094	627	702		
	小计			2,064	3,371	3,435	2,340	3,054	2,564	4,283	2,741	1,270	3,417	2,096	3,164	1,868	2,564		
BBB	B01			855	1,783	3,499	1,126	722	1,239	1,304	1,279	803	1,124	865	953	779	1,168		
	B02			841	158	374	92	63	137	252	80	213	40	172	123	78	153		
	B03			206	103	418	112	0	236	38	115	336	201	46	164	73	84		
	小计			1,902	2,044	4,291	1,329	785	1,612	1,595	1,474	1,353	1,365	1,082	1,240	930	1,405		
总计				3,966	5,415	7,726	3,670	3,839	4,175	5,877	4,215	2,623	4,782	3,179	4,404	2,798	3,969		

图 5-24　各月计划开票和实际开票

5.2.4 ▶ SUMIF 函数经典案例：关键词匹配求和

案例 5-13

图 5-25 是从系统导出的管理费用数据，现在要求统计每个费用项目的合计数。

	A	B	C	D	E	F	G
1	科目编码	科目名称	本期贷方			项目	金额
2	660201	660201\管理费用\折旧费	1,703.00			折旧费	
3	660202	660202\管理费用\无形资产摊销费	619.00			无形资产摊销费	
4	6602070101	6602070101\管理费用\职工薪酬\工资\固定职工	1,681.00			职工薪酬	
5	6602070301	6602070301\管理费用\职工薪酬\社会保险费\基本养老保险	858.00			差旅费	
6	6602070303	6602070303\管理费用\职工薪酬\社会保险费\基本医疗保险	1,958.00			业务招待费	
7	6602070306	6602070306\管理费用\职工薪酬\社会保险费\工伤保险	656.00			办公费	
8	6602070307	6602070307\管理费用\职工薪酬\社会保险费\失业保险	2,003.00			车辆使用费	
9	6602070308	6602070308\管理费用\职工薪酬\社会保险费\生育保险	1,361.00			修理费	
10	66020707	66020707\管理费用\职工薪酬\职工福利	1,875.00			租赁费	
11	66020718	66020718\管理费用\职工薪酬\职工教育经费	1,020.00			税金	
12	660209	660209\管理费用\差旅费	606.00				
13	660212	660212\管理费用\业务招待费	299.00				
14	66021301	66021301\管理费用\办公费\邮费	1,177.00				
15	66021303	66021303\管理费用\办公费\办公用品费	1,090.00				
16	66021304	66021304\管理费用\办公费\固定电话费	2,083.00				
17	66021305	66021305\管理费用\办公费\移动电话费	772.00				
18	66021399	66021399\管理费用\办公费\其他	905.00				
19	660214	660214\管理费用\车辆使用费	391.00				
20	660216	660216\管理费用\修理费	1,233.00				
21	660217	660217\管理费用\租赁费	344.00				
22	66022401	66022401\管理费用\税金\土地使用税	434.00				

图 5-25　管理费用数据

这个问题并不复杂，也不需要先分列，因为要汇总的项目都是 B 列中含有的关键词，因此可以使用通配符做关键词匹配来汇总计算，单元格 G2 中的公式如下：

```
=SUMIF(B:B,"*"&F2&"*",C:C)
```

5.2.5 ▶ 使用 SUMIF 函数实现多个或条件值的求和：精确值匹配条件

与 COUNTIF 函数一样，SUMIF 函数也可以构建条件值数组，对满足多个或条件的数据进行求和。

案例 5-14

对于图 5-26 所示的数据，要求计算华东、华中和华南地区的销售额合计数，可以创建如下的计算公式：

=SUM(SUMIF(B:B,{"华东","华中","华南"},D:D))

或者：

=SUMPRODUCT(SUMIF(B:B,{"华东","华中","华南"},D:D))

	A	B	C	D	E	F	G	H
1	日期	地区	商品	销售额				
2	2023-3-25	华东	空调	265				
3	2023-7-5	东北	空调	1688			华东、华中和华南地区的销售额合计数	163611
4	2023-4-8	东北	洗衣机	580				
5	2023-8-17	华北	洗衣机	1986				
6	2023-8-24	华南	空调	1721				
7	2023-6-12	华东	冰箱	1491				
8	2023-6-21	华南	空调	1478				
9	2023-1-23	华中	洗衣机	2043				
10	2023-3-17	华东	光波炉	1458				
11	2023-6-9	华南	冰箱	1605				
12	2023-3-20	东北	电饭煲	1060				
13	2023-6-2	华中	电饭煲	1712				
14	2023-5-25	西北	冰箱	1580				

图 5-26　多个或条件的求和

在该公式中，SUMIF 函数的结果并不是 1 个，而是 3 个数字组成的数组：{50386,40841,72384}，它们分别是这 3 个地区的合计数，这样使用 SUM 函数或 SUMPRODUCT 函数将这 3 个合计数相加，就是这 3 个地区的销售额合计数了。

5.2.6　使用 SUMIF 函数实现多个或条件值的求和：关键词匹配条件

案例 5-15

可以使用通配符来匹配多个关键词，做多个关键词的或条件求和。

图 5-27 中的示例，要求计算所有水泥、钢筋和黄沙的签收量，而 A 列材料名称中，水泥、钢筋和黄沙大部分以关键词存在的，那么求和公式如下：

=SUM(SUMIF(A2:A12,{"*水泥*","*钢筋*","*黄沙*"},B2:B12))

或者：

=SUMPRODUCT(SUMIF(A2:A12,{"*水泥*","*钢筋*","*黄沙*"},B2:B12))

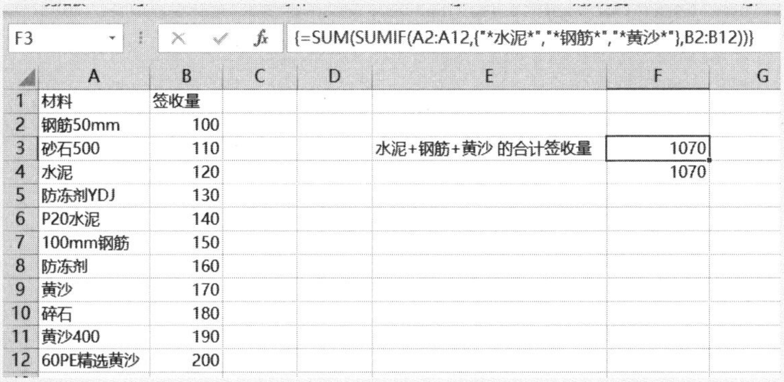

F3	{=SUM(SUMIF(A2:A12,{"*水泥*","*钢筋*","*黄沙*"},B2:B12))}					
	A	B	C	D	E	F
1	材料	签收量				
2	钢筋50mm	100				
3	砂石500	110			水泥+钢筋+黄沙 的合计签收量	1070
4	水泥	120				1070
5	防冻剂YDJ	130				
6	P20水泥	140				
7	100mm钢筋	150				
8	防冻剂	160				
9	黄沙	170				
10	碎石	180				
11	黄沙400	190				
12	60PE精选黄沙	200				

图 5-27　关键词匹配的多个或条件匹配求和

5.2.7 使用 SUMIF 函数计算指定季度的合计数

前面介绍过，SUMIF 函数计算多个或条件值的求和，这种用法可以解决一些非常实用的问题，如计算指定季度的合计数。

案例 5-16

图 5-28 中的示例，要求计算指定季度的合计数，可以使用下面的计算公式：

```
=SUM( SUMIF(A2:A13,
            IF(F3="1 季度 ",{"1 月 ","2 月 ","3 月 "},
            IF(F3="2 季度 ",{"4 月 ","5 月 ","6 月 "},
            IF(F3="3 季度 ",{"7 月 ","8 月 ","9 月 "},
            {"10 月 ","11 月 ","12 月 "}))),
            B2:B13)
```

在该公式中，使用 IF 函数判断是哪个季度，然后构建指定季度的月份名称数组，使用 SUMIF 函数对指定季度的 3 个月份分别求和，最后使用 SUM 函数将这 3 个月数字相加。

公式中，函数 IF(F3="1 季度 ",{"1 月 ","2 月 ","3 月 "},IF(F3="2 季度 ",{"4 月 ","5 月 ","6 月 "},IF(F3="3 季度 ",{"7 月 ","8 月 ","9 月 "},{"10 月 ","11 月 ","12 月 "}))），就是 SUMIF 函数的第 2 个参数，用于判断指定季度下的 3 个月份名称。

有人会说，其实这个公式并不简单，直接使用下面的公式解决不是更好吗？在该例中，仅仅是介绍一种解决问题的思路和方法而已。

```
=SUM(IF(F3="1季度",B2:B4,IF(F3="2季度",B5:B7,IF(F3="3季度",
B8:B10,B11:B13))))
```

图 5-28　使用 SUMIF 函数计算指定季度的合计数

这个用法可以扩展一下，如图 5-29 所示，要求计算每个季度的合计数，则单元格 H4 中的计算公式如下：

```
=SUM(SUMIF(B:B,IF(G4="1季度",{"1月","2月","3月"}, IF(G4="2
季度",{"4月","5月","6月"},IF(G4="3季度",{"7月","8月","9月"},
{"10月","11月","12月"}))),C:C))
```

图 5-29　计算各个季度的合计数

5.2.8　使用 SUMIF 函数做单条件数据查找

一说起查找数据，马上就会想到 VLOOKUP 函数。如果查不到数据，就会出现错误值，此时，如果查找结果是文本，一般处理为空值；如果查找结果是数字，一般处理为 0，以方便以后用于计算，处理错误值则需要使用 IFERROR 函数了。

在查找结果是数字的情况下，还有比 VLOOKUP 函数更好的方法，不论是单条件，还是多条件，这就是使用 SUMIF 函数或 SUMIFS 函数。

这种查找数据的基本原理是：如果有满足条件的数据，就自己加自己，结果还是自己，就把结果取出来了；如果没有满足条件的数据，SUMIF 函数和 SUMIFS 函数的结果就是 0，也根本就用不上 IFERROR 函数再对错误值进行处理了。

案例 5-17

图 5-30 中的示例，使用 SUMIF 函数来查找数据，公式很简单：

```
=SUMIF(A:A,E2,B:B)
```

E4 =SUMIF(A:A,E2,B:B)

	A	B	C	D	E
1	产品	销售			
2	产品1	100		指定产品:	产品3
3	产品2	200			
4	产品3	300		数据=?	300
5	产品4	400			
6	产品5	500			
7	产品6	600			
8	产品7	700			
9	产品8	800			

图 5-30　使用 SUMIF 函数查找数据

而使用 VLOOKUP 函数的公式如下：

```
=VLOOKUP(E2,A:B,2,0)
```

如果查找数据不存在，结果就是数字 0，如图 5-31 所示。这样，就省去了常规情况下使用 VLOOKUP 函数返回错误值，而需要使用 IFEEEOR 函数处理错误值的烦琐。

E4 =SUMIF(A:A,E2,B:B)

	A	B	C	D	E
1	产品	销售			
2	产品1	100		指定产品:	QQQ
3	产品2	200			
4	产品3	300		数据=? (SUMIF的结果)	0
5	产品4	400			
6	产品5	500		VLOOKUP的结果	#N/A
7	产品6	600			
8	产品7	700			
9	产品8	800			

图 5-31　SUMIF 函数比 VLOOKUP 函数更简单

5.2.9 SUMIFS 函数基本原理与基本应用

SUMIF 函数仅仅适合一个条件，如果要同时满足多个条件的求和，则需要使用 SUMIFS 函数，其用法如下：

```
=SUMIFS(求和区域,
        条件判断区域1,条件值1,
        条件判断区域2,条件值2,
        条件判断区域3,条件值3,
        …
```

条件判断区域 n，条件值 n)

与 SUMIF 函数一样，SUMIFS 函数的各个条件判断区域与求和区域必须是工作表的单元格区域，不能是数组。另外，各个条件值参数可以是精确条件值，可以是关键词匹配条件值，可以是比较条件值，也可以使用多个条件值构建的数组。

 案例 5-18

在图 5-32 中，如果要计算每个客户、每个产品的销售，则计算公式如下：

=SUMIFS($D:$D,$B:$B,$G3,$C:C,H2)

H3	▼	×	✓	fx	=SUMIFS($D:$D,$B:$B,$G3,$C:C,H2)										
	A	B	C	D	E	F	G	H	I	J	K	L	M	N	O	P
1	日期	客户	产品	发货量			客户	产品4	产品1	产品3	产品7	产品6	产品2	产品5	产品8	合计
2	2023-1-13	客户02	产品4	43			客户02	495	578	899	480	153	402	161	1039	4207
3	2023-6-23	客户08	产品1	130			客户08	588	310	611	698	522	811	534	329	4403
4	2023-3-15	客户12	产品3	58			客户12	133	281	737	379	559	581	956	180	3806
5	2023-7-11	客户05	产品5	26			客户05	366	443	422	895	452	529	962	265	4334
6	2023-2-14	客户03	产品6	146			客户03	810	509	512	696	337	605	467	95	4031
7	2023-3-14	客户11	产品2	53			客户11	249	206	0	221	752	104	319	147	1998
8	2023-8-18	客户09	产品1	84			客户09	96	298	267	28	206	255	188	119	1457
9	2023-3-1	客户02	产品3	58			客户06	316	367	365	601	188	199	264	31	2331
10	2023-5-13	客户12	产品5	150			客户01	27	147	278	59	195	235	517	0	1458
11	2023-2-23	客户12	产品7	67			客户10	657	555	718	620	369	420	937	486	4762
12	2023-8-27	客户11	产品1	34			客户07	603	234	333	202	151	526	0	138	2187
13	2023-5-6	客户03	产品7	112			客户04	125	223	406	107	132	168	248	282	1691
14	2023-5-14	客户08	产品5	92			合计	4465	4151	5548	4986	4016	4835	5553	3111	36665
15	2023-4-5	客户02	产品2	32												
16	2023-6-26	客户08	产品5	32												
17	2023-2-8	客户06	产品3	29												
18	2023-4-20	客户02	产品4	11												

图 5-32　SUMIFS 函数基本应用

该公式的逻辑很简单，在 D 列判断是不是某个客户，在 C 列判断是不是某个产品，如果两个条件都满足，就对 D 列求和。

5.2.10 ▶ SUMIFS 函数经典案例：比较值条件求和

前面介绍了 SUMIFS 函数的基本原理及基本应用方法，下面介绍 SUMIFS 函数的一些灵活应用经典案例。

 案例 5-19

SUMIFS 函数的条件值参数可以是比较值条件，这样可以计算某个区间的合计数。例如，计算某个区间销售额的订单数和销售额，并分析其占比。

在图 5-33 中，要统计分析每个客户每次发货量在 100 以上的合计发货量及其占总发货量的比例，则统计公式分别如下。

总发货量：

=SUMIF(B:B,G3,D:D)

每次 100 以上的发货量：

```
=SUMIFS(D:D,
        B:B,G3,
        D:D,">100")
```

占比:

```
=I3/H3
```

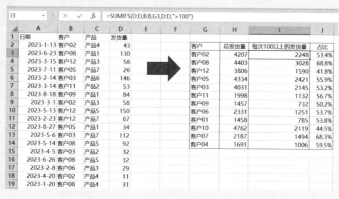

图 5-33　每个客户每次发货量 100 以上的统计分析

5.2.11　SUMIFS 函数经典案例: 关键词匹配条件求和

案例 5-20

SUMIFS 函数的条件值参数也可以使用通配符(*)来匹配关键词。如图 5-34 所示,要求计算每个工地的各个标牌水泥的签收量,这里工程名称是精确条件值,水泥标号是关键词匹配条件(标号开头),因此单元格 H3 中的公式如下:

```
=SUMIFS($D:$D,
        $B:$B,$G3,
        $C:$C,H$2&"*")
```

图 5-34　以关键词匹配条件进行求和

 **5.2.12** **使用 SUMIFS 函数实现多个或条件值的求和：精确值匹配条件**

与 COUNTIFS 函数一样，在 SUMIFS 函数中，通过构建条件值数组，对满足多个或条件的数据进行求和，也是很方便的。

案例 5-21

图 5-35 是一个示例数据，以这个表格数据为例，介绍 SUMIFS 函数在多个或条件值求和的应用。

	A	B	C	D
1	地区	门店类型	产品	销售额
2	华北	自营	产品1	10
3	华北	自营	产品2	20
4	华北	自营	产品3	30
5	华北	自营	产品4	40
6	华北	加盟	产品1	50
7	华北	加盟	产品2	60
8	华北	加盟	产品3	70
9	华北	加盟	产品4	80
10	华东	自营	产品1	90
11	华东	自营	产品2	100
12	华东	自营	产品3	110
13	华东	自营	产品4	120
14	华东	加盟	产品1	130
15	华东	加盟	产品2	140
16	华东	加盟	产品3	150
17	华东	加盟	产品4	160
18	华南	自营	产品1	170
19	华南	自营	产品2	180
20	华南	自营	产品3	190
21	华南	自营	产品4	200
22	华南	加盟	产品1	210
23	华南	加盟	产品2	220
24	华南	加盟	产品3	230
25	华南	加盟	产品4	240

图 5-35　示例数据

几种情况的计算公式分别如下，结果如图 5-36 所示。

1. 情况一

假设要计算华东地区、产品 2 和产品 3 的销售合计，这里 A 列只判断是否为"华东"即可，但在 C 列中，需要将"产品 2"和"产品 3"的数据都加起来，这两个产品就构成了或条件，这样求和公式是如下的数组公式，结果是 500：

```
=SUM(
    SUMIFS(D:D,
           A:A,"华东",
           C:C,{"产品2","产品3"}
          )
    )
```

在该公式中，表达式 SUMIFS(D:D,A:A," 华东 ",C:C,{" 产品 2"," 产品 3"}) 的结果是计算华东地区中产品 2 和产品 3 的合计数，是 2 个数构成的数组：{240,260}，它相当于分别用 SUMIFS 函数计算了两次：

第 1 次计算：SUMIFS(D:D,A:A," 华东 ",C:C," 产品 2")，结果是 240。

第 2 次计算：SUMIFS(D:D,A:A," 华东 ",C:C," 产品 3")，结果是 260。

得到了结果数组 {240,260} 后，再使用 SUM 函数将这个数组中的各个数字相加即可。

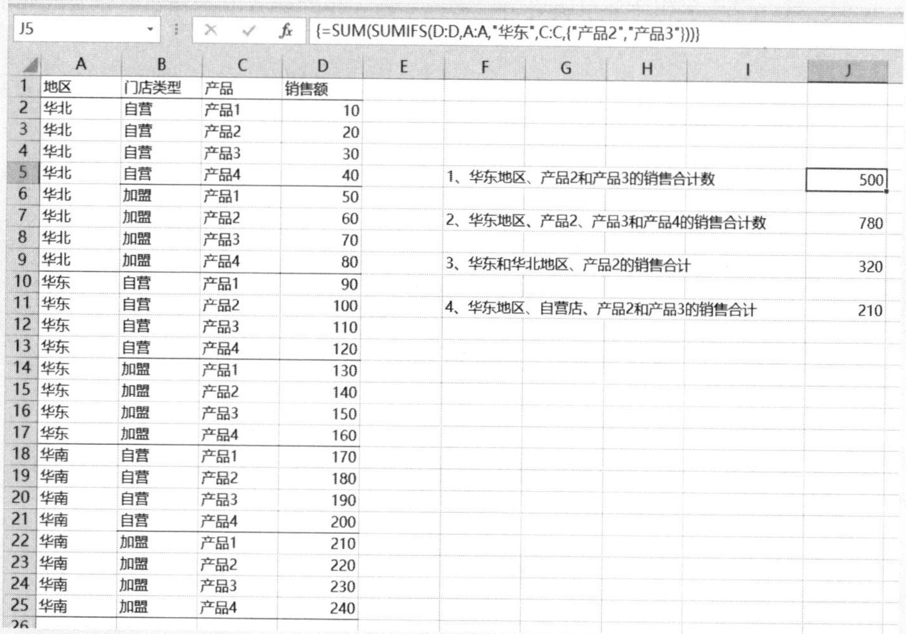

图 5-36　SUMIFS 函数做多个或条件的求和

2. 情况二

例如，要计算华东地区的产品 2、产品 3 和产品 4 的销售合计，公式如下，计算结果是 780：

```
=SUM(
    SUMIFS(D:D,
        A:A," 华东 ",
        C:C,{" 产品 2"," 产品 3"," 产品 4"}
        )
    )
```

该公式中，表达式 SUMIFS(D:D,A:A," 华东 ",C:C,{" 产品 2"," 产品 3"," 产品 4"}) 是 3 个数字的数组：{240,260,280}。

3. 情况三

例如，要计算华东和华北地区产品 2 的销售合计，公式如下，计算结果是 320：

```
=SUM(
     SUMIFS(D:D,
            A:A,{"华东","华北"},
            C:C,"产品2"
            )
     )
```

4. 情况四

例如，要计算华东和华北地区、自营店、产品2和产品3的销售合计，公式如下，计算结果是210：

```
=SUM(
     SUMIFS(D:D,
            A:A,"华东",
            B:B,"自营",
            C:C,{"产品2","产品3"}
            )
     )
```

说明：经过测试，这种用法似乎只能是一列为多个或条件，其他列都必须是一个条件。

5.2.13 使用 SUMIFS 函数实现多个或条件值的求和：关键词匹配条件

📈 **案例 5-22**

使用 SUMIFS 函数做多个或条件值的求和时，条件值也可以是关键词的多个或条件。

如图 5-37 所示，要统计指定工地 BBB 的水泥、钢筋和黄沙的签收量，求和公式如下：

```
=SUM(
     SUMIFS(C2:C20,
            A2:A20,"BBB",
            B2:B20,{"*水泥*","*钢筋*","*黄沙*"}
            )
     )
```

或者：

```
=SUMPRODUCT(
             SUMIFS(C2:C20,
                    A2:A20,"BBB",
```

$$B2:B20,\{"*水泥*","*钢筋*","*黄沙*"\}$$
$$)$$
$$)$$

G5		$\times$ $\checkmark$ fx	=SUM(SUMIFS(C2:C20,A2:A20,"BBB",B2:B20,{"*水泥*","*钢筋*","*黄沙*"}))					
	A	B	C	D	E	F	G	H	I
1	工地	材料	签收量					
2	AAA	钢筋50mm	100			工地:	BBB	
3	AAA	砂石500	110			材料	水泥+钢筋+黄沙	
4	AAA	水泥	120					
5	AAA	防冻剂YDJ	130			签收量合计:	990	
6	AAA	P20水泥	140				990	
7	AAA	100mm钢筋	150					
8	BBB	防冻剂	160					
9	BBB	黄沙	170					
10	BBB	碎石	180					
11	BBB	P40水泥	190					
12	BBB	黄沙400	200					
13	BBB	60PE精选黄沙	210					
14	BBB	钢筋50mm	220					
15	CCC	砂石500	230					
16	CCC	防冻剂YDJ	240					
17	CCC	P20水泥	250					
18	CCC	碎石	260					
19	CCC	P40水泥	270					
20	CCC	黄沙400	280					

图 5-37　关键词匹配的多个或条件的求和

5.2.14 使用 SUMIFS 函数做多条件数据查找

案例 5-23

对于多个条件下的查找，当查找结果是数字的情况下，使用 SUMIFS 函数就更简单了，不需要再使用 MATCH 函数和 INDEX 函数构建数组公式。条件越多，使用 SUMIFS 函数的优越性越大。

图 5-38 就是两个条件的查询：指定产品在指定地区的销售，产品 + 地区就构成了唯一值条件：

=SUMIFS(C:C,A:A,G2,B:B,G3)

如果使用查找函数，又该怎么设计公式呢？很显然，需要联合使用 MATCH 函数和 INDEX 函数设计数组公式了：

=INDEX(C2:C9,MATCH(G2&G3,A2:A9&B2:B9,0))

图 5-38 使用 SUMIFS 函数做多条件查找

5.2.15 使用 SUMIF 函数和 SUMIFS 函数做关键词匹配条件的数据查找

案例 5-24

不论是 SUMIF 函数还是 SUMIFS 函数，都可以做关键词匹配条件的求和，因此，利用这种方法，也可以做关键词的模糊条件数据查找。

如图 5-39 所示，要查找指定地区、指定产品（产品名称存在于 B 列的产品及规格中）的销售数据，则可以使用下面的公式：

```
=SUMIFS(C:C,              // 查找结果所在列
        A:A,G2,           // 第 1 个条件，判断地区
        B:B,"*"&G3&"*"    // 第 2 个条件，判断产品（关键词匹配）
        )
```

图 5-39 利用 SUMIFS 函数做关键词匹配的多条件查找

思考一下，如果使用查找函数解决这样的问题，如何设计公式？

如果使用常规的函数设计查找公式比较麻烦，因为要设计多个关键词组合的条件，此时查找公式参考如下：

```
=INDEX(C2:C10,MATCH("*"&G2&"*"&G3&"*",A2:A10&B2:B10,0))
```

如果使用的是高版本（如 Excel 365），那么可以使用筛选函数 FILTER，则公式就简单多了，公式如下：

```
=FILTER(C2:C10,(A2:A10=G2)*(ISNUMBER(FIND(G3,B2:B10))))
```

5.2.16 使用 SUMIF 函数和 SUMIFS 函数的注意事项

与 COUNTIF 函数和 COUNTIFS 函数一样，SUMIF 函数和 SUMIFS 函数的条件值可以是构建的数组，但函数的条件判断区域与求和区域则必须是工作表上的单元格区域（参数的名称有 Range 字样），而不能是数组（Array），因此，不能在公式中使用数组作为条件判断区域及求和区域。

📌 本节知识回顾与测验

1. 如果某列是文本型的金额数字，能否直接使用 SUM 函数进行求和？

2. SUMIF 函数用于单条件求和，在使用中应注意哪些问题？

3. SUMIFS 函数用于多条件求和，在使用中应注意哪些问题？

4. SUMIFS 函数是否可以替代 SUMIF 函数？

5. SUMIF 函数和 SUMIFS 函数的条件值，能否做关键词匹配？如何实现关键词匹配？

6. 下面两个公式结果是否相同：公式 1 "=SUMIF(A2:A10,"A",B2:B10)"，公式 2 "=SUMIF(A2:A10,"=A",B2:B10)"，哪种写法更简单、合理？

7. SUMIF 函数和 SUMIFS 函数如何解决多个或条件下的求和问题？例如，要统计华北地区的产品 A、产品 D 和产品 R 的销售额，公式怎么设计？假设 B 列是地区，C 列是产品。

8. 如果统计包含不同关键词的几个项目的合计数，如何使用 SUMIFS 函数设计公式？

9. 下面的公式是否正确？

```
"=SUMIF(LEFT(A2:A100,4),"1005",B2:B100)"
```

5.3 数组求和函数 SUMPRODUCT 及其应用

在前面的一些案例中，频繁使用了 SUMPRODUCT 函数来计数或求和，那么，SUMPRODUCT 函数究竟是做什么的？它的计算逻辑是什么？如何使用？能用来解决什么数据统计汇总问题？

📊 案例 5-25

如图 5-40 所示，左侧 A 列至 D 列是某周的订货记录，如何汇总该周每天、每个商品类别的订单数和订货数量？这里不允许使用辅助列，也不允许使用数据透视表。

图 5-40　示例数据

这是两个条件的数据计数与求和问题，其中商品类别在 B 列，是直接条件；星期隐含在 A 列的日期中，是间接条件。

由于不能使用辅助列从 A 列中提取星期名称，但可以将提取的星期名称保存在数组中，并对数组进行判断处理，此时，如果使用 SUMPRODUCT 函数，这个问题就迎刃而解了。以生鲜类的订单数和订货数量为例，计算公式分别如下。

订单数：

```
=SUMPRODUCT((TEXT($A$2:$A$79,"aaaa")=$G4)*1,
            ($C$2:$C$79=H$2)*1)
```

订货数量：

```
=SUMPRODUCT((TEXT($A$2:$A$79,"aaaa")=$G4)*1,
            ($C$2:$C$79=H$2)*1,
            $D$2:$D$79)
```

SUMPRODUCT 函数功能非常强大，不仅是一种基本的数组计算，更能解决一些复杂的数据计数、数据求和及数据查找问题。

5.3.1　SUMPRODUCT 函数基本原理与基本应用

SUMPRODUCT 函数的基本应用，是对多个数组的各个对应的元素进行相乘，然后再将这些乘积相加，用法如下：

```
=SUMPRODUCT(数组1,数组2,数组3,…,数组n)
```

在使用该函数时，要注意以下重要的几点：

- 各个数组必须具有相同的维数。
- 非数值型的数组元素（文本、逻辑值）是作为 0 处理的。例如，逻辑值 TRUE 和 FALSE 都会被处理成数值 0。为了把 TRUE 还原为数字 1，把 FALSE 还原为数字 0，可以把它们都乘以 1：TRUE*1，FALSE*1。
- 数组的元素不能有错误值（不妨想一想，错误值怎么相乘相加？）
- 由于 SUMPRODUCT 函数的基本逻辑是数组运算，如果工作表有大量 SUMPRODUCT 函数构建的公式，会降低计算速度。因此，在引用单元格区域时，尽量选取一个固定大小区域，而不要选择整列。

下面结合几个简单的案例，来说明 SUMPRODUCT 函数的基本用法。

案例 5-26

图 5-41 是一个要计算 5 个项目的加权平均分数，这 5 个项目的权重比例为 3:2:2:2:1。

G2 =SUMPRODUCT({3,2,2,2,1}/10,B2:F2)

	A	B	C	D	E	F	G
1	项目	评分1	评分2	评分3	评分4	评分5	加权平均分数
2	项目1	10	8	6	7	9	8.1
3	项目2	7	5	6	8	10	6.9
4	项目3	8	7	8	10	7	8.1
5	项目4	10	10	5	7	7	8.1
6	项目5	8	9	5	7	6	7.2

图 5-41 计算加权平均分数

有些人可能会设计下面的公式来计算：

```
=(B2*3+C2*2+D2*2+E2*2+F2*1)/10
```

该公式比较复杂，一不留心就容易输入错误。但是，使用 SUMPRODUCT 函数就简单多了，如下所示：

```
=SUMPRODUCT(({3,2,2,2,1}/10),B2:F2)
```

在该公式中，构建了一个常量数组 {3,2,2,2,1}，将其除以 10，就是权重比例数组 {0.3,0.2,0.2,0.2,0.1}，将这个数组与工作表的评分数组 B2:F2 相乘相加，就是加权平均分数了。

案例 5-27

图 5-42 中的示例，要求分别计算销售总额、折扣额和销售净额。

G2 =SUMPRODUCT(B2:B7,C2:C7)

	A	B	C	D	E	F	G
1	商品	销量	单价	折扣			
2	A001	120	2534	5%		销售总额	1,921,575.00
3	A002	125	3075	2%		折扣额	66,170.82
4	A003	112	4242	0%		销售净额	1,855,404.18
5	A004	42	1666	10%			
6	A005	47	11028	7%			
7	A006	26	6528	0%			

图 5-42 分别计算销售总额、折扣额和销售净额

销售总额就是每个商品的销量和单价相乘得到每个商品的销售额，再把这些销售额相加后的合计数，这个计算过程正是 SUMPRODUCT 函数的计算逻辑，因此，销售总额的计算公式为：

```
=SUMPRODUCT(B2:B7,C2:C7)
```

折扣额是每个商品的销量、单价和折扣数相乘，得到每个商品的折扣额，再把

这些折扣额相加后的合计数，因此，销售金额也使用 SUMPRODUCT 函数来计算，公式如下：

```
=SUMPRODUCT(B2:B7,C2:C7,D2:D7)
```

销售净额是每个商品的销量、单价和（1- 折扣数）3 个数相乘，得到每个商品的销售净额，再把这些销售净额相加后的合计数，因此，销售净额也使用 SUMPRODUCT 函数来计算：

```
=SUMPRODUCT(B2:B7,C2:C7,1-D2:D7)
```

在实际数据处理和统计分析中，SUMPRODUCT 函数更多的应用是条件计数与条件求和方面，并且可以联合使用其他函数，直接依据原始数据进行计算，非常方便。

5.3.2　SUMPRODUCT 函数统计公式值不为空的单元格个数

如果利用公式，从原始数据中进行汇总计算，得到了一个汇总表，但当公式出现错误值时，会使用 IFERROR 函数进行错误值处理，也就是将错误值处理为空值，一般的公式如下：

```
=IFERROR( 计算表达式 , "")
```

此时，要想统计这个区域内有多少个单元格是有实际计算结果的，就不能直接使用 COUNTA 函数，而是要使用 SUMPRODUCT 函数了。

案例 5-28

图 5-43 的汇总表是使用 SUMIF 函数和 INDIRECT 函数制作滚动汇总公式得到的，单元格 C5 中的公式如下：

```
=IFERROR(SUMIF(INDIRECT(C$4&"!B:B"),$B5,INDIRECT(C$4&"!C:C")),"")
```

C2				fx	=SUMPRODUCT((C5:N5<>"")*1)&"月"										
	A	B	C	D	E	F	G	H	I	J	K	L	M	N	O
1															
2		当前月份:	7月												
3															
4		产品	1月	2月	3月	4月	5月	6月	7月	8月	9月	10月	11月	12月	合计
5		产品3	3556	4084	3651	3785	4542	3785	3839						27242
6		产品4	3905	4914	4457	3496	4022	4483	3343						28620
7		产品7	5028	5750	3835	5679	5023	4519	3212						33046
8		产品1	3491	2667	5178	3562	3686	3315	4182						26081
9		产品2	3947	3983	5071	3484	3329	4195	4129						28138
10		产品5	4994	3975	4601	4352	4725	3474	4633						30754
11		产品6	3472	5138	3621	5613	2703	5055	5121						30723
12		合计	28393	30511	30414	29971	28030	28826	28459						204604

图 5-43　计算当前月份

在该公式中，如果某个月工作表不存在，公式就出现错误值，因此使用 IFERROR 函数将错误值处理为空值。

此时，要统计当前月份，公式如下：

```
=SUMPRODUCT((C5:N5<>"")*1)&" 月 "
```

该公式的本质就是单条件计数，也就是统计单元格不为空值的单元格个数。

5.3.3 SUMPRODUCT 函数用于单条件计数

不论是直接的条件判断，还是内含（关键词）的条件判断，都可以使用 SUMPRODUCT 函数进行条件计数计算，包括单条件计数和多条件计数。

案例 5-29

下面再介绍一个利用 SUMPRODUCT 函数进行单条件计数的例子。

图 5-44 是系统导出的原始表单，A 列日期是错误的，现在要求直接使用这个原始表单统计每个月的订单数。

	A	B	C	D	E	F	G	H
1	日期	商品	销售额					
2	2024.08.02	商品04	129			月份	订单数	
3	2024.06.20	商品03	62			Jan		
4	2024.05.14	商品02	110			Feb		
5	2024.01.27	商品01	89			Mar		
6	2024.01.25	商品08	107			Apr		
7	2024.04.25	商品02	95			May		
8	2024.03.14	商品03	107			Jun		
9	2024.05.25	商品08	54			Jul		
10	2024.08.18	商品05	86			Aug		
11	2024.02.01	商品02	32			Sep		
12	2024.02.05	商品08	78			Oct		
13	2024.06.16	商品08	102			Nov		
14	2024.02.13	商品01	86			Dec		
15	2024.03.06	商品06	49					
16	2024.06.19	商品04	110					
17	2024.01.06	商品04	13					
18	2024.07.01	商品01	49					

图 5-44 示例数据

A 列日期并不是真正的日期，需要将其转换为真正日期后，才能提取英文月份名称，本案例需要直接以原始数据进行计算，因此可以在公式中进行转换，并进行汇总计算。

单元格 G3 中的公式如下：

```
=SUMPRODUCT((TEXT(SUBSTITUTE($A$2:$A$468,".","-"),"mmm")=F3)*1)
```

在该公式中：

- SUBSTITUTE($A$2:$A$468,".","-")，是将非法日期转换为文本格式日期。
- TEXT(SUBSTITUTE($A$2:$A$468,".","-"),"mmm")，是从日期中提取英文月份简称。
- (TEXT(SUBSTITUTE($A$2:$A$468,".","-"),"mmm")=F3)，判断是否为指定月份，结果是由逻辑值 TRUE 和 FALSE 组成的数组。
- (TEXT(SUBSTITUTE($A$2:$A$468,".","-"),"mmm")=F3)*1，将逻辑值 TRUE 和 FALSE 转换为数字 1 和 0，生成由数字 1 和 0 构成的数组。
- 使用 SUMPRODUCT 函数将这些数字 1 和 0 求和，就是每个月的订单数了。

5.3.4 SUMPRODUCT 函数用于多条件计数

设置多个判断条件，构建多个条件数组，就可以使用 SUMPRODUCT 函数进行多条件计数的统计计算。

案例 5-30

以前面的案例 5-6 的数据为例，要制作每个部门各年的入职人数，以便分析几年来每年的入职情况，需要制作的报告如图 5-45 所示。

C4   fx   =SUMPRODUCT((TEXT(员工信息!$H$2:$H$1000,"yyyy年")=$B4)*1,(员工信息!$D$2:$D$1000=C$3)*1)

历年入职人数一览表

年份	生产部	采购部	营销部	技术部	品管部	综合部	设备部	财务部	合计
2000年					1				1
2001年	4		1						5
2002年	2		1	1					4
2003年	2		1			1			4
2004年	1			2					3
2005年	1					1	2	1	5
2006年	9		1				1	1	12
2007年	2		2	1		2		1	8
2008年	10	2	2						14
2009年	8	1				2			13
2010年	8	2			1	6			17
2011年	7		1	1					11
2012年	13		1			3	1	1	20
2013年	10	1	2	2	2	4		1	22
2014年	3	3				9			16
2015年	11			1					14
2016年	8	1		1	2	1			13
2017年	21		1		2	2	2		28
2018年	8			1		3			12
2019年	19	2	3	2	4	2	2	4	38
2020年	25	3		2		1	3		34
2021年	26	2		2		3	2	2	38
2022年	24	1		1		3			29
2023年	4					2			6

员工信息   历年入职人数   +

图 5-45 历年入职人数统计报表

当然，这个报表使用数据透视表是很方便的。不过，也可以直接使用 SUMPRODUCT 函数及 TEXT 函数制作这个报表，提供一种使用函数解决问题的逻辑思路和方法。

单元格 C4 中的公式如下：

```
=SUMPRODUCT((TEXT(员工信息!$H$2:$H$1000,"yyyy年")=$B4)*1,
          (员工信息!$D$2:$D$1000=C$3)*1)
```

该公式的基本计算逻辑如下。

- 使用 TEXT 函数将入职日期转换为年份名称，再与报表的年份进行比较，构建第 1 个判断条件，由于条件表达式的结果是逻辑值 TRUE 和 FALSE，因此乘以 1 将逻辑值转换为数字 1 和 0，得到年份判断的由 1 和 0 组成的数组。
- 第 2 个判断条件是部门，这个很简单，直接比较即可，同样，条件表达式的结果是逻辑值 TRUE 和 FALSE，因此乘以 1 将逻辑值转换为数字 1 和 0，得到部门判断的由 1 和 0 组成的数组。

● 最后，使用 SUMPRODUCT 函数将这两个数组的各个元素（1 和 0）相乘相加，就是某年某个部门的入职人数。

在这个报告中，各个部门的合计数，既可以使用 SUM 函数加总每个部门的人数，也可以直接使用 SUMPRODUCT 函数从原始数据计算，此时是单条件计数（），公式如下：

=SUMPRODUCT((TEXT(员工信息 !$H$2:$H$368,"yyyy 年 ")=$B4)*1)

5.3.5　SUMPRODUCT 函数用于多条件计数：关键词匹配

如果指定的条件是关键词，在 SUMPRODUCT 函数中是不能使用通配符的，此时需要使用 FIND 函数来查找，再使用 ISNUMBER 函数来判断 FIND 函数结果是不是数字。

📈 案例 5-31

图 5-46 是材料签收示例数据，C 列材料名称和规格一起的，现在要统计每种材料每个月的签收次数。

H4			fx	=SUMPRODUCT((TEXT($A$2:$A$163,"m月")=$G4)*1,ISNUMBER(FIND(H$3,$C$2:$C$163))*1)								
	A	B	C	D	E	F	G	H	I	J	K	L
1	日期	供应商	材料名称	签收量			每月签收次数统计表					
2	2023-3-16	AAA	电化铝900*300*4900	92			月份	电化铝	卷筒	原纸	油圈	托盘
3	2023-4-7	BBB	50mm卷筒	66			1月	5	3	5	1	2
4	2023-1-25	AAA	300*1200mm托盘	173			2月	4	2	-	2	1
5	2023-5-19	CCC	原纸12000*300*300mm	94			3月	1	-	4	2	3
6	2023-12-20	CCC	电化铝900*300*4900	80			4月	2	1	3	4	1
7	2023-12-27	DDD	300Kg油圈	103			5月	4	1	3	2	1
8	2023-1-4	AAA	电化铝900*300*4900	91			6月	4	3	2	5	2
9	2023-1-18	CCC	原纸12000*300*300mm	53			7月	5	1	3	3	1
10	2023-6-15	DDD	300Kg油圈	78			8月	5	1	7	3	4
11	2023-11-5	BBB	电化铝900*300*4900	55			9月	4	3	1	4	1
12	2023-10-26	AAA	50mm卷筒	35			10月	7	1	4	3	1
13	2023-3-23	AAA	300*1200mm托盘	19			11月	6	-	1	5	-
14	2023-8-26	BBB	原纸12000*300*300mm	59			12月	5	-	3	6	-
15	2023-11-13	AAA	电化铝900*300*4900	40			合计	54	18	36	36	18
16	2023-2-26	CCC	300Kg油圈	129								
17	2023-2-12	CCC	电化铝900*300*4900	129								
18	2023-12-2	DDD	原纸12000*300*300mm	94								
19	2023-11-4	AAA	300Kg油圈	54								
20	2023-7-6	CCC	电化铝900*300*4900	45								

图 5-46　关键词匹配的多条件计数

在原始数据中，月份是在 A 列的日期中，使用 TEXT 函数即可取出月份名称；材料名称是在 C 列的材料名称及规格中，需要使用 FIND 函数和 ISNUMBER 函数联合判断是否存在某个材料名称。因此，可以设计如下的汇总公式：

```
=SUMPRODUCT(
          (TEXT($A$2:$A$163,"m 月 ")=$G4)*1,
          ISNUMBER(FIND(H$3,$C$2:$C$163))*1
          )
```

公式中：

● TEXT($A$2:$A$163,"m 月 ") 是提取月份名称。

● ISNUMBER(FIND(H$3,$C$2:$C$163)) 是判断是否有指定的关键词。

5.3.6 SUMPRODUCT 函数用于单条件求和

指定一个条件下的求和，就是单条件求和，在使用 SUMPRODUCT 函数进行单条件求和时，条件判断仍然需要使用条件的表达式，先提炼关键信息再进行判断。

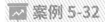 案例 5-32

图 5-47 是要统计每个月的签收量，这里的月份是英文月份名称。

H4			× ✓ fx	=SUMPRODUCT((TEXT($A$2:$A$163,"mmm")=G4)*1,$D$2:$D$163)				
	A	B	C	D	E	F	G	H
1	日期	供应商	材料名称	签收量				
2	2023-3-16	AAA	电化铝900*300*4900	92			每月的签收量	
3	2023-4-7	BBB	50mm卷筒	66			月份	签收量
4	2023-1-25	AAA	300*1200mm托盘	173			Jan	1618
5	2023-5-19	CCC	原纸12000*300*300mm	94			Feb	1061
6	2023-12-20	CCC	电化铝900*300*4900	80			Mar	876
7	2023-12-27	DDD	300Kg油圈	103			Apr	922
8	2023-1-4	AAA	电化铝900*300*4900	91			May	1098
9	2023-1-18	CCC	原纸12000*300*300mm	53			Jun	1440
10	2023-6-15	DDD	300Kg油圈	78			Jul	934
11	2023-11-5	BBB	电化铝900*300*4900	55			Aug	1936
12	2023-10-26	AAA	50mm卷筒	35			Sep	907
13	2023-3-23	AAA	300*1200mm托盘	19			Oct	1596
14	2023-8-26	BBB	原纸12000*300*300mm	59			Nov	1164
15	2023-11-13	AAA	电化铝900*300*4900	40			Dec	1357
16	2023-2-26	CCC	300Kg油圈	129			合计	14909
17	2023-2-12	CCC	电化铝900*300*4900	129				
18	2023-12-2	DDD	原纸12000*300*300mm	94				

图 5-47 统计每个月的签收量

这是一个单条件求和问题，但是这个月份判断条件是隐含的，因此可以设计下面的汇总公式：

```
=SUMPRODUCT(
        (TEXT($A$2:$A$163,"mmm")=G4)*1,// 判断月份
        $D$2:$D$163)                    // 实际求和区域
```

公式中：TEXT($A$2:$A$163,"mmm")=G4 就是提取月份并进行判断，是一个判断条件。

5.3.7 SUMPRODUCT 函数用于多条件求和

指定多个条件下的求和，就是单条件求和，在使用 SUMPRODUCT 函数进行多条件求和时，条件判断仍然需要使用条件的表达式，先提炼关键信息再进行判断。

 案例 5-33

图 5-48 是计算每个供应商每个月的签收量，这里月份是日期数据中提炼出来的

隐含条件，供应商是一个直接条件，因此可以设计下面的求和公式：

```
=SUMPRODUCT(
              (TEXT($A$2:$A$163,"mmm")=$G4)*1,    // 判断月份
              ($B$2:$B$163=H$3)*1,                 // 判断供应商
              $D$2:$D$163                          // 实际求和区域
              )
```

	A	B	C	D	E	F	G	H	I	J	K
1	日期	供应商	材料名称	签收量			每个供应商各月的签收量				
2	2023-3-16	AAA	电化铝900*300*4900	92			月份	AAA	BBB	CCC	DDD
3	2023-4-7	BBB	50mm卷筒	66			Jan	727	210	501	180
4	2023-1-25	AAA	300*1200mm托盘	173			Feb	269	201	448	143
5	2023-5-19	CCC	原纸12000*300*300mm	94			Mar	325	23	0	528
6	2023-12-20	CCC	电化铝900*300*4900	80			Apr	31	384	255	252
7	2023-12-27	DDD	300Kg油圈	103			May	128	104	497	369
8	2023-1-4	AAA	电化铝900*300*4900	91			Jun	414	296	476	254
9	2023-1-18	CCC	原纸12000*300*300mm	53			Jul	536	253	145	0
10	2023-6-15	DDD	300Kg油圈	78			Aug	318	455	877	286
11	2023-11-5	BBB	电化铝900*300*4900	55			Sep	519	0	266	122
12	2023-10-26	AAA	50mm卷筒	35			Oct	788	123	583	102
13	2023-3-23	AAA	300*1200mm托盘	19			Nov	362	336	457	9
14	2023-8-26	BBB	原纸12000*300*300mm	59			Dec	490	295	231	341
15	2023-11-13	AAA	电化铝900*300*4900	40			合计	4907	2680	4736	2586
16	2023-2-26	CCC	300Kg油圈	129							
17	2023-2-12	CCC	电化铝900*300*4900	129							
18	2023-12-2	DDD	原纸12000*300*300mm	94							
19	2023-11-4	AAA	300Kg油圈	54							

图 5-48　每个供应商每个月的签收量

5.3.8　SUMPRODUCT 函数用于条件求和：关键词匹配

当指定的条件是关键词时，需要联合使用 FIND 函数和 ISNUMBER 函数来判断是否为指定的关键词，以此构建条件数组，才能使用 SUMPRODUCT 函数进行求和。

案例 5-34

图 5-49 是一个材料签收示例数据，C 列材料名称和规格在一起，现在要统计每种材料每个月的签收量。

在原始数据中，月份是在 A 列的日期中，使用 TEXT 函数即可取出月份名称；材料名称是在 C 列的材料名称及规格中，需要使用 FIND 函数和 ISNUMBER 函数联合判断是否存在某个材料名称。因此，可以设计如下的汇总公式：

```
=SUMPRODUCT(
              (TEXT($A$2:$A$163,"m月")=$G4)*1,
              ISNUMBER(FIND(H$3,$C$2:$C$163))*1,
              $D$2:$D$163
              )
```

H4 | : × ✓ fx =SUMPRODUCT((TEXT($A$2:$A$163,"m月")=$G4)*1,ISNUMBER(FIND(H$3,$C$2:$C$163))*1,$D$2:$D$163)

	A	B	C	D	E	F	G	H	I	J	K	L
1	日期	供应商	材料名称	签收量			**每种材料各月的签收量**					
2	2023-3-16	AAA	电化铝900*300*4900	92			月份	电化铝	卷筒	原纸	油墨	托盘
3	2023-4-7	BBB	50mm卷筒	66			1月	551	334	460	39	234
4	2023-1-25	AAA	300*1200mm托盘	173			2月	355	418	0	231	57
5	2023-5-19	CCC	原纸12000*300*300mm	94			3月	92	0	348	208	228
6	2023-12-20	CCC	电化铝900*300*4900	80			4月	214	66	371	255	16
7	2023-12-27	DDD	300Kg油墨	103			5月	368	173	262	216	79
8	2023-1-4	AAA	电化铝900*300*4900	91			6月	371	234	153	473	209
9	2023-1-18	CCC	原纸12000*300*300mm	53			7月	273	13	352	241	55
10	2023-6-15	DDD	300Kg油墨	78			8月	673	157	500	255	351
11	2023-11-5	BBB	电化铝900*300*4900	55			9月	302	249	179	0	177
12	2023-10-26	AAA	50mm卷筒	35			10月	668	35	532	238	123
13	2023-3-23	AAA	300*1200mm托盘	19			11月	407	0	164	593	0
14	2023-8-26	BBB	原纸12000*300*300mm	59			12月	600	0	243	514	0
15	2023-11-13	AAA	电化铝900*300*4900	40			合计	4874	1679	3564	3263	1529
16	2023-2-26	CCC	300Kg油墨	129								
17	2023-2-12	CCC	300Kg油墨	129								
18	2023-12-2	DDD	原纸12000*300*300mm	94								
19	2023-11-4	AAA	300Kg油墨	54								

图 5-49　关键词匹配的多条件求和

在该公式中，月份条件是使用 TEXT 函数从日期中提取月份并进行判断；产品名称条件是使用 FIND 函数查找产品名称，并使用 ISNUMBER 函数判断 FIND 函数结果是否为数字（如果有某个产品，FIND 函数结果就是一个具体的位置数字）。

5.3.9　SUMPRODUCT 函数用于复杂条件的数据查找

不论是单条件查找，还是多条件查找，当要查找的数据是数字时，使用 SUMPRODUCT 函数是非常方便的，尤其可以实现复杂条件下的数据查找。

案例 5-35

图 5-50 中的示例，要求查找指定地区、指定产品、指定季度的数据，这是 3 个条件的查找问题，由于查找结果是数字，可以使用 SUMPRODUCT 函数来做多个条件（直接条件 + 隐含条件）的数据查找问题，下面是这个查找公式及其逻辑思路。

```
=SUMPRODUCT((A2:A10=K2)*ISNUMBER(FIND(K3,B2:B10))*(C1:G1=K4)*C2:G10)
```

在该公式中：

- (A2:A10=K2) 判断是否为指定地区，结果是逻辑值 TRUE 和 FALSE 组成的数组。
- ISNUMBER(FIND(K3,B2:B10)) 查找判断是否存在指定的产品名称，结果是逻辑值 TRUE 和 FALSE 组成的数组。
- (C1:G1=K4) 判断是否为指定季度，结果是逻辑值 TRUE 和 FALSE 组成的数组。
- C2:G10 是要提取结果的实际数据数组。

这个公式就是数组的乘法，得到的是一个新数组，在这个数组中，不满足条件的数据均变为了 0，而满足条件的数据就留了下来：

{0,0,0,0,0;0,0,0,0,0;0,0,0,0,0;0,0,0,0,0;0,0,1054,0,0;0,0,0,0,0;0,0,0,0,0;0,0,0,0,0;0,0,0,0,0}

这样，使用 SUMPRODUCT 函数将这个数组中各个元素（0 和实际数字）相加，就是要查找的数据了。

| K6 | | | f_x | =SUMPRODUCT((A2:A10=K2)*ISNUMBER(FIND(K3,B2:B10))*(C1:G1=K4)*C2:G10) | | | | | | |

	A	B	C	D	E	F	G	H	I	J	K
1	地区	产品及规格	1季度	2季度	3季度	4季度	全年				
2	东北	电化铝900*300*4900	868	158	1182	132	860			指定地区	华东
3	华北	50mm卷筒	1081	251	986	1399	1455			指定产品	电化铝
4	华北	300*1200mm托盘	763	813	1408	1323	474			指定季度	3季度
5	华东	原纸12000*300*300mm	812	684	1079	180	972				
6	华东	电化铝900*300*4900	1002	277	1054	328	101			数据=?	1054
7	华东	300Kg油墨	1392	1340	424	930	641				
8	华南	电化铝900*300*4900	181	924	213	1457	1144				
9	华南	原纸12000*300*300mm	1249	584	809	1443	152				
10	华中	300Kg油墨	139	179	1366	684	1032				

图 5-50　查找结果

5.3.10 **SUMPRODUCT 函数综合应用案例**

前面介绍的各个案例，其实都是 SUMPRODUCT 函数联合其他函数的综合应用案例，为了巩固所学的知识和技能，本小节再介绍几个综合应用案例。

案例 5-36

图 5-51 是一个从系统导出的管理费用明细表，现在要求制作图 5-52 所示的汇总表。

	A	B	C	D
1	会计期间	科目编码	科目名称	本期贷方
2	202301	660201	660201\管理费用\折旧费	1703
3	202301	660202	660202\管理费用\无形资产摊销费	619
4	202301	6602070101	6602070101\管理费用\职工薪酬\工资\固定职工	1681
5	202301	6602070301	6602070301\管理费用\职工薪酬\社会保险费\基本养老保险	858
6	202301	6602070303	6602070303\管理费用\职工薪酬\社会保险费\基本医疗保险	1958
7	202301	6602070306	6602070306\管理费用\职工薪酬\社会保险费\工伤保险	656
8	202301	6602070307	6602070307\管理费用\职工薪酬\社会保险费\失业保险	2003
73	202303	660217	660217\管理费用\租赁费	323
74	202303	66022401	66022401\管理费用\税金\土地使用税	800
75	202303	66022402	66022402\管理费用\税金\车船税	353
76	202303	66022403	66022403\管理费用\税金\印花税	2046
77	202303	66022404	66022404\管理费用\税金\房产税	319
78	202303	66022405	66022405\管理费用\税金\其他	666
79	202303	总计		24763
80	202304	660201	660201\管理费用\折旧费	1721
81	202304	660202	660202\管理费用\无形资产摊销费	1489
82	202304	6602070101	6602070101\管理费用\职工薪酬\工资\固定职工	693
83	202304	6602070301	6602070301\管理费用\职工薪酬\社会保险费\基本养老保险	956
84	202304	6602070303	6602070303\管理费用\职工薪酬\社会保险费\基本医疗保险	1049

明细表　汇总表

图 5-51　导出的原始数据

这样的问题，使用数据透视表是比较麻烦的，因为首先需要对数据进行整理加工，包括：
- 将 A 列转换为真正的日期。
- 添加辅助列，从 C 列提取费用项目名称。
- 将 D 列转换为数值型数字。
- 从 B 列中筛选并删除所有"总计"行。

而使用函数直接进行计算就不存在这些烦琐的整理加工工作，能够建立一键刷新的统计分析报告。

费用项目	1月	2月	3月	4月	5月	6月	7月	8月	9月	10月	11月	12月	合计
折旧费													
无形资产摊销费													
职工薪酬													
差旅费													
业务招待费													
办公费													
车辆使用费													
修理费													
租赁费													
税金													
总计													

图 5-52　需要的汇总表

这是一个很有意思的例子，要使用很多的技巧。这个问题的解决逻辑如下。

- 费用项目存在原始表的 C 列，可以联合使用 FIND 函数和 ISNUMBER 函数进行匹配判断。
- 月份名称存在原始表的 A 列，是右侧的两位数字，可以使用 RIGHT 函数取出，使用 TEXT 函数将其转换为月份名称，然后进行判断。
- 实际求和数据是原始表的 D 列，不过是文本型数字，是不能直接使用函数进行求和的，因此需要在公式中将该列数据都乘以 1 或者除以 1，转换为数字。

基于以上的逻辑思路，可以设计如下的汇总公式：

```
=SUMPRODUCT(ISNUMBER(FIND($A2,明细表!$C$2:$C$1000))*1,
          (TEXT(RIGHT(明细表!$A$2:$A$1000,2),"0月")=B$1)*1,
          明细表!$D$2:$D$1000*1)
```

最终汇总表计算结果如图 5-53 所示，这里已经使用自定义格式隐藏了所有的数字 0。

| B2 | | × ✓ fx | =SUMPRODUCT(ISNUMBER(FIND($A2,明细表!$C$2:$C$1000))*1,
(TEXT(RIGHT(明细表!$A$2:$A$1000,2),"0月")=B$1)*1,
明细表!$D$2:$D$1000*1) | | | | | | | | | | | |

	费用项目	1月	2月	3月	4月	5月	6月	7月	8月	9月	10月	11月	12月	合计
2	折旧费	1703	1258	1266	1721									5948
3	无形资产摊销费	619	984	1185	1489									4277
4	职工薪酬	11412	7317	7769	9027									35525
5	差旅费	606	1404	360	848									3218
6	业务招待费	299	575	977	753									2604
7	办公费	6027	3413	6026	4681									20147
8	车辆使用费	391	388	863	734									2376
9	修理费	1233	794	1810	209									4046
10	租赁费	344	1730	323	1471									3868
11	税金	3697	3499	4184	5129									16509
12	总计	26331	21362	24763	26062									98518

图 5-53　汇总表计算结果

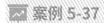 案例 5-37

图 5-54 中的产品按列保存，每个产品下有两列数据：单价和销量，现在的任务是：计算所有产品的销售额，保存在 B 列。

	客户	销售总额	产品1		产品2		产品3		产品4		产品5		产品6		产品7		产品8		产品9		产品10		产品11		产品12	
			单价	销售量	单价	销售量	单价	销售量	单价	销售量	单价	销售量	单价	销售量	单价	销售量	单价	销售量	单价	销售量	单价	销售量	单价	销售量	单价	销售量
3	客户1		19	45	22	16	21	44	48	37	23	20	42	39	50	22	14	11	13	50	30	48	16	30	7	47
4	客户2				27	20	7	46	31	8	35	44			46	46	46	18	39	20	18	37	24	28	43	42
5	客户3		46	43							34	12	45	29	31	22	12	16	10	21					37	49
6	客户4		10	25	9	40	14	49	16	13	25	37	26	30			32	17	23	28	43	11	33	44	23	8
7	客户5				17	23	6	20	31	28			27	14			27	31	38	23			27	47	44	31
8	客户6		29	35	16	45	36	43			46	27	50	19	11	43	19	15	7	44	40	8	27	45	50	32
9	客户7		39	35					16	30	25	12	48	24	19	8	37	8	7	45			21	26	45	24
10	客户8		35	9	22	8	13	30	20	16			48	13	36	41	32	7	8	15	46	46			19	12
11	客户9		30	27	21	34	33	21	12	10	6	6	42	14			33	35	38	21	32	41	41	30	11	33
12	客户10		20	6	32	9	8	30	31	47	15	43	28	12			45	8	42	34	36	35	40	38	7	24
13	客户11						21	25	45	25	21	15	37	7	35	20	44	33	41	30			11	29		
14	客户12		40	24	14	13	13	28			25	17			11	34	33	12	28	14	39	50	14	19	12	26

图 5-54　计算所有产品的销售额

很多人会马上使用最原始的方法进行求和：

$$=C3*D3+E3*F3+G3*H3+I3*J3+K3*L3+M3*N3+O3*P3+Q3*R3+S3*T3+U3*V3+W3*X3+Y3*Z3$$

这个公式很长，输入过程很烦琐，一不留神就点错单元格，计算错误。

其实，研究一下这个公式的计算过程，实际上就是两组数据相乘相加：一组数据是各个产品的单价，一组数据是各个产品的销售量，只要将某行的各个产品的单价和销售量分别提取出来，构建单价和销售量数组，就可以使用 SUMPRODUCT 函数快速求和。

下面是计算公式：

$$=SUMPRODUCT((\$C\$2:\$Z\$2="\ 单价\ ")*C3:Z3,$$
$$(\$D\$2:\$AA\$2="\ 销售量\ ")*D3:AA3$$
$$)$$

公式中，表达式 ($C$2:$Z$2=" 单价 ")*C3:Z3 就是生成各个产品单价数组，在这个数组中，单价被留了下来，销售量被替换成了 0：

{19,0,22,0,21,0,48,0,23,0,42,0,50,0,14,0,13,0,30,0,16,0,7,0}

表达式 ($D$2:$AA$2=" 销售量 ")*D3:AA3 就是生成各个产品销售量数组，在这个数组中，销售量被留了下来，单价被替换成了 0：

{45,0,16,0,44,0,37,0,20,0,39,0,22,0,11,0,50,0,48,0,30,0,47,0}

SUMPRODUCT 函数就是将这两组数相乘相加，得出所有产品销售额合计。

注意：由于是要从某行各列数据中分别提取单价和销售量，两个数据正好是错开一列的，因此销售量区域的选择也要往右错一列。

本节知识回顾与测验

1. SUMPRODUCT 函数的基本原理是什么？

2. SUMPRODUCT 函数是否可以用来解决条件计数与条件求和问题？

3. 如果要使用 SUMPRODUCT 函数来解决条件计数与条件求和问题，核心关键点是什么？

4. 对于含有指定关键词的条件计数与条件求和，还需要使用什么函数与 SUMPRODUCT 函数联合应用？

5. SUMPRODUCT 函数能否解决多条件数据查找问题？

6. SUMPRODUCT 函数的最大缺点是什么？

5.4 数据最大值、最小值和平均值计算

在某些数据统计分析中，需要计算最大值、最小值和平均值。常用的最大值函数有 MAX 函数、MAXIFS 函数；常用的最小值函数有 MIN 函数、MINIFS 函数；常用的平均值函数有 AVERAGE 函数、AVERAGEIF 函数和 AVERAGEIFS 函数。

5.4.1 计算数据最大值（无条件）

如果不限定任何条件，对所有数据计算最大值，就使用 MAX 函数，其用法很简单：

=MAX（数字 1 或单元格区域 1，数字 2 或单元格区域 2，数字 3 单元格区域 3，…）

例如，下面公式的结果是 100：

=MAX(10,30,100,98)

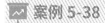 案例 5-38

图 5-55 是一个材料采购数据，那么，最新采购日期是哪天？这里已经将采购日期进行了乱序处理。

	A	B	C	D	E	F	G
	G3	fx	=MAX(A:A)				
1	采购日期	材料	采购量				
2	2023-3-14	材料02	28				
3	2023-1-4	材料01	59			最新采购日期：	2023-7-28
4	2023-4-23	材料12	114				
5	2023-5-25	材料07	147				
6	2023-7-7	材料12	143				
7	2023-1-20	材料09	45				
8	2023-7-5	材料01	114				
333	2023-7-11	材料06	22				
334	2023-7-28	材料08	152				
335	2023-4-25	材料06	111				
336	2023-6-1	材料07	82				
337	2023-2-13	材料06	10				
338	2023-3-10	材料06	180				
339	2023-6-7	材料02	27				

图 5-55　获取最新采购日期

日期是数值，有大小之分，最大日期就是最新采购日期，因此，最新采购日期的计算公式为：

=MAX(A:A)

案例 5-39

在有些情况下，可以使用 MAX 函数来代替 IF 函数做判断，这是一个很奇妙的用法，可以简化计算公式。

在图 5-56 中，要从 D 列提取出借方发生额（正数），保存到 E 列，则可以使用下面最简单的公式，也就是说，在 D2 数据和 0 之间，谁大就取谁：

```
=MAX(D2,0)
```

如果使用 IF 函数来处理，可以使用下面的公式：

```
=IF(D2>0,D2,"")
```

	A	B	C	D	E	F
1	日期	起息日	摘要	发生额	借方发生额	贷方发生额
2	2023-6-5	2023-6-5	J0011229140060U	39,149.68	39,149.68	
3	2023-6-5	2023-6-5	A011918730RISC6K	50,000.00	50,000.00	
4	2023-6-6	2023-6-6	A011909299RISC6K	-245,669.20	-	
5	2023-6-6	2023-6-6	A011909324RISC6K	-157,285.84	-	
6	2023-6-6	2023-6-6	A011909307RISC6K	120,851.42	120,851.42	
7	2023-6-6	2023-6-6	A011909302RISC6K	-101,541.05	-	
8	2023-6-6	2023-6-6	A011909361RISC6K	-36,043.85	-	
9	2023-6-6	2023-6-6	A011909287RISC6K	14,084.60	14,084.60	
10	2023-6-6	2023-6-6	A011909285RISC6K	13,751.90	13,751.90	
11	2023-6-6	2023-6-6	A011909295RISC6K	-11,372.43	-	

图 5-56　提取正数

5.4.2　计算数据最大值（指定条件）

当要计算满足指定条件的最大值时，要使用 MAXIFS 函数，其用法与 SUMIFS 函数一样，唯一区别是函数名称不一样，计算结果不一样，如下所示：

```
=MAXIFS(求最大值区域,
        条件判断区域 1, 条件值 1,
        条件判断区域 2, 条件值 2,
        条件判断区域 3, 条件值 3,
        …
        条件判断区域 n, 条件值 n)
```

注意：MAXIFS 函数的条件判断区域参数与求最大值区域参数，都必须是工作表中的单元格区域，而不能是数组，这点与 COUNTIFS 函数、SUMIFS 函数是一样的。

案例 5-40

以前面的数据为例，要获取每个材料的最近一次采购日期及采购量，如图 5-57 所示，那么计算公式如下。

最近一次采购日期，使用 MAXIFS 函数：

`=MAXIFS(A:A,B:B,F2)`

最近一次采购量，使用 SUMIFS 函数：

`=SUMIFS(C:C,B:B,F2,A:A,G2)`

图 5-57　获取每个材料的最近一次的采购日期

与 COUNTIFS 函数和 SUMIFS 函数一样，MAXIFS 函数的条件值参数可以是精确条件值，可以是关键词条件值，可以是比较值条件值。

案例 5-41

图 5-58 是一个工资表，现在要统计每个部门工龄在 20 年（含）以上的最高工资是多少，则计算公式如下：

`=MAXIFS(D:D,B:B,G2,C:C,">=20")`

图 5-58　统计每个部门工龄在 20 年（含）以上的最高工资

5.4.3　计算数据最小值（无条件）

如果不限定任何条件，对所有数据计算最小值，就使用 MIN 函数，其用法很简单：

`=MIN(数字1或单元格区域1,数字2或单元格区域2,数字3单元格区域3,…)`

例如，下面公式的结果是 30：

```
=MIN(10,30,100,98)
```

案例 5-42

如果要从发生额中提取贷方发生额（负数），并按正数保存到 F 列，则可以使用简单的公式如下，结果如图 5-59 所示。

```
=-MIN(D2,0)
```

如果使用 IF 函数来处理，则可以使用下面的公式：

```
=IF(D2<0,-D2,"")
```

	A	B	C	D	E	F
	日期	起息日	摘要	发生额	借方发生额	贷方发生额
2	2023-6-5	2023-6-5	J0011229140060U	39,149.68	39,149.68	-
3	2023-6-5	2023-6-5	A011918730RISC6K	50,000.00	50,000.00	
4	2023-6-6	2023-6-6	A011909299RISC6K	-245,669.20		245,669.20
5	2023-6-6	2023-6-6	A011909324RISC6K	-157,285.84		157,285.84
6	2023-6-6	2023-6-6	A011909307RISC6K	120,851.42	120,851.42	
7	2023-6-6	2023-6-6	A011909302RISC6K	-101,541.05		101,541.05
8	2023-6-6	2023-6-6	A011909361RISC6K	-36,043.85		36,043.85
9	2023-6-6	2023-6-6	A011909287RISC6K	14,084.60	14,084.60	-
10	2023-6-6	2023-6-6	A011909285RISC6K	13,751.90	13,751.90	-
11	2023-6-6	2023-6-6	A011909295RISC6K	-11,372.43		11,372.43

图 5-59 提取借贷方发生额

5.4.4 计算数据最小值（指定条件）

当要计算满足指定条件的最小值时，需要使用 MINIFS 函数，其用法与 MAXFS 函数一样，如下所示：

```
=MINIFS(求最小值区域,
        条件判断区域1,条件值1,
        条件判断区域2,条件值2,
        条件判断区域3,条件值3,
        ...
        条件判断区域n,条件值n)
```

与 MAXIFS 函数一样，MINIFS 函数的条件判断区域参数与求最大值区域参数，都必须是工作表上的单元格区域，而不能是数组。此外，MINIFS 函数的条件值参数可以是精确条件值，可以是关键词条件值，可以是比较值条件值。

案例 5-43

如果还要计算每个部门工龄在 20 年（含）以上的最低工资，则公式如下，如图 5-60

所示。

```
=MINIFS(D:D,B:B,G2,C:C,">=20")
```

图 5-60　统计每个部门工龄在 20 年（含）以上的最低工资

案例 5-44

图 5-61 中的示例，是要制作每个材料的签收次数、最低签收量、最高签收量，则相应公式如下，这 3 个公式都使用了通配符做关键词匹配。

签收次数：

```
=COUNTIF(C:C,"*"&G4&"*")
```

最低签收量：

```
=MINIFS(D:D,C:C,"*"&G4&"*")
```

最高签收量：

```
=MAXIFS(D:D,C:C,"*"&G4&"*")
```

图 5-61　计算各个材料的签收次数、最低签收量、最高签收量

5.4.5　计算数据平均值（无条件）

在统计分析中，经常要计算平均值。例如，计算每个部门的人均工资，计算所

有门店的平均销售额，等等。

在计算平均值时，如果不限定任何条件，对所有数据计算最小值，可以使用 AVERAGE 函数，其用法很简单：

=AVERGAE（数字 1 或单元格区域 1，数字 2 或单元格区域 2，数字 3 单元格区域 3，…）

例如，下列公式的结果是 59.5：

=AVERAGE(10,30,100,98)

📈 **案例 5-45**

图 5-62 中的示例，以一个平均值作为参考线，考察每个门店的销售额在平均值以上，还是在平均值以下，平均值计算公式如下：

=AVERAGE($C$3:$C$10)

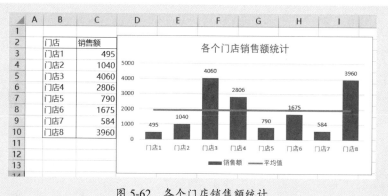

图 5-62　各个门店销售额统计

5.4.6　计算数据平均值（指定条件）

当要计算满足指定条件的平均值时，可以使用 AVERAGEIFS 函数，其用法与 SUMIFS 函数、MAXFS 函数、MINIFS 函数一样，如下所示：

=AVERAGEIFS（求平均值区域，
　　　　　条件判断区域 1，条件值 1，
　　　　　条件判断区域 2，条件值 2，
　　　　　条件判断区域 3，条件值 3，
　　　　　…
　　　　　条件判断区域 n，条件值 n）

如果是一个条件，可以使用最简单的 AVERAGEIF 函数，其用法与 SUMIF 函数一样：

=AVERAGEIF（条件判断区域，条件值，求平均值区域）

同样，AVERAGEIF 函数和 AVERAGEIFS 函数的条件值参数可以是精确条件值，可以是关键词条件值，也可以是比较值条件值。

案例 5-46

图 5-63 中的示例，要求计算每个部门的人数、平均年龄和平均工资，计算公式如下：

每个部门的人数，使用 COUNTIF 函数：

```
=COUNTIF(B:B,H2)
```

每个部门的平均年龄，使用 AVERAGEIF 函数：

```
=AVERAGEIF(B:B,H2,C:C)
```

每个部门的平均工资，使用 AVERAGEIF 函数：

```
=AVERAGEIF(B:B,H2,E:E)
```

所有部门的平均年龄，使用 AVERAGE 函数：

```
=AVERAGE(C:C)
```

所有部门的平均工资，使用 AVERAGE 函数：

```
=AVERAGE(E:E)
```

图 5-63　计算每个部门的人数、平均年龄和平均工资

案例 5-47

图 5-64 是分别计算各个部门工龄 10 年（含）以下和以上的人数和平均工资，计算公式分别如下，其中，工龄条件使用了比较值的模糊条件。

(1) 工龄 10 年（含）以下。

每个部门的人数：

```
=COUNTIFS(B:B,I3,E:E,"<=10")
```

每个部门的平均年龄：

=IFERROR(AVERAGEIFS(F:F,B:B,I3,E:E,"<=10"),"")

（2）工龄 10 年以上。

每个部门的人数：

=COUNTIFS(B:B,I3,E:E,">10")

每个部门的平均年龄：

=IFERROR(AVERAGEIFS(F:F,B:B,I3,E:E,">10"),"")

										工龄10年（含）以下		工龄10年以上	
---	---	---	---	---	---	---	---	---	部门	人数	平均工资	人数	平均工资
1	姓名	部门	性别	年龄	工龄	工资							
2	A001	品管部	男	25	2	5709			品管部	1	5,709	3	14,043
3	A002	财务部	女	45	26	14207			财务部	4	8,662	3	11,013
4	A003	设备部	男	33	13	7620			设备部	0		3	8,724
5	A004	生产部	男	50	26	14903			生产部	1	8,376	3	9,162
6	A005	设备部	女	51	24	9846			技术部	2	11,475	2	14,854
7	A006	生产部	女	26	0	8376			综合部	2	6,865	4	13,845
8	A007	财务部	男	34	7	8313			营销部	4	12,657	2	23,029
9	A008	技术部	男	29	3	12365			合计	14	9,717	20	12,999
10	A009	品管部	女	47	27	24340							
11	A010	品管部	男	37	12	11743							
12	A011	综合部	男	21	0	7493							
13	A012	营销部	男	41	14	12431							
14	A013	财务部	女	33	14	7200							
15	A014	财务部	女	20	1	6940							

图 5-64　各个部门工龄 10 年（含）以下及以上的人数和平均工资

5.4.7　指定几个或条件下的最大值、最小值和平均值

与前面介绍的 COUNTIF、COUNTIFS、SUMIF 和 SUMIFS 函数一样，也可以指定几个或条件，然后计算这些条件下的最小值、最大值和平均值。

案例 5-48

图 5-65 中的示例，要求制作每个部门下博士和硕士的人数、最低工资、最高工资和人均工资。

	A	B	C	D	E	F	G	H	I	J	K	L	M	N
1	姓名	部门	学历	性别	年龄	工龄	工资			博士、硕士 统计表				
2	A001	品管部	本科	男	25	2	5709			部门	人数	最低工资	最高工资	人均工资
3	A002	财务部	硕士	女	45	26	14207			技术部	3	10,584	23614	15,521
4	A003	设备部	大专	男	33	13	7620			品管部	1	24,340	24340	24,340
5	A004	生产部	高中	男	50	26	14903			财务部	3	8,345	14207	11,394
6	A005	设备部	高中	女	51	24	9846			设备部	0	-	0	
7	A006	生产部	博士	女	26	0	8376			生产部	1	8,376	8376	8,376
8	A007	财务部	本科	男	34	7	8313			综合部	1	7,493	7493	7,493
9	A008	技术部	硕士	男	29	3	12365			营销部	1	8,404	8404	8,404
10	A009	品管部	硕士	女	47	27	24340							
11	A010	品管部	本科	男	37	12	11743							
12	A011	综合部	硕士	男	21	0	7493							
13	A012	营销部	大专	男	41	14	12431							
14	A013	财务部	大专	女	33	14	7200							

图 5-65　计算每个部门博士和硕士的人数、最低工资、最高工资和人均工资

人数计算比较简单，使用 COUNTIFS 函数的或条件计数即可：

```
=SUM(COUNTIFS(B:B,J3,C:C,{"博士","硕士"}))
```

最低工资计算比价复杂，因为某个部门有可能只有博士或只有硕士，这样得出的博士和硕士的最小值一个是实际最小值数，一个是数字 0，此时，就需要将 MINIFS 或条件的结果进行判断处理，才能得到正确结果，公式如下：

```
=IF(MIN(MINIFS(G:G,B:B,J3,C:C,{"博士","硕士"}))=0,
    MAX(MINIFS(G:G,B:B,J3,C:C,{"博士","硕士"})),
    MIN(MINIFS(G:G,B:B,J3,C:C,{"博士","硕士"}))
   )
```

最高工资计算的逻辑与最低工资相同，公式如下：

```
=IF(MAX(MAXIFS(G:G,B:B,J3,C:C,{"博士","硕士"}))=0,
    MIN(MAXIFS(G:G,B:B,J3,C:C,{"博士","硕士"})),
    MAX(MAXIFS(G:G,B:B,J3,C:C,{"博士","硕士"}))
   )
```

平均工资则不能直接使用 AVERAGEIFS 函数的或条件计算了，因为不能将两个平均值再进行平均，而是应该先计算博士和硕士的工资总额，再除以博士和硕士的总人数，公式如下：

```
=IFERROR(
        SUM(SUMIFS(G:G,B:B,J3,C:C,{"博士","硕士"}))
        /SUM(COUNTIFS(B:B,J3,C:C,{"博士","硕士"})),
        "")
```

5.4.8 计算数据中位数

中位数又称中值，是按顺序排列的一组数据中居于中间位置的数。在计算中位数时，可以使用 MEDIAN 函数，其用法如下：

=MEDIAN(数字 1 或单元格区域 1，数字 2 或单元格区域 2，数字 3 或单元格区域 3,…)

例如，要计算全部员工的年龄中位数，公式如下：

```
=MEDIAN(D:D)
```

要计算全部员工的工资中位数，公式如下：

```
=MEDIAN(F:F)
```

📊 **案例 5-49**

如果要计算每个部门的年龄中位数呢？此时，当计算某个部门年龄中位数时，需要使用 IF 函数进行判断处理，将不是该部门的年龄数据剔除出去，因此需要设计数组公式。

如图 5-66 所示，各个部门的年龄中位数计算公式如下：

```
=MEDIAN(IF($B$2:$B$35=I3,$D$2:$D$35,""))
```

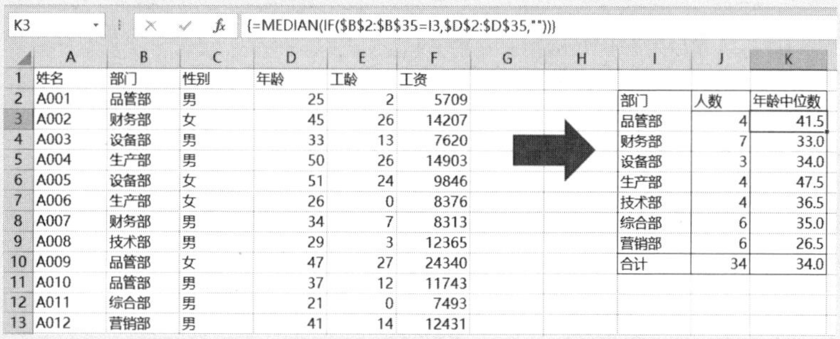

图 5-66　各个部门的年龄中位数

5.4.9　计算数据四分位值

四分位分析是数据分布分析中的常用方法。所谓四分位分析，是计算一组数中最小值、25% 分位值、50% 分位值（中位数）、75% 分位值和最大值。

四分位分析可以使用 QUARTILE 函数，其用法如下：

```
= QUARTILE ( 单元格区域或数组，四分位值数字 )
```

第 2 个参数的含义如下：

● 数字 0：最小值。
● 数字 1：25% 分位值。
● 数字 2：50% 分位值。
● 数字 3：75% 分位值。
● 数字 4：最大值。

对于新版本的 Excel，QUARTILE 函数已经成为与老版本兼容的函数了，新版本可以使用 QUARTILE.INC 函数或 QUARTILE.EXC 函数。

QUARTILE.INC 函数的用法与 QUARTILE 函数完全相同。

QUARTILE.EXC 函数的用法如下：

```
= QUARTILE.EXC ( 单元格区域或数组，四分位值数字 )
```

第 2 个参数的含义如下：

● 数字 1：第 1 个四分位点值（25% 分位值）。
● 数字 2：中值（50% 分位值）。
● 数字 3：第 3 个四分位点值（75% 分位值）。

案例 5-50

四分位值函数经常用于工资分析中，统计分析每个部门的工资四分位值，分析每个岗位的工资四分位值，分析每个职级的工资四分位值，等等。

图 5-67 是一个分析工资四分位值的简单示例，分别计算每个部门的人数、最低工资、25% 分位值、中位值、75% 分位值和最高工资，计算公式分别如下。注意在计算四分位值时，需要创建数组公式。

各部门人数：

```
=COUNTIF(B:B,I3)
```

各部门最低工资：

```
=MINIFS($F$2:$F$35,$B$2:$B$35,I3)
```

各部门 25% 分位值：

```
=QUARTILE.EXC(IF($B$2:$B$35=I3,$F$2:$F$35,""),1)
```

各部门中位数：

```
=QUARTILE.EXC(IF($B$2:$B$35=I3,$F$2:$F$35,""),2)
```

各部门 75% 分位值：

```
=QUARTILE.EXC(IF($B$2:$B$35=I3,$F$2:$F$35,""),3)
```

各部门最高工资：

```
=MAXIFS($F$2:$F$35,$B$2:$B$35,I3)
```

L3				fx	{=QUARTILE.EXC(IF($B$2:$B$35=I3,$F$2:$F$35,""),1)}										
	A	B	C	D	E	F	G	H	I	J	K	L	M	N	O
1	姓名	部门	性别	年龄	工龄	工资			部门	人数	最低工资	25%分位值	中位数	75%分位值	最高工资
2	A001	品管部	男	25	2	5709			品管部	4	5709	5793	8895	21191	24340
3	A002	财务部	女	45	26	14207			财务部	7	6940	7200	8345	11631	14207
4	A003	设备部	男	33	13	7620			设备部	3	7620	7620	8707	9846	9846
5	A004	生产部	男	50	26	14903			生产部	4	6084	6188	7437	13271	14903
6	A005	设备部	男	51	24	9846			技术部	4	6094	7217	11475	20802	23614
7	A006	生产部	女	26	0	8376			综合部	6	6237	7179	12914	14592	15146
8	A007	财务部	男	34	7	8313			营销部	6	8404	11424	13195	20282	33627
9	A008	技术部	男	29	3	12365			合计	34	5709	7420	10817	13708	33627
10	A009	品管部	女	47	27	24340									
11	A010	品管部	男	37	12	11743									
12	A011	综合部	男	21	0	7493									
13	A012	营销部	男	41	14	12431									
14	A013	财务部	女	33	14	7200									
15	A014	财务部	女	20	1	6940									

图 5-67　各部门工资四分位值

✍ 本节知识回顾与测验

1. 如何从一列日期中，提取最早日期和最晚日期？

2. 如果某列日期是文本格式日期，如何使用函数提取最早日期和最晚日期？

3. 有一个工资表，如何使用函数制作工资分析报告，计算出每个职位的最低工资、最高工资、人均工资和工资中位值？

4. 条件最小值函数 MINIFS、条件最大值函数 MAXIFS、平均值函数 AVERAGEIFS，在使用中要注意哪些问题？

5. 有一个员工信息表，现在要求统计每个部门中高学历（硕士和博士）的最低年龄、最高年龄和平均年龄，那么如何设计公式？

6. 有一个工资表，现在要求统计每个部门中高学历（硕士和博士）的最低工资、最高工资和平均工资，那么如何设计公式？

5.5 数字编码超过 15 位情况下的计算问题

当条件判断区域是超过 15 位的文本型数字编码时，要特别小心了，因为在这种情况下，进行计数，求和、最大值、最小值及平均值，可能会得到错误的结果。

5.5.1 一个案例揭示的问题

📈 **案例 5-51**

如图 5-68 所示，不论是 COUNTIF 函数计数，还是 SUMIF 函数求和，还是 MAXIFS 函数计算最大值，MINIFS 函数计算最小值，以及 AVERAGE 函数计算平均值，都是错误的。

	A	B	C	D	E	F	G
1	编码	数据					
2	1040697607847347777	10			指定材料	1040697607847347777	
3	1040697607847343622	20					
4	1040697607847343888	30			出现次数	9	=COUNTIF(A:A,F2)
5	1040697607847343400	40			合计数	450	=SUMIF(A:A,F2,B:B)
6	1040697607847349999	50			最大值	90	=MAXIFS(B:B,A:A,F2)
7	1040697607847342222	60			最小值	10	=MINIFS(B:B,A:A,F2)
8	1040697607847342222	70			平均值	50	=AVERAGEIF(A:A,F2,B:B)
9	1040697607847343888	80					
10	1040697607847347777	90					

图 5-68 超过 15 位的数字编码，出现计算错误

造成这种错误的原因是：Excel 只能处理 15 位以内的数字，而对于文本型数字来说也是这样的，超过 15 位的文本型数字，就只认前 15 位了，因此，在该例中，对于这几个统计函数来说，它们认为这 9 个编码数据都是一样的。

5.5.2 解决方法

如何解决这样的数据统计？可以使用通配符（*）来真正文本化这样的文本型数字，也就是在条件值前面连接一个通配符（*），如图 5-69 所示，

以出现次数公式为例，公式如下：

```
=COUNTIF(A:A,"*"&F2)
```

	A	B	C	D	E	F	G
1	编码	数据					
2	104069760784734777	10			指定材料	104069760784734777	
3	104069760784734362	20					
4	104069760784734388	30			出现次数	3	=COUNTIF(A:A,"*"&F2)
5	104069760784734777	40			合计数	140	=SUMIF(A:A,"*"&F2,B:B)
6	104069760784734999	50			最大值	90	=MAXIFS(B:B,A:A,"*"&F2)
7	104069760784734222	60			最小值	10	=MINIFS(B:B,A:A,"*"&F2)
8	104069760784734222	70			平均值	46.67	=AVERAGEIF(A:A,"*"&F2,B:B)
9	104069760784734388	80					
10	104069760784734777	90					

图 5-69 使用通配符文本化数字编码

这样的编码，使用查找函数是没有问题的，可以得到正确的结果，如图 5-70 所示。

F5		× ✓ fx	=VLOOKUP($F$2,A:B,2,0)				
	A	B	C	D	E	F	G
1	编码	数据					
2	104069760784734777	10			指定材料	104069760784734777	
3	104069760784734362	20					
4	104069760784734388	30					
5	104069760784734777	40			VLOOKUP函数查找第一次出现的	10	
6	104069760784734999	50					
7	104069760784734222	60					
8	104069760784734222	70					
9	104069760784734388	80					
10	104069760784734777	90					

图 5-70 VLOOKUP 函数可以得到正确结果

第6章

数据查找与引用案例精讲

　　不论是日常的数据处理，还是建立自动化数据分析模板，都离不开数据的查找和引用。一说起查找数据，大家都会立即想到使用频繁的 VLOOKUP 函数。其实，Excel 提供的数据查找和引用函数不仅只有 VLOOKUP。尽管查找引用函数并不多，但这些函数却非常有用，尤其是它们联合起来综合运用，是数据处理和数据分析中不可或缺的函数。

6.1 VLOOKUP 函数及其案例

VLOOKUP 是一个古老、运用频繁的函数，尽管高版本 Excel 已经出现了一个更高级的 XLOOKUP 函数，但是它仍是不可替代的。本节系统介绍 VLOOKUP 函数的基本原理和使用方法，以及在实际数据处理和数据分析中的经典应用案例。

6.1.1 基本原理与使用方法

对于普通的垂直结构表格来说，也就是数据按列保存，一列是一个字段，当需要在左侧一列匹配指定的条件，然后从右侧某列提取对应的结果，这样的数据查找，就是 VLOOKUP 函数的经典应用，其用法如下：

=VLOOKUP（匹配条件，数据表或单元格区域，取数的列号，匹配模式）

VLOOKUP 函数的 4 个参数至关重要，它们有不同的含义、用法和注意事项。

- 第 1 个参数 "匹配条件"，是指指定的匹配条件。例如，要查找姓名 "张三" 的基本工资，那么这个 "张三" 就是指定的匹配条件。这个条件值可以是精确值（如 "张三"），还可以使用通配符做关键词匹配（如姓名中含有 "墨"）。
- 第 2 个参数 "数据表或单元格区域"，是指定要查找数据的数据表或单元格区域，这个数据表或单元格区域的第 1 列必须是要匹配条件的列。例如，要查找姓名 "张三" 的基本工资，就需要将姓名这列作为数据区域的第 1 列。第 2 个参数可以是手工键入的数组表示的数据表，如 {"A",10;"B",20;"C",30;"D",40;"E",50}，不过在实际应用中更多的是选择工作表单元格区域，如 A1:B5。
- 第 3 个参数 "取数的列号"，是指从匹配条件这列算起，在右侧的第几列取数。例如，假设从姓名这列算起，基本工资在第 8 列，那么这个参数就要输入 8。
- 第 4 个参数 "匹配模式"，是指当匹配不到指定的条件时，是否要返回一个近似值。例如，在某列要匹配指定的条件值 "300"，但是这列中没有出现 300 这个数字，那么，如果将这个参数留空或者设置为 TRUE，或者设置为 1，那么就会匹配小于等于 300 的最大数字，从而返回一个查找结果。一般情况下，要严格匹配指定的条件，因此这个参数需要输入 FALSE，或者输入 0。

介绍 VLOOKUP 函数的基本原理和参数意义后，下面介绍几个案例，来说明该函数的基本用法和注意事项。

📈 案例 6-1

图 6-1 中的示例，要查找指定姓名的基本工资，这个数据查找的基本逻辑是：

- 首先在 B 列中匹配指定的姓名，而且必须是精确匹配指定的姓名。
- 当在 B 列找到指定的姓名后，转身往右，去 E 列中取出该姓名对应的基本工资。
- 从 B 列数，往右数到第 4 列就是要提取基本工资的列位置号。

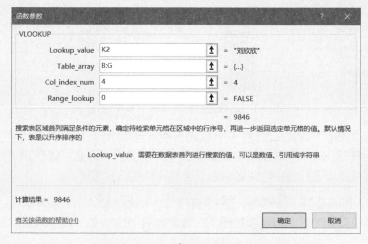

图 6-1 VLOOKUO 函数基本应用

这样可设计如下 VLOOKUP 函数查找公式，"函数参数"对话框设置如图 6-2
所示。

```
=VLOOKUP(K2,B:G,4,0)
```

图 6-2 "函数参数"对话框设置

通过该例，应该理解并遵循以下几点：

- 要匹配的条件在哪列，就把哪列作为数据区域的第 1 列。
- 数据区域的范围可以选择很多列，但至少要包含查找结果列在内。
- 查找结果所在的列位置号，是从条件匹配列开始往右数的。
- 如果要精确匹配条件（无论是一个精确的条件值，还是含有指定关键词的条件
  值），第 4 个参数一定要设置为 FALSE 或者 0。
- VLOOKUP 函数不能匹配重复数据，只取第 1 次出现的数据。例如，在该例中，
  "刘欣欣"有两个，但只取第 1 个"刘欣欣"的数据。

6.1.2 使用关键词条件查找数据

前面介绍过，VLOOKUP 函数的第 1 个参数可以是匹配关键词条件。例如，要查找含有"营业收入"的数据，查找包含"苏州"的数据等，使用通配符（*）即可完成这样的关键词匹配。但要注意的是，这种使用通配符匹配关键词，必须是文本字符串数据。

图 6-3 左侧是一个销售记录表，现在根据右侧省份地区对照表，补充一列"归属地区"。

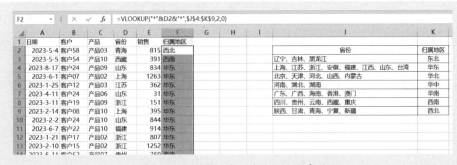

图 6-3 使用通配符做关键词匹配条件

由于相同地区的省份保存在一个单元格中，当根据省份寻找归属地区时，在某个单元格并不是一个单独的省份，而是含有指定的省份，因此，VLOOKUP 函数的第 1 个参数可以使用通配符来做关键词匹配条件，查找公式如下：

=VLOOKUP("*"&D2&"*",$J$4:$K$9,2,0)

在公式中，"*"&D2&"*"就是构建包含的关键词条件，"函数参数"对话框设置如图 6-4 所示。

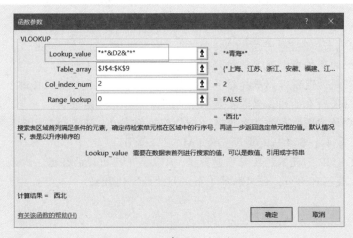

图 6-4 "函数参数"对话框设置

6.1.3 从不确定的列中查找数据：使用 MATCH 函数

当需要从不同位置的几列取数，或者当一个表格很大时，而且无法使用 COLUMN 函数和 ROW 函数定位时，可以使用 MATCH 函数。

MATCH 函数用于从一个数组中，将指定元素的存放位置找出来。

由于必须是一组数，因此在使用 MATCH 函数定位数据的位置时，只能选择工作表的一列区域或一行区域，当然也可以是自己创建的一维数组。

MATCH 函数得到的结果不是数据本身，而是该数据在数组中的相对位置。其语法如下：

=MATCH（查找值，查找数组或单元格行或列，匹配模式）

该函数有 3 个参数，其含义分别说明如下。

● 查找值：要查找位置的数据，可以是精确的一个值，也可以是一个要匹配的关键词。这个关键词需要使用通配符（*）组合。

● 查找数组或单元格行或列：要查找数据的一组数，可以是工作表的一列区域，或者工作表的一行区域，或者一个手工构建的数组。

● 匹配模式：是一个数字 -1、0 或 1。如果是 1 或者忽略，查找区域的数据必须做升序排序；如果是 -1，查找区域的数据必须做降序排序；如果是 0，则可以是任意顺序。一般情况下，数据次序并没有排序，因此经常把第 3 个参数设置成 0。

注意：MATCH 函数也不能查找重复数据，也不区分大小写。

图 6-5 就是 MATCH 函数在工作表中的应用示例。不论数据是保存在一列，还是保存在一行，要查找字母"A"，它的位置是 6，也就是说，第 6 个数据是字母"A"。

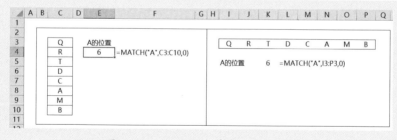

图 6-5　MATCH 函数基本原理与应用

MATCH 函数用于查找指定数据在数组中的位置，而 VLOOKUP 函数的第 3 个参数就是从右往左的列位置号，那么就可以使用 MATCH 函数来自动输入这个位置号了。

案例 6-3

图 6-6 是一个示例数据，要求从员工信息表中，查询指定员工的重要信息，包括性别、身份证号码、部门、职位、学历、年龄和工龄等。

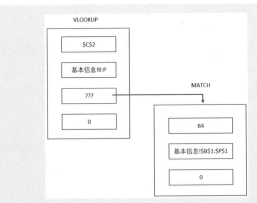

图 6-6　员工基本信息及查询表

由于这些要提取数据的列并不是相邻连续的，需要使用 MATCH 函数在基本信息标题中定位取数的列位置，因此可以设计如下的查找公式：

```
=VLOOKUP($C$2,
        基本信息!B:P,
        MATCH(B4,基本信息!$B$1:$P$1,0),
        0)
```

公式中，MATCH(B4,基本信息!$B$1:$P$1,0) 是使用 MATCH 函数来确定取数的列位置号。

使用"函数参数"对话框来展示这个公式的计算逻辑思路，如图 6-7 所示。

图 6-7　VLOOKUP 函数和 MATCH 函数联合使用，自动定位取数位置

6.1.4　利用 VLOOKUP 函数模糊查找

这里所说的模糊查找，是指当在条件列中搜索不到要匹配的条件时，该如何处理，是去匹配一个最接近的值呢，还是就此放弃不找了呢？

所谓去匹配一个最接近的值，例如，要查找 500 这个数字，但是在条件列中根本就没有出现这个 500，但是有 500 以下的几个数字（假如分别是 460、300、100这 3 个数字），那么，从位置上看最接近 500 这个数字的就是 460 了，也就是取出460 这个条件值所对应的数据，这就是模糊查找。

下面通过一个案例，说明 VLOOKUP 函数模糊查找的基本原理、使用方法，以及注意事项。

案例 6-4

图 6-8 中的示例，要求根据每个业务员来计算提成。这里要先依据业绩确定提成比例，但提成标准并不是一个精确的值，而是一个数字区间条件。

	A	B	C	D	E	F	G	H	I
1	业务员	业绩	提成比例	提成额				提成标准表	提成比例
2	A001	4,495		-				500以下	1%
3	A002	18,954		-				500（含）-2000	2%
4	A003	230,697		-				2000（含）-5000	4%
5	A004	500		-				5000（含）-10000	8%
6	A005	1,221		-				10000（含）-20000	12%
7	A006	11,976		-				20000（含）-50000	20%
8	A007	484		-				50000（含）-100000	30%
9	A008	6,859		-				100000（含）-500000	38%
10	A009	26,464		-				500000（含）以上	50%
11	A010	58,377		-					

图 6-8　计算业务员的提成

此时就可以使用 VLOOKUP 函数的模糊查找功能来解决这个问题，也就是将第 4 个参数留空，或者设置为 TRUE，或者设置为 1。

首先设计辅助列，提取区间的下限值，并且要做升序排序，这很重要。

然后设计如下公式，结果如图 6-9 所示。

=VLOOKUP(B2,$G$2:$I$10,3)

C2			fx	=VLOOKUP(B2,$G$2:$I$10,3)					
	A	B	C	D	E	F	G	H	I
1	业务员	业绩	提成比例	提成额			下限值	提成标准表	提成比例
2	A001	4,495	4%	180			0	500以下	1%
3	A002	18,954	12%	2,274			500	500（含）-2000	2%
4	A003	230,697	38%	87,665			2000	2000（含）-5000	4%
5	A004	500	2%	10			5000	5000（含）-10000	8%
6	A005	1,221	2%	24			10000	10000（含）-20000	12%
7	A006	11,976	12%	1,437			20000	20000（含）-50000	20%
8	A007	484	1%	5			50000	50000（含）-100000	30%
9	A008	6,859	8%	549			100000	100000（含）-500000	38%
10	A009	26,464	20%	5,293			500000	500000（含）以上	50%
11	A010	58,377	30%	17,513					

图 6-9　VLOOKUP 函数的模糊查找

以区间下限值列作为条件匹配列进行条件匹配，那么由于 VLOOKUP 函数的第 4 个参数留空了（设置为 TRUE，或者设置为 1），当找不到指定的值时，就会往回匹配小于或等于该指定条件值的最大值。

例如，要查找 4495 这个数字，但在 G 列中没有该数字，那么函数就往回匹配上 2000 这个数值，因为在小于或等于 4495 的几个数字中，2000 与 4495 最接近，所以函数就把 2000 对应提成比例提取出来了。

这种模糊查找仅适用于匹配条件是数字的场合，因为数字有大小之分，才有最接近之说。

6.1.5 **利用 VLOOKUP 函数做反向查找**

VLOOKUP 函数的底层逻辑就是匹配条件在数据表的左侧一列，查找结果在数据表的右侧一列，这是不能改变的。但是实际上经常遇到要反向查找的，也就是匹配条件列在右边一列，查找结果列在左边一列，那么，如何解决这样的问题？

如果非要使用 VLOOKUP 函数来做这样的数据查找，要么在数据区域中将两列位置进行调换，要么在公式中将两列数据进行调换，目的就是为了满足 VLOOKUP函数的基本逻辑要求，以便能够查询出数据来。

案例 6-5

图 6-10 是一个示例数据，要求查找指定姓名的身份证号码。

	A	B	C	D	E	F
F3			fx =VLOOKUP(F2,IF({1,0},C2:C6,B2:B6),2,0)			
1	工号	身份证号码	姓名		指定姓名	王五
2	G001	110108197902023318	张三		指定姓名	王五
3	G002	320129198710052282	李四		身份证号码	11010819930523111X
4	G003	11010819930523111X	王五			
5	G004	110108200001283378	马六			
6	G005	32021019991111002X	何欣			

图 6-10　查找指定姓名的身份证号码

在这个表格中，姓名是匹配条件，在 C 列（右侧）；身份证号码是要获取的结果，在 B 列（左侧）。这样就不能直接使用 VLOOKUP 函数进行查找，而是要使用 IF 函数做判断，在公式中对两列数据的位置进行调换，以满足 VLOOKUP 函数的基本逻辑，查找公式如下：

```
=VLOOKUP(F2,
         IF({1,0},C2:C6,B2:B6),
         2,
         0)
```

这个公式中，IF({1,0},C2:C6,B2:B6) 的作用，就是在公式中对两列数据做位置调换，将姓名列数据和身份证号码列数据调换位置，其效果如图 6-11 所示，这样VLOOKUP 函数就可以正常查找数据了。

	H	I	J	K	L
I2			fx =IF({1,0},C2:C6,B2:B6)		
1					
2		张三	110108197902023318		
3		李四	320129198710052282		
4		王五	11010819930523111X		
5		马六	110108200001283378		
6		何欣	32021019991111002X		

图 6-11　调换条件列和结果列的位置

6.1.6 利用 VLOOKUP 函数一次查找并返回多个值

在第 5 章介绍 SUMIF 函数和 SUMIFS 函数时，可知，函数的条件值可以是多个数据构建的数组，从而实现多个或条件的求和计算。

在 VLOOKUP 函数中，也可以在第 1 个参数中，同时指定多个条件值并构建数组，这样就可以同时查找多个数据。

案例 6-6

图 6-12 中的示例，就是同时查找"客户 2""客户 5"和"客户 7"的数据，其结果是 3 个，公式如下：

```
=VLOOKUP(
        {"客户2","客户5","客户7"},
        A:B,
        2,
        0)
```

在高版本 Excel（如 365）中，公式是会自动溢出结果，而不需要先选择几个单元格。

E3			×	✓	fx	=VLOOKUP({"客户2","客户5","客户7"},A:B,2,0)	
▲	A	B	C	D	E	F	G	H
1	客户	销售额						
2	客户1	1226						
3	客户2	837			837	1122	383	
4	客户3	1224						
5	客户4	548						
6	客户5	1122						
7	客户6	886						
8	客户7	383						
9	客户8	664						
10	客户9	829						
11	客户10	540						
12	客户11	501						
13	客户12	417						
14	客户13	873						
15	客户14	1261						

图 6-12　VLOOKUP 函数同时查找多个值

VLOOKUP 函数的这种应用很有意思，例如，可以设计一个能够计算任意指定客户销售合计数的计算模型，如图 6-13 所示，计算公式如下：

```
=SUMPRODUCT(
        VLOOKUP(OFFSET(E2,,,COUNTA(E2:E1000),1),
        A:B,
        2,
        0)
        )
```

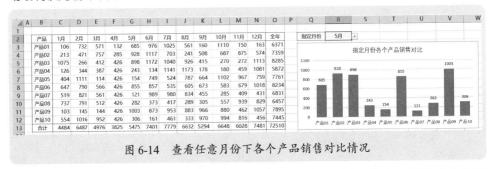

图 6-13　计算任意指定客户的销售合计数

这个公式中，使用 OFFSET 函数来引用指定客户列表，这个列表是动态区域，因此可以实现任意指定客户的数据查找与求和。

注意：VLOOKUP 函数的第 1 个参数，不仅可以是手工构建的常量条件值数组，也可以是引用工作表的单元格区域。

6.1.7　利用 VLOOKUP 函数制作动态分析图表

VLOOKUP 函数的第 3 个参数是取数的列位置号，正如前面介绍的那样，可以使用 MATCH 函数动态确定这个取数的列位置号，因而也为利用函数公式制作动态图表提供了技术基础。

案例 6-7

图 6-14 是一个简单动态分析图表的示例，在单元格 R2 中选择月份，那么就自动绘制该月份下各个产品销售的对比分析柱形图。

图 6-14　查看任意月份下各个产品销售对比情况

这个动态图表制作非常简单，设计辅助区域 Q 列和 R 列，使用下列公式查询指定月份的各个产品的销售数据，如图 6-15 所示。

=VLOOKUP(Q4,$B$3:$O$13,MATCH($R$2,$B$2:$O$2,0),0)

	A	B	C	D	E	F	G	H	I	J	K	L	M	N	O	P	Q	R
R4					f_x	=VLOOKUP(Q4,$B$3:$O$13,MATCH($R$2,$B$2:$O$2,0),0)											
1																		
2		产品	1月	2月	3月	4月	5月	6月	7月	8月	9月	10月	11月	12月	全年		指定月份	5月
3		产品01	106	732	571	132	685	976	1025	561	160	1110	150	163	6371			
4		产品02	213	471	757	285	928	1117	703	241	508	687	875	574	7359		产品01	685
5		产品03	1075	266	412	426	898	1172	1040	926	415	270	272	1113	8285		产品02	928
6		产品04	126	344	387	426	243	134	1141	1173	178	180	459	1081	5872		产品03	898
7		产品05	404	1111	114	426	154	749	524	787	664	1102	967	759	7761		产品04	243
8		产品06	647	790	566	426	855	857	535	605	673	583	679	1018	8234		产品05	154
9		产品07	519	821	561	426	121	989	980	834	455	285	409	431	6831		产品06	855
10		产品08	737	791	512	426	282	373	417	289	305	557	939	829	6457		产品07	121
11		产品09	103	145	144	426	1003	873	953	883	966	880	462	1057	7895		产品08	282
12		产品10	554	1016	952	426	306	161	461	333	970	994	816	456	7445		产品09	1003
13		合计	4484	6487	4976	3825	5475	7401	7779	6632	5294	6648	6028	7481	72510		产品10	306

图 6-15　设计辅助区域

图表之所以能变化，因为图表是使用辅助区域 Q 列和 R 列数据绘制的，其中 R 列数据在变化；R 列数据之所以能变化，因为该列数据是根据单元格 R2 指定月份从原始数据中查询出来的。

这样，单元格 R2 中的月份变了，R 列中查询出的数据就变了，图表也变了。这就是动态图表的基本原理。

6.1.8　VLOOKUP 函数的注意事项

VLOOKUP 函数用途广泛，变化多端，使用过程中要注意一些重要的问题，下面就几个常见的问题予以说明。

经常有人问，明明表格中是有这个数的，怎么就查找不到呢？查找不到数据或者出现错误值是什么原因？可能的原因如下：

- 第 4 个参数留空了，输入 TRUE 或 1，而你却要做精确定位查找。
- 匹配条件与数据源中首列的数据格式不匹配（如一个是文本型数字，另一个却是纯数字）。
- 数据源中存在空格或者看不见的特殊字符。

有些情况下查找结果是错误的，并不是说公式错误，而是数据源的数据导致的错误，此时可以使用 IFERROR 函数来处理错误值，要么处理为空值，要么处理为数字 0，公式很简单，例如：

```
=IFERROR(VLOOKUP(D2,A1:B1,2,0),"")
=IFERROR(VLOOKUP(D2,A1:B1,2,0),0)
```

此外，当源数据中是空单元格时，VLOOKUP 函数的结果会显示为数字 0，效果不太好（其实不仅是 VLOOKUP，其他诸如 HLOOKUP、INDEX 等函数也是这种情况），如图 6-16 所示。那么如何把这个 0 处理掉呢？

图 6-16　查找空单元格被显示为 0

如果查询的结果是文本,可以使用下面简单的公式来解决,也就是在结果的后面(或前面)连接一个零长度的字符串(""):

```
=VLOOKUP(E2,A:B,2,0)&""
```

如果查询的结果是数字,并且这个数字还要用于其他计算,可以使用 IF 函数来判断处理:

```
=IF(VLOOKUP(E2,A:B,2,0)="","",VLOOKUP(E2,A:B,2,0))
```

或者:

```
=IF(VLOOKUP(E2,A:B,2,0)=0,"",VLOOKUP(E2,A:B,2,0))
```

📝 本节知识回顾与测验

1. VLOOKUP 函数的基本逻辑是什么?它的 4 个参数各代表什么含义?如何正确设置这 4 个参数?

2. 从逻辑上说,VLOOKUP 函数能从右往左查找吗?也就是说,匹配条件在右侧某列,查找结果在左侧某列。

3. 如何使用 VLOOKUP 函数进行反向查找?

4. 在使用 VLOOKUP 函数进行反向查找时,如果左侧结果列位置不固定,应该如何设计公式?

5. VLOOKUP 函数的第 1 个参数是匹配条件值,它能否使用关键词匹配?

6. 如果需要从多个区域查找指定条件的数据,VLOOKUP 函数如何配合其他函数进行查找?

7. 如果取数的列位置不固定,有什么办法来自动设置 VLOOKUP 函数的第 3 个参数,以便快速确定取数的列位置号?

8. 什么情况下要进行模糊查找?模糊查找表示什么问题?

6.2 LOOKUP 函数及其案例

在 LOOKUP "三兄弟"中,VLOOKUP 函数最常用,HLOOKUP 函数次之,而

LOOKUP 函数使用得很少。

其实，如果真正了解了 LOOKUP 函数的基本原理和基本用法，学会如何设置条件表达式，那么 LOOKUP 函数就能解决许多 VLOOKUP 函数和 HLOOKUP 函数所解决不了的问题。

例如，要获取某列最后一个不为空的单元格数据，可以使用什么函数？

本节将介绍 LOOKUP 函数的基本原理和一些经典应用案例。

6.2.1　基本原理与应用方法

LOOKUP 函数有两种形式：向量形式和数组形式。其中，向量形式比较常用，而数组形式是为了与其他电子表格程序兼容，这种形式的功能有限，因此基本不用。

LOOKUP 函数的向量形式，是在第 1 个单行区域或单列区域（称为"向量"）中搜索指定的条件值，然后从第 2 个单行区域或单列区域中相同的位置取出对应的数据。其用法如下：

=LOOKUP（条件值，条件值所在单行区域或单列区域或数组，结果所在单行区域或单列区域或数组）

其含义分别如下。

- 条件值：是必须参数，指定要搜索的条件，可以使用通配符，与 VLOOKUP 函数的第 1 个参数是一样的。
- 条件值所在单行区域或单列区域或数组：是一行或一列的区域，该区域是要搜索的条件值区域。这个参数也可以是键入的数组。
- 结果所在单行区域或单列区域或数组：可选参数，是一行或一列的区域，是要提取结果的区域。如果省略，就从第 1 个区域抓数。此外，这个参数也可以是键入的数组。

该函数查找的原理就是：如果在第 1 个区域内找到了指定的条件，就直接去第 2 个区域内对应的位置抓数。

如果找不到指定的条件，就去往回（倒序）找最接近条件值的那个数，类似于 VLOOKUP 函数第 4 个参数留空（或者设置为 TRUE）的情况。

注意：这句话"如果找不到指定的条件，就去往回（倒序）找最接近条件值的那个数"，不是数学上的大小，而是指在这个数组中小于或等于指定值，并且是从往回倒序寻找第 1 次出现的位置。

案例 6-8

先结合几个简单示例，来说明 LOOKUP 函数的基本原理和用法。

如图 6-17 所示，单元格区域 B2:G2 数据已经做了升序排序，那么公式结果是 -60，因为在单元格区域 B2:G2 中找不到 0，而小于或等于 0 的第 1 个数是 -60，它离 0 最近：

```
=LOOKUP(0,B2:G2)
```

如图 6-18 所示，单元格区域 B2:G2 数据没有做排序，而公式结果还是 –60，因为在单元格区域 B2:G2 中找不到 0，而小于或等于 0 的第 1 个数是 –60，它离 0 最近：

=LOOKUP(0,B2:G2)

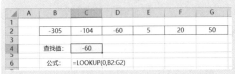
图 6-17　LOOKUP 函数用法举例 1

图 6-18　LOOKUP 函数用法举例 2

如图 6-19 所示，单元格区域 B2:G2 数据没有做排序，数据既有数字也有文本和错误值，公式结果也是 –60，因为在单元格区域 B2:G2 中找不到 0，而小于或等于 0 的第 1 个数是 –60，它离 0 最近：

=LOOKUP(0,B2:G2)

如图 6-20 所示，公式结果是 –10，因为在单元格区域 B2:G2 中找不到 0，而小于或等于 0 的第 1 个数是 –10，它离 0 最近：

=LOOKUP(0,B2:G2)

图 6-19　LOOKUP 函数用法举例 3

图 6-20　LOOKUP 函数用法举例 4

如图 6-21 所示，公式结果是 777，因为在单元格区域 B2:G2 中找不到 0，而小于或等于 0 的第 1 个数是 –10，它离 0 最近,因此公式结果就取出 –10 所对应的数据 777 了：

=LOOKUP(0,C2:H2,C3:H3)

图 6-21　LOOKUP 函数用法举例 5

总结：LOOKUP 函数的这种查找原理，并不是按照数学中的数字大小来查找的，而是按照数据的位置来查找的，它是往回匹配小于或等于指定数值的最大值。从本质上来说，LOOKUP 函数的这种查找，就是一种模糊匹配定位查找。

6.2.2　综合应用案例：获取最后一个不为空的单元格数据

在某些数据处理中，需要获取某列或某行最后一个不为空的单元格数据，此时，使用 LOOKUP 函数是一种简单的方法。

案例 6-9

图 6-22 是一个收入支出明细表，最后一列是动态计算的余额，现在要把当前余额（也就是 E 列最后一行数据）提取出来，则公式如下（这里选择到 1000 行，根据实际情况可以选择一个固定的行，不建议选择整列，因为这会大大影响计算速度）：

```
=LOOKUP(1,0/(E2:E1000<>""),E2:E1000)
```

H2　=LOOKUP(1,0/(E2:E1000<>""),E2:E1000)

	A	B	C	D	E	F	G	H
1	日期	摘要	收入	支出	余额			
2	2023-1-1	年初余额			69,950.38		当前余额:	25,018.51
3	2023-1-23	产品A销售收入	100000		169,950.38			
4	2023-1-24	支付税金		5963	163,987.38			
5	2023-2-5	投资收益	6996		170,983.38			
6	2023-2-18	出售废旧设备	5000		175,983.38			
7	2023-2-28	产品B销售收入	50000		225,983.38			
8	2023-2-28	支付税金	685		226,668.38			
9	2023-3-10	支付员工工资		204050.4	22,617.96			
10	2023-3-20	投资收益	2400.55		25,018.51			

图 6-22　获取最新余额

这个公式的逻辑原理解释如下：

- 首先选取一个区域 E2:E1000，判断哪些单元格不为空 E2:E1000<>""，这个条件表达式的结果要么是 TRUE（就是 1），要么是 FALSE（就是 0）。
- 以此做分母，与数字 0 做除法，就得到一个由 0 和 #DIV/0! 构成的数组向量（单元格有数据的是 0，没数据的是错误值 #DIV/0!，而当某个单元格后面都没数据时，就都是错误值 #DIV/0! 了）。
- 再从这个数组中查找 1，这个肯定是找不到的，既然找不到，就往回倒序找，看哪个位置的数字 0 是第 1 次出现，这样就把最后一个不为空的单元格数据取出来了。

这种查找对数据区域内是否有空单元格没有限制，不必去关注数据区域内是否有空单元格，函数的结果总是最后一个不为空的单元格数据，如图 6-23 所示。

H2　=LOOKUP(1,0/(E2:E1000<>""),E2:E1000)

	A	B	C	D	E	F	G	H
1	日期	摘要	收入	支出	余额			
2	2023-1-1	年初余额			69,950.38		当前余额:	19,333.51
3	2023-1-23	产品A销售收入	100000		169,950.38			
4	2023-1-24	支付税金		5963	163,987.38			
5	2023-2-5	投资收益	6996		170,983.38			
6								
7	2023-2-28	产品B销售收入	50000		220,983.38			
8								
9	2023-3-10	支付员工工资		204050.4	16,932.96			
10	2023-3-20	投资收益	2400.55		19,333.51			

图 6-23　单元格区域内的空单元格不影响取数

6.2.3 综合应用案例：获取满足多个条件下最后一个不为空的数据

前面介绍的是能够在单列或单行中取数，条件是一个。其实，也可以使用条件表达式来组合多个条件，从而查找满足多个条件下的最后一个单元格数据。

图 6-24 中是一个材料的采购流水，已经按照时间、供应商进行排序。现在要求把指定供应商、指定材料的最近一次采购日期、最近一次采购价格和最近一次采购数量提取出来，查找公式分别如下。

最近一次采购日期：

```
=LOOKUP(1,0/(($B$2:$B$1000=J2)*(C2:C1000=J3)),A2:A1000)
```

最近一次采购价格：

```
=LOOKUP(1,0/(($B$2:$B$1000=J2)*(C2:C1000=J3)),D2:D1000)
```

最近一次采购数量：

```
=LOOKUP(1,0/(($B$2:$B$1000=J2)*(C2:C1000=J3)),E2:E1000)
```

在公式中，两个条件分别判断供应商和材料，用乘号（*）连接两个条件，当两个条件同时满足时，两个表达式相乘的结果是 1，用数字 0 除以 1 还是 0；若只有一个条件满足，或者两个条件都不满足，那么两个表达式相乘的结果是 0，用数字 0 除以 0 就是错误值，这样就构建了一个由 0 和错误值构成的数组，然后从这个数组中倒序查找第 1 次出现的 0，再把该位置的相关数据提取出来。

J5				f_x		=LOOKUP(1,0/(($B$2:$B$1000=J2)*(C2:C1000=J3)),A2:A1000)			
	A	B	C	D	E	F G H	I	J
1	采购日期	供应商	材料	单价	采购量			
2	2023-1-1	供应商A	材料2	38	286		指定供应商	供应商A
3	2023-1-9	供应商A	材料11	135	236		指定材料	材料1
4	2023-1-10	供应商B	材料5	1362	362			
5	2023-1-10	供应商D	材料11	139	452		最近一次采购时间	2023-4-4
6	2023-1-13	供应商C	材料9	527	260		最近一次采购单价	120
7	2023-1-15	供应商D	材料2	53	317		最近一次采购数量	229
8	2023-1-16	供应商D	材料11	162	124			
9	2023-1-17	供应商D	材料11	144	379			
10	2023-1-18	供应商A	材料1	126	541			
11	2023-1-19	供应商C	材料7	416	565			
12	2023-1-19	供应商D	材料10	2076	253			
13	2023-1-20	供应商C	材料8	59	541			
14	2023-1-21	供应商D	材料11	133	123			
15	2023-2-1	供应商C	材料8	61	324			
16	2023-2-1	供应商D	材料11	137	48			

图 6-24 获取满足多个条件的最后一行不为空的单元格数据

6.2.4 综合应用案例：替代嵌套 IF 函数和 VLOOKUP 函数做模糊判断

很多连环判断问题需要使用嵌套 IF 函数来解决，输入比较麻烦，公式也很长，如果要使用 VLOOKUP 函数的模糊查找，又需要设计辅助表。而利用 LOOKUP 函数就可以制作一个很简洁的公式。

案例 6-11

在前面 6.1.4 小节介绍的案例 6-4 中，可以使用 LOOKUP 函数直接设计公式如下，而不需要使用辅助表格了，如图 6-25 所示。

```
=LOOKUP(B2,
        {0,500,2000,5000,10000,20000,50000,100000,500000},
        {0.01,0.02,0.04,0.08,0.12,0.2,0.3,0.38,0.5})
```

注意公式中的条件数组，必须使用数据区间的下限值。

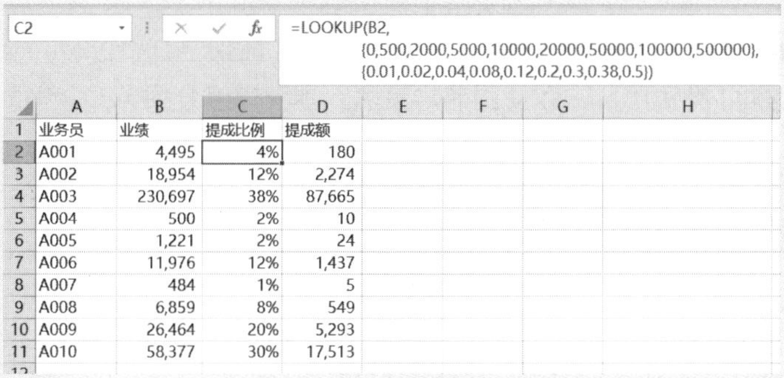

C2 =LOOKUP(B2, {0,500,2000,5000,10000,20000,50000,100000,500000}, {0.01,0.02,0.04,0.08,0.12,0.2,0.3,0.38,0.5})

	A	B	C	D
1	业务员	业绩	提成比例	提成额
2	A001	4,495	4%	180
3	A002	18,954	12%	2,274
4	A003	230,697	38%	87,665
5	A004	500	2%	10
6	A005	1,221	2%	24
7	A006	11,976	12%	1,437
8	A007	484	1%	5
9	A008	6,859	8%	549
10	A009	26,464	20%	5,293
11	A010	58,377	30%	17,513

图 6-25 使用 LOOKUP 函数计算提成率

在计算带薪年休假时，我们知道是根据工龄来计算的，工龄不满 1 年是 0 天，满 1 年不满 10 年是 5 天，满 10 年不满 20 年是 10 天，20 年以上是 15 天。假设单元格 B2 是要计算带薪年休假的工龄数据，那么带薪年休假天数的计算公式如下，如图 6-26 所示。

```
=LOOKUP(B2,{0,1,10,20},{0,5,10,15})
```

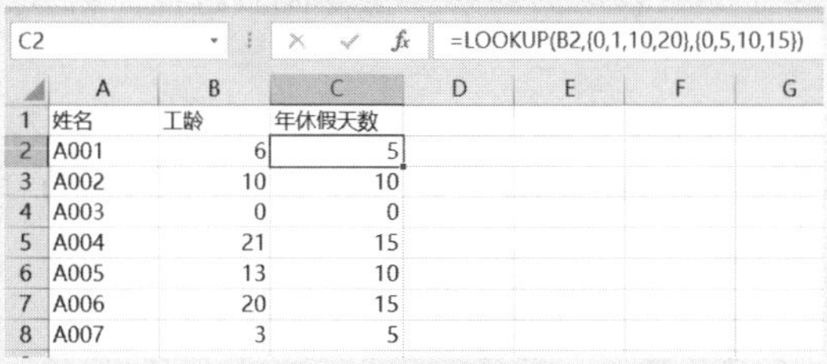

C2 =LOOKUP(B2,{0,1,10,20},{0,5,10,15})

	A	B	C
1	姓名	工龄	年休假天数
2	A001	6	5
3	A002	10	10
4	A003	0	0
5	A004	21	15
6	A005	13	10
7	A006	20	15
8	A007	3	5

图 6-26 使用 LOOKUP 函数计算年休假天数

本节知识回顾与测验

1. LOOKUP 函数的基本计算逻辑是什么？它是如何查找数据的？

2. 如何使用 LOOKUP 函数提取数据区域中，某列或者某行最后一个非空单元格数据？

3. 公司规定, 司龄不满 1 年的, 公司假 0 天; 司龄满 1 年不满 5 年的, 公司假 2 天; 司龄满 5 年不满 10 年的, 公司假 5 天; 司龄满 10 年不满 20 年的, 公司假 8 天; 司龄满 20 年以上的, 公司假 15 天。请分别使用 IF 函数和 LOOKUP 函数设计公司假计算公式。

4. 下面公式的结果是什么?

```
=LOOKUP(3058,{0,1000,5000,100000},{"A","B","C","D"})
```

6.3 XLOOKUP 函数及其案例

在高版本 Excel (Excel 365 和 Excel 2021) 中, 新增了几个以 X 开头的函数, 如 XLOOKUP 函数和 XMATCH 函数使用非常灵活。本节重点介绍 XLOOKUP 函数及其应用案例。

6.3.1 基本原理与使用方法

XLOOKUP 函数可以实现任意方向的数据查找, 并能处理找不到数据的情况, 其使用方法如下:

=XLOOKUP (匹配条件 , 条件数组或区域 , 结果数组或区域 , 找不到处理结果 , 匹配模式 , 搜索模式)

函数的前 3 个参数都是必需的, 后 3 个参数是可选的。各个参数说明如下。

1. 匹配条件: 是指要匹配的条件值, 与 VLOOKUP 函数的第 1 个参数一样, 可以是精确条件值, 也可以是关键词匹配值。

2. 条件数组或区域: 进行条件匹配的数组或区域。

3. 结果数组或区域: 要获取查询结果的数组或区域。

4. 找不到处理结果: 如果找不到结果, 需要返回的值, 相当于使用 IFERROR 函数进行处理。

5. 匹配模式: 精确查找还是模糊查找, 可以是 0、-1、1 和 2, 含义分别如下。

- 0: 精确匹配, 相当于 VLOOKUP 函数第 4 个参数设置为 0 (FALSE) 的情况; 如果忽略, 就默认是 0。
- -1: 模糊匹配, 如果找不到, 就返回下一个较小的值。
- 1: 模糊匹配, 如果找不到, 就返回下一个较大的值。
- 2: 通配符匹配。

6. 搜索模式: 指定搜索的方式, 可以是 1、-1、2、-2, 含义分别如下。

- 1: 从第 1 个开始搜索, 如果忽略, 默认是 1。
- -1: 从最后一个反向搜索。
- 2: 二进制文件搜索 (按升序搜索)。
- -2: 二进制文件搜索 (按降序搜索)。

下面结合实际案例，来说明 XLOOKUP 函数查找数据的基本原理和各个参数的设置方法及查找效果。

6.3.2 单列匹配条件，返回一个结果

XLOOKUP 函数的一个基本应用，是在一列匹配条件，在另一列提取结果，并得到一个结果，就像 VLOOKUP 函数一样，但 XLOOKUP 函数可以不考虑条件列和结果列的左右顺序。

案例 6-12

对于图 6-27 所示的数据，要查找指定地区的空调销售数据，此时地区是条件，空调是结果，因此查找公式如下：

```
=XLOOKUP(J2,A2:A9,D2:D9)
```

其中，J2 是要匹配的条件（指定的地区），A2:A9 是条件区域（地区名称列），D2:D9 是结果区域（要查找空调销售数据），函数的后 3 个参数都不需要设置。"函数参数"对话框设置如图 6-28 所示。

这种情况就相当于 VLOOKUP 函数的基本用法，从左往右查找数据。

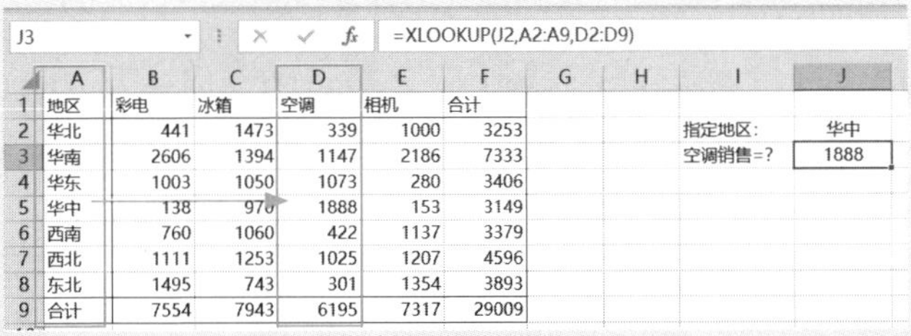

图 6-27　XLOOKUP 函数的基本用法：条件在左侧一列，结果在右侧一列

图 6-28　"函数参数"对话框设置

📈 **案例 6-13**

图 6-29 是一个示例数据，现在要求查找指定客户所对应的业务员名称。

	A	B	C	D	E	F	G
1	业务员	销售额	客户				
2	张新喜	21,247	客户A			指定客户:	客户D
3	张新喜	1,231	客户B			业务员=?	刘新华
4	张新喜	3,312	客户C				
5	刘新华	1,376	客户D				
6	刘新华	726	客户E				
7	李梦达	1,756	客户F				
8	李梦达	799	客户G				
9	李梦达	31,048	客户H				
10	刘茹	350	客户K				
11	刘茹	834	客户M				
12	郑正海	1,436	客户N				
13	郑正海	2,062	客户P				

G3 单元格公式：`=XLOOKUP(G2,C2:C13,A2:A13)`

图 6-29 **XLOOKUP 函数的基本用法：条件在右侧一列，结果在左侧一列**

在该例中，条件在 C 列，结果在 A 列，是从右往左查找。如果使用 VLOOKUP 函数，则需要使用 IF 构建数组来调换条件列和结果列的位置。不过 XLOOKUP 函数就不需要考虑先后顺序问题了。

单元格 G4 中的公式如下：

```
=XLOOKUP(G2,C2:C13,A2:A13)
```

在公式中，G2 是匹配条件（指定客户名称），C2:C13 是条件区域（匹配客户名称），A2:A13 是结果区域（获取业务员名称）。

6.3.3 单行匹配条件，返回一个结果

XLOOKUP 函数的另一个基本应用，是在一行匹配条件，在另一行获取结果，并得到一个结果，就像 HLOOKUP 函数一样。

📈 **案例 6-14**

对于图 6-30 所示的数据，如果要查找商品"冰箱"在"华东"地区的销售，此时，商品是条件，地区是结果，因此查找公式如下，结果如图 6-27 所示。

```
=XLOOKUP(J2,B1:F1,B4:F4)
```

其中，J2 是要匹配的条件（指定的商品），B1:F1 是条件区域（商品名称行），B4:F4 是结果区域（要查找华东销售数据）。"函数参数"对话框设置如图 6-31 所示。

这种情况就相当于 HLOOKUP 函数的基本用法，从上往下查找数据。

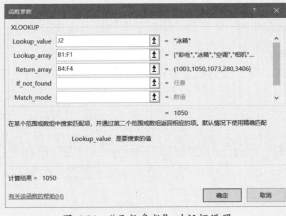

图 6-30 XLOOKUP 函数的基本用法：条件在上面一行，结果在下面一行

图 6-31 "函数参数"对话框设置

案例 6-15

图 6-32 中的示例，要求找出年度销售额最大的是哪个客户。

图 6-32 XLOOKUP 函数的基本用法：条件在下面一行，结果在上面一行

首先使用 MAX 函数在合计数所在行（第 6 行）计算出年度最大销售额，再使用这个最大销售额在合计所在行（第 6 行）进行匹配，然后从客户名称行（第 1 行）提取出客户名称，计算公式如下：

```
=XLOOKUP(MAX(B6:F6),B6:F6,B1:F1)
```

在公式中，MAX(B6:F6) 是要匹配的条件（最大销售额），B6:F6 是条件区域（合计数所在行），B1:F1 是结果区域（要查找的客户名称）。

这种情况就相当于 HLOOKUP 函数的逆向查找，从下往上查找数据。

6.3.4 单列匹配条件，返回多个结果

XLOOKUP 函数的第 1 个参数，可以在条件列中同时指定多个条件值，这样函数的结果就是多个了。

案例 6-16

图 6-33 就是查找华中、华东和华南的空调销售，公式如下：

```
=XLOOKUP(J2:L2,A2:A9,D2:D9)
```

XLOOKUP 函数的第 1 个参数是单元格区域 J2:L2，它同时指定了几个条件值"华中""华东""华南"，A2:A9 是条件区域（搜索地区），D2:D9 是取数区域（空调销售数据）。

J3			×	✓	fx	=XLOOKUP(J2:L2,A2:A9,D2:D9)				
▲	A	B	C	D	E	F	G	H	I	J	K	L
1	地区	彩电	冰箱	空调	相机	合计						
2	华北	441	1473	339	1000	3253			指定地区：	华中	华东	华南
3	华南	2606	1394	1147	2186	7333			空调销售=？	1888	1073	1147
4	华东	1003	1050	1073	280	3406						
5	华中	138	970	1888	153	3149						
6	西南	760	1060	422	1137	3379						
7	西北	1111	1253	1025	1207	4596						
8	东北	1495	743	301	1354	3893						
9	合计	7554	7943	6195	7317	29009						

图 6-33　XLOOKUP 函数应用：同时返回多个结果

Excel 365 有公式自动溢出功能，因此在第 1 个单元格中输入公式后，会自动扩展公式区域，得到全部结果。

6.3.5 单行匹配条件，返回多个结果

与前面介绍的一样，XLOOKUP 函数的第 1 个参数也可以在条件行中同时指定多个条件值，返回多个结果。

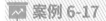

案例 6-17

图 6-34 就是查找彩电和空调在华东的销售数据，公式如下：

```
=XLOOKUP(J2:K2,B1:F1,B4:F4)
```

公式中，J2:K2 是条件值（同时指定了几个条件值"彩电""空调"），B1:F1 是条件区域（搜索商品），B4:F4 是取数区域（华东地区的销售数据）。

J3				f_x	=XLOOKUP(J2:K2,B1:F1,B4:F4)						

	A	B	C	D	E	F	G	H	I	J	K
1	地区	彩电	冰箱	空调	相机	合计			指定商品:	彩电	空调
2	华北	441	1473	339	1000	3253			华东销售=？	1003	1073
3	华南	2606	1394	1147	2186	7333					
4	华东	1003	1050	1073	280	3406					
5	华中	138	970	1888	153	3149					
6	西南	760	1060	422	1137	3379					
7	西北	1111	1253	1025	1207	4596					
8	东北	1495	743	301	1354	3893					
9	合计	7554	7943	6195	7317	29009					

图 6-34　同时返回多个结果

6.3.6　关键词条件匹配查找

与 VLOOKUP 函数一样，XLOOKUP 函数的第 1 个参数可以使用关键词（通配符匹配），不过，此时需要将 XLOOKUP 函数的第 5 个参数设置为 2。

案例 6-18

如图 6-35 所示，指定一个省份，要求查找该省份所属地区，查找公式如下，"函数参数"对话框设置如图 6-36 所示。

=XLOOKUP("*"&F2&"*",A2:A8,B2:B8,,2)

公式中，"*"&F2&"*"构建含有指定关键词的条件值，条件匹配区域是 A2:A8，获取结果区域是 B2:B8，函数的第 5 个参数设置为 2。

F3				f_x	=XLOOKUP("*"&F2&"*",A2:A8,B2:B8,,2)	

	A	B	C	D	E	F
1	省份	归属地区				
2	辽宁、吉林、黑龙江	东北			指定省份	江苏
3	上海、江苏、浙江、安徽、福建、江西、山东、台湾	华东			归属地区=？	华东
4	北京、天津、河北、山西、内蒙古	华北				
5	河南、湖北、湖南	华中				
6	广东、广西、海南、香港、澳门	华南				
7	四川、贵州、云南、西藏、重庆	西南				
8	陕西、甘肃、青海、宁夏、新疆	西北				

图 6-35　利用 XLOOKUP 函数做关键词匹配条件查找

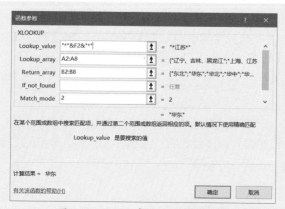

图 6-36　"函数参数"对话框设置

6.3.7 模糊条件匹配查找

如果匹配条件是一个数字，但是指定的该数字不一定能够精准搜索到，此时，可以根据实际要求，是找接近于指定数字的最大值，还是接近于指定数字的最小值，这就是模糊查找，就像使用 VLOOKUP 函数一样。

这种模糊条件匹配查找，需要设置第 5 个参数为 -1 或 1，其中，设置为 -1 表示查找最接近指定数字的最小值，设置为 1 表示查找最接近指定数字的最大值。

强大的地方在于，XLOOKUP 函数不需要对数据进行排序，但是前面介绍的 VLOOKUP 函数则必须先排序。

📈 **案例 6-19**

如图 6-37 所示，要查找销售额为 5000 元的客户，但是在 B 列没有出现 5000 元，那么在实际工作中，就有以下两种可能的查找任务了。

任务 1：销售额 5000 元以上的、最接近 5000 元的是哪个客户？

任务 2：销售额 5000 元以下的、最接近 5000 元的是哪个客户？

先看任务 1。

	A	B	C	D	E	F
	客户	销售额(元)			=XLOOKUP(5000,B2:B13,A2:A13,,1)	
1	客户	销售额(元)				
2	客户01	1473				
3	客户02	1852			5000元以上的、最接近5000元的是哪个客户?	客户09
4	客户03	23120				
5	客户09	6333				
6	客户04	824			5000元以下的、最接近5000元的是哪个客户?	客户05
7	客户06	2168				
8	客户08	973				
9	客户05	4989				
10	客户07	6931				
11	客户10	920				
12	客户11	2759				
13	客户12	623				
14						

图 6-37　XLOOKUP 函数的模糊条件匹配查找

在该例中，销售额 5000 元以上的、最接近 5000 元的是"客户 09"，因为在销售额大于 5000 元以上的几个客户中，"客户 09"的销售额是 6333 元，它最接近 5000 元，查找公式如下，该公式的"函数参数"对话框如图 6-38 所示。

```
=XLOOKUP(5000,B2:B13,A2:A13,,1)
```

再看任务 2。

在销售额 5000 元以下的几个客户中，"客户 05"的销售额是 4989 元，它最接近 5000 元，查找公式如下，该公式的"函数参数"对话框如图 6-39 所示。

```
=XLOOKUP(5000,B2:B13,A2:A13,,-1)
```

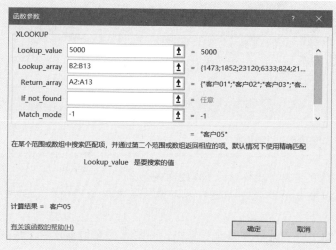

图 6-38　销售额 5000 元以上的、最接近 5000 元

图 6-39　销售额 5000 元以下的、最接近 5000 元

6.3.8　自动处理错误值

XLOOKUP 函数的第 4 个参数用于处理错误值，也就是说，如果找不到数据，就将错误值处理为想要查找的结果，这种处理就很简单了，而不像 VLOOKUP 函数那样，需要再使用 IFERROR 函数来处理错误值。

案例 6-20

如图 6-40 所示，为了避免要查找的姓名不存在而使结果出现一堆错误值，就在函数中设置了第 4 个参数，公式如下：

```
=XLOOKUP(J2,A2:A10,A2:F10,"该员工不存在")
```

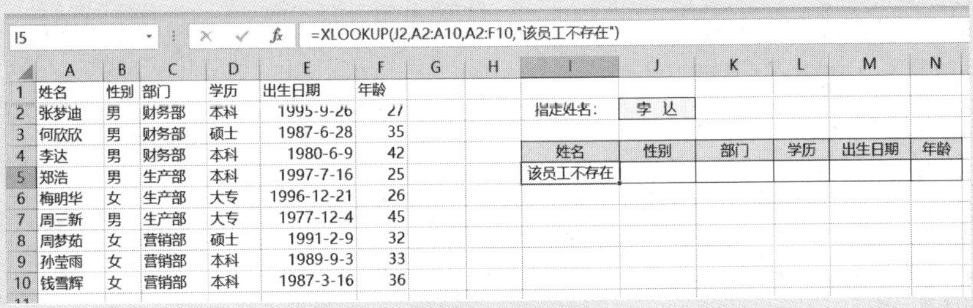

I5 =XLOOKUP(J2,A2:A10,A2:F10,"该员工不存在")

	A	B	C	D	E	F	G	H	I	J	K	L	M	N
1	姓名	性别	部门	学历	出生日期	年龄								
2	张梦迪	男	财务部	本科	1995-9-26	27			指定姓名：	李 达				
3	何欣欣	男	财务部	硕士	1987-6-28	35								
4	李达	男	财务部	本科	1980-6-9	42			姓名	性别	部门	学历	出生日期	年龄
5	郑浩	男	生产部	本科	1997-7-16	25			该员工不存在					
6	梅明华	女	生产部	大专	1996-12-21	26								
7	周三新	男	生产部	大专	1977-12-4	45								
8	周梦茹	女	营销部	硕士	1991-2-9	32								
9	孙莹雨	女	营销部	本科	1989-9-3	33								
10	钱雪辉	女	营销部	本科	1987-3-16	36								

图 6-40 处理错误值

如果要查找的姓名存在，就得到查询结果，如图 6-41 所示。

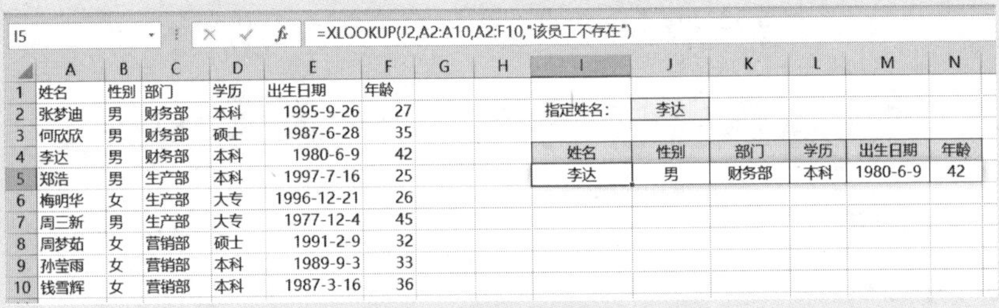

I5 =XLOOKUP(J2,A2:A10,A2:F10,"该员工不存在")

	A	B	C	D	E	F	G	H	I	J	K	L	M	N
1	姓名	性别	部门	学历	出生日期	年龄								
2	张梦迪	男	财务部	本科	1995-9-26	27			指定姓名：	李达				
3	何欣欣	男	财务部	硕士	1987-6-28	35								
4	李达	男	财务部	本科	1980-6-9	42			姓名	性别	部门	学历	出生日期	年龄
5	郑浩	男	生产部	本科	1997-7-16	25			李达	男	财务部	本科	1980-6-9	42
6	梅明华	女	生产部	大专	1996-12-21	26								
7	周三新	男	生产部	大专	1977-12-4	45								
8	周梦茹	女	营销部	硕士	1991-2-9	32								
9	孙莹雨	女	营销部	本科	1989-9-3	33								
10	钱雪辉	女	营销部	本科	1987-3-16	36								

图 6-41 查找数据存在，输出查询结果

本节知识回顾与测验

1. XLOOKUP 函数查找数据的基本逻辑是什么？

2. XLOOKUP 函数有几个参数？各个参数代表什么含义？如何正确设置这些参数？

3. XLOOKUP 函数能返回多个结果吗？如何设置查询条件和查询参数，才能实现这样的要求？

4. XLOOKUP 函数的结果是否可以作为另一个 XLOOKUP 函数的参数？为什么？

5. 你觉得 XLOOKUP 函数好用，还是 VLOOKUP 函数好用？

6. 图 6-42 左侧是源数据，现在要查找指定客户、指定产品的数据，如何使用 XLOOKUP 函数设计查找公式？

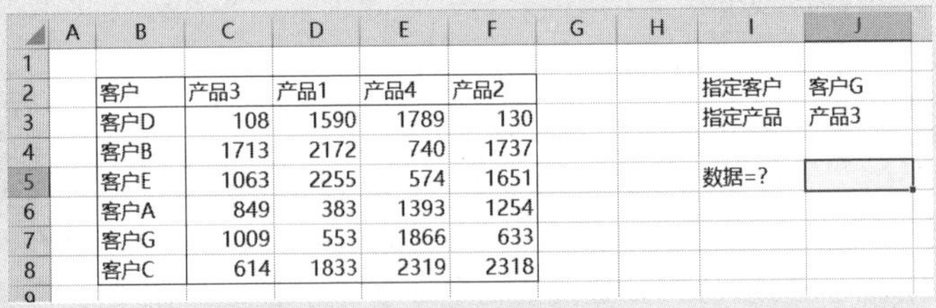

	A	B	C	D	E	F	G	H	I	J
1										
2		客户	产品3	产品1	产品4	产品2			指定客户	客户G
3		客户D	108	1590	1789	130			指定产品	产品3
4		客户B	1713	2172	740	1737				
5		客户E	1063	2255	574	1651			数据=?	
6		客户A	849	383	1393	1254				
7		客户G	1009	553	1866	633				
8		客户C	614	1833	2319	2318				

图 6-42 源数据

6.4 MATCH 函数及其案例

在介绍 VLOOKUP 函数应用时，已经介绍了 MATCH 函数的基本原理和基本用法，本节介绍 MATCH 函数及其与其他函数联合使用的经典应用案例。

6.4.1 MATCH 函数：关键词匹配定位

MATCH 函数的第 1 个参数是要搜索匹配的条件数据，这个数据可以是精确值，也可以是关键词匹配的关键词条件，使用通配符（*）来构建关键词条件值。

例如，下列公式结果是 3，因为含有"苏州"的数据是第 3 个。

=MATCH("* 苏州 *",{" 北京信息 "," 上海 "," 苏州电子 "," 英华科技 "},0)

📈 案例 6-21

图 6-43 是查找指定省份在工作表 A 列的第几行，定位公式如下：

=MATCH("*"&D2&"*",A:A,0)

D4		fx	=MATCH("*"&D2&"*",A:A,0)		
	A		B	C	D
1	省份				
2	辽宁、吉林、黑龙江			指定省份	河北
3	上海、江苏、浙江、安徽、福建、江西、山东、台湾			在第几行？	4
4	北京、天津、河北、山西、内蒙古				
5	河南、湖北、湖南				
6	广东、广西、海南、香港、澳门				
7	四川、贵州、云南、西藏、重庆				
8	陕西、甘肃、青海、宁夏、新疆				

图 6-43 根据关键词定位

6.4.2 MATCH 函数：模糊匹配定位

MATCH 函数也可以进行像 VLOOKUP 函数的模糊定位，也就是说，当查找数据中某个指定数字时，如果找不到该数字，就找最接近于该数字的最大值，或者找最接近于该数字的最小值，此时，需要将函数的第 3 个参数设置为 1 或 –1，并对数据降序升序或降序排序。

📈 案例 6-22

图 6-44 中的示例，要查找数值 5000，但在 B 列中找不到 5000，由于 MATCH 函数的第 3 个参数设置为 1，并且表格 B 列数据也做了升序排序，下列公式的结果就是 5，也就是说，小于等于 5000 的最大值（这里是 2456）在 B 列第 5 行。

```
=MATCH(F3,B:B,1)
```

图 6-44　查找小于等于指定数字的最大值的位置

图 6-45 是将 B 列做了降序排序，现在要查找数值 5000，但在 B 列中找不到 5000，将 MATCH 函数的第 3 个参数设置为 –1，那么下列公式的结果就是 4，也就是说，大于等于 5000 的最小值（这里就是 6007）在 B 列第 4 行。

```
=MATCH(F3,B:B,-1)
```

图 6-45　查找大于等于指定数字的最小值的位置

6.4.3　MATCH 函数与其他函数联合使用

在更多情况下，MATCH 函数是与其他函数联合使用，创建灵活数据查找公式，来解决复杂的实际问题，包括 VLOOKUP 函数、HLOOKUP 函数、XLOOKUP 函数、INDEX 函数、INDIRECT 函数、OFFSET 函数等，将在后面的有关案例中详细介绍。

在与这些函数联合使用时，MATCH 函数的作用就是定位：定位出满足条件的数据在第几行、第几列，然后再使用其他函数提取数据或者引用单元格区域。

下面先看一个简单的例子，以对 MATCH 函数与其他函数的联合使用有大致的了解。

案例 6-23

图 6-46 是一个各个客户、各个产品的销售统计表，现在要查找指定客户、指定产品的销售数据。注意，客户和产品是任意指定的，是变量。

	A	B	C	D	E	F	G	H	I	J
1										
2		客户	产品3	产品1	产品4	产品2			指定客户	客户E
3		客户D	108	1590	1789	130			指定产品	产品4
4		客户B	1713	2172	740	1737				
5		客户E	1063	2255	574	1651			数据=?	
6		客户A	849	383	1393	1254				
7		客户G	1009	553	1866	633				
8		客户C	614	1833	2319	2318				

图 6-46　示例数据

从本质上来讲，这个问题是两个条件的查找，根据定位思路的不同，也就有了不同的查找公式。下面是几个常见的解决方案。

解决方案 1：以客户为匹配条件，以产品为取数位置，就可以联合使用 VLOOKUP 函数和 MATCH 函数来解决。

```
=VLOOKUP(J2,B3:F8,MATCH(J3,B2:F2,0),0)
```

解决方案 2：以产品为匹配条件，以客户为取数位置，就可以联合使用 HLOOKUP 函数和 MATCH 函数来解决。

```
=HLOOKUP(J3,C2:F8,MATCH(J2,B2:B8,0),0)
```

解决方案 3：以客户和产品为两个相对位置的定位条件（即数据区域内的坐标），就可以联合使用 INDEX 函数和 MATCH 函数来解决。

```
=INDEX(C3:F8,MATCH(J2,B3:B8,0),MATCH(J3,C2:F2,0))
```

解决方案 4：以客户和产品为两个绝对位置的定位条件（即工作表的行号和列号），就可以联合使用 INDIRECT 函数和 MATCH 函数来解决。

```
=INDIRECT("R"&MATCH(J2,B:B,0)&"C"&MATCH(J3,2:2,0),FALSE)
```

解决方案 5：以数据区域的第 1 个单元格为基准单元格，通过向下向右偏移位置，就可以联合使用 OFFSET 函数和 MATCH 函数来解决。

```
=OFFSET(B2,MATCH(J2,B3:B8,0),MATCH(J3,C2:F2,0))
```

从上面的公式看到，不论是使用什么函数查找数据，都离不开一个最关键的函数：MATCH，定位指定数据的位置，才是解决问题的核心。

本节知识回顾与测验

1. MATCH 函数有哪些功能？使用时要注意哪些问题？
2. 如果要从 A 列查找含有“北京”的客户名称第 1 次出现的位置，如何设计公式？
3. 下列公式的结果是什么？

```
=MATCH(888,{205,586,1006,1950,2050},1)
```

4. 下列公式是否正确？

```
=MATCH("北京",A2:B100,0)
```

5. MATCH 函数是否可以同时查找指定几个数据的位置？

6.5 INDEX 函数及其案例

如果给定了数据在数据表中的位置，也就知道了数据的坐标，那么就可以使用 INDEX 函数取出该坐标单元格的数据。但是，INDEX 函数很少单独使用，更多的是与 MATCH 函数联合使用。

6.5.1 基本原理与使用方法

INDEX 函数的功能就是从一个数据表中，将指定位置的数据提取出来，其用法如下：

=INDEX (数据表或区域 , 行位置号 , 列位置号)

例如，下列两个公式都是提取出指定数组中的第 3 个数据（给定了数据的位置），结果数据 500：

=INDEX({100,300,500,30,20},3)
=INDEX({100;300;500;30;20},3)

案例 6-24

在实际数据处理中，经常要从单元格区域中提取数据，那么就有 3 种情况了，如图 6-47 所示，就是 INDEX 函数查找数据的 3 种常见情况。

情况 1：从一列里取数，此时，行位置号是必需参数，列位置号省略，公式如下：

=INDEX(C5:C10,3)

情况 2：从一行里取数，此时，列位置号是必需参数，行位置号省略，公式如下：

=INDEX(H5:L5,,3)

情况 3：从多行多列的矩形区域里取数，此时，行位置号和列位置号都是必需参数，公式如下：

=INDEX(P5:S10,3,2)

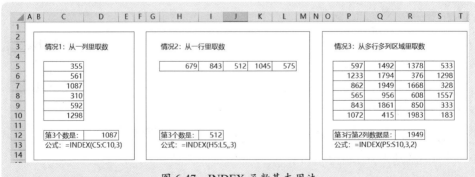

图 6-47　INDEX 函数基本用法

可以看到，INDEX 并不是一个多么复杂的函数，但要想提取出数据来，必需先确定行位置和列位置，这个位置一般就是由 MATCH 函数来确定了。

6.5.2 综合应用案例：单列或单行查找数据

INDEX 函数可进行单列或单行查找数据，也就是从某列或某行里提取出数据。

案例 6-25

图 6-48 中的示例，要求查找指定产品的全年合计数。

J3				fx	=INDEX(F2:F8,MATCH(J2,A2:A8,0))				
	A	B	C	D	E	F	G	H	I	J
1	产品	1季度	2季度	3季度	4季度	合计				
2	产品01	846	1166	1345	1741	5098			指定产品：	产品04
3	产品02	695	799	1049	801	3344			全年合计数=？	3442
4	产品03	1647	1705	1808	1591	6751				
5	产品04	1588	903	376	575	3442				
6	产品05	1774	871	1303	1017	4965				
7	产品06	2115	1332	1714	1509	6670				
8	合计	8665	6776	7595	7234	30270				

图 6-48　从某列查找数据

全年合计数在 F 列，因此这个任务的核心就是从 F 列中提取出某行的数据，这个"某行"则使用 MATCH 函数在 A 列中定位出指定产品的行号。因此，查找公式如下：

```
=INDEX(F2:F8,MATCH(J2,A2:A8,0))
```

如果要查找指定季度所有产品的合计数呢？如图 6-49 所示，此时的任务是从第 8 行的某列取数，这个"某列"则使用 MATCH 函数在第 1 行中定位出指定季度的列号。因此，查找公式如下：

```
=INDEX(B8:F8,MATCH(J2,B1:F1,0))
```

J3				fx	=INDEX(B8:F8,MATCH(J2,B1:F1,0))				
	A	B	C	D	E	F	G	H	I	J
1	产品	1季度	2季度	3季度	4季度	合计				
2	产品01	846	1166	1345	1741	5098			指定季度：	3季度
3	产品02	695	799	1049	801	3344			所有产品合计数=？	7595
4	产品03	1647	1705	1808	1591	6751				
5	产品04	1588	903	376	575	3442				
6	产品05	1774	871	1303	1017	4965				
7	产品06	2115	1332	1714	1509	6670				
8	合计	8665	6776	7595	7234	30270				

图 6-49　从某行查找数据

6.5.3 **综合应用案例：多行多列区域查找数据（简单情况）**

在实际数据处理中，用户遇到更多的情况是从一个二维表格中查找指定行、指定列的数据，这就是多行多列区域数据查找问题，基本思路是：分别使用 MATCH 函数定位出行号和列号，再使用 INDEX 函数提取出数据。

案例 6-26

在上面的示例中，如果要查找指定产品、指定季度的数据呢？如图 6-50 所示，查找公式如下：

```
=INDEX(B2:F8,MATCH(J2,A2:A8,0),MATCH(J3,B1:F1,0))
```

这个公式的基本逻辑说明如下。
- 查找数据区域是一个多行多列的单元格区域 B2:F8。
- MATCH(J2,A2:A8,0) 是定位指定产品在查找数据区域的行位置号。
- MATCH(J3,B1:F1,0) 是定位指定季度在查找数据区域的列位置号。
- 注意使用 MATCH 函数定位的起始行和起始列，它们要与查找数据区域的起始行和起始列一致，不能错位。

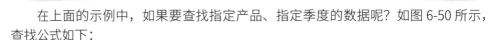

	A	B	C	D	E	F	G	H	I	J
1	产品	1季度	2季度	3季度	4季度	合计				
2	产品01	846	1166	1345	1741	5098			指定产品：	产品04
3	产品02	695	799	1049	801	3344			指定季度：	3季度
4	产品03	1647	1705	1808	1591	6751				
5	产品04	1588	903	376	575	3442			数据=?	376
6	产品05	1774	871	1303	1017	4965				
7	产品06	2115	1332	1714	1509	6670				
8	合计	8665	6776	7595	7234	30270				

图 6-50 从多列多行区域查找数据

6.5.4 **综合应用案例：多行多列区域查找数据（复杂情况）**

前面的例子还是比较简单的，在实际工作中，人们会遇到从结构更为复杂一些的表格中查找数据，下面再介绍一个案例。

案例 6-27

图 6-51 是一个各个产品在各个季度的预算执行情况统计汇总表，现在的任务是制作两个报表。
（1）查询指定季度的各个产品的预算执行情况，要求的报表如图 6-52 所示。
（2）查询指定产品在各个季度的预算执行情况，要求的报表如图 6-53 所示。

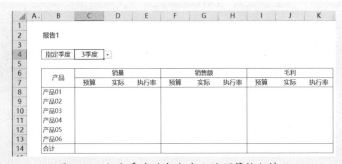

产品	项目	1季度			2季度			3季度			4季度			全年		
		预算	实际	执行率	预算	实际	执行率	预算	实际	执行率	预算	实际	执行率	预算	实际	执行率
产品01	销量	2,132	1,497	70%	1,252	1,412	113%	1,585	1,375	87%	1,420	1,380	97%	6,389	5,664	89%
	销售额	464,776	366,765	79%	252,904	360,060	142%	230,686	295,873	128%	336,540	313,260	93%	1,284,906	1,335,958	104%
	毛利	116,194	62,350	54%	55,638	82,813	149%	84,741	82,490	97%	67,308	65,784	98%	323,881	293,437	91%
产品02	销量	4,763	1,436	30%	5,473	1,492	27%	6,038	4,859	80%	6,329	1,436	23%	22,603	9,223	41%
	销售额	6,339,553	1,967,320	31%	5,350,239	2,223,080	42%	6,375,895	3,836,573	60%	8,689,717	2,179,848	25%	26,755,404	10,206,821	38%
	毛利	950,932	550,849	58%	1,249,540	333,462	27%	1,048,595	839,485	80%	955,868	544,962	57%	4,204,935	2,268,758	54%
产品03	销量	676	612	91%	1,189	2,156	181%	1,386	1,847	133%	838	1,058	126%	4,089	5,673	139%
	销售额	552,292	830,068	150%	623,036	595,440	96%	638,485	718,485	113%	693,864	845,132	122%	2,507,677	2,989,125	119%
	毛利	270,623	425,334	157%	311,518	217,948	70%	385,854	305,069	79%	319,177	322,566	101%	1,287,172	1,270,917	99%
产品04	销量	169	150	89%	162	281	173%	194	249	128%	141	129	91%	666	809	121%
	销售额	35,490	24,050	68%	32,886	41,478	126%	35,979	42,137	117%	29,610	15,445	52%	133,965	123,110	92%
	毛利	4,968	5,626	113%	5,261	7,869	150%	6,013	7,869	131%	7,698	2,952	38%	23,940	24,316	102%
产品05	销量	828	684	83%	825	914	111%	948	1,038	109%	464	214	46%	3,065	2,850	93%
	销售额	640,872	412,480	64%	662,475	816,360	123%	714,848	824,758	115%	378,624	232,990	62%	2,396,819	2,286,588	95%
	毛利	390,931	236,492	60%	344,487	395,726	115%	385,747	401,938	104%	136,304	94,144	69%	1,257,469	1,128,300	90%
产品06	销量	539	552	102%	510	380	75%	653	873	134%	639	704	110%	2,341	2,509	107%
	销售额	58,751	40,560	69%	60,690	53,800	89%	79,599	49,590	62%	71,568	67,216	94%	270,608	211,166	78%
	毛利	6,462	2,461	38%	10,317	8,538	83%	19,599	7,647	39%	13,597	8,354	61%	49,975	27,000	54%
合计	销量	9,107	4,931	54%	9,411	6,635	71%	10,804	10,241	95%	9,831	4,921	50%	39,153	26,728	68%
	销售额	8,091,734	3,641,243	45%	6,982,230	4,090,218	59%	8,075,492	5,767,416	71%	10,199,923	3,653,891	36%	33,349,379	17,152,768	51%
	毛利	1,740,110	1,283,112	74%	1,976,761	1,046,356	53%	1,930,549	1,644,498	85%	1,499,952	1,038,762	69%	7,147,372	5,012,728	70%

汇总表　分析报告

图 6-51　预算执行情况统计汇总表

报告1

指定季度　3季度

产品	销量			销售额			毛利		
	预算	实际	执行率	预算	实际	执行率	预算	实际	执行率
产品01									
产品02									
产品03									
产品04									
产品05									
产品06									
合计									

图 6-52　指定季度的各个产品的预算执行情况

报告2

指定产品　产品04

季度	销量			销售额			毛利		
	预算	实际	执行率	预算	实际	执行率	预算	实际	执行率
1季度									
2季度									
3季度									
4季度									
全年									

图 6-53　指定产品在各个季度的预算执行情况

这个表格看起来很复杂，但是仔细研究一下，其实是比较简单的数据查找，之所以说比较简单，是因为可以利用 MATCH 函数来定位，使用 INDEX 函数来取数。

先看第 1 个报告。下面是这个报告的设计要点，而详细的公式设计过程，请观看录制的视频。

例如，要查找指定季度、产品 01 的销量预算数，这里有 4 个条件。

- 条件 1：指定季度，在第 1 行定位，可知指定季度的列位置号。
- 条件 2：指定产品（产品 01），在 A 列定位，可知指定产品的行位置号。
- 条件 3：销量，可以使用一个常量数组 {"销量","销售额","毛利"} 来定位其相对位置（是第几个）。

- 条件 4：预算数，可以使用一个常量数组 {"预算","实际","执行率"} 来定位其相对位置（是第几个）。

这样，就可以根据这个思路来设计查找公式。

- 首先确定查找数据的单元格区域是 C3:Q23。
- 指定季度的列位置号，使用 MATCH 函数来确定：

    MATCH($C$4,汇总表!$C$1:$Q$1,0)

- 产品的行位置号也使用 MATCH 函数来确定：

    MATCH($B8,汇总表!$A$3:$A$23,0)

- 销量的相对位置，使用 MATCH 函数从常量数组中定位：

    MATCH(C$6,{"销量","销售额","毛利"},0)

- 预算数的相对位置，使用 MATCH 函数从常量数组中定位：

    MATCH(C$7,{"预算","实际","执行率"},0)

- 指定季度的预算数的取数实际列位置号，就可以由下面表达式计算得出：

    MATCH($C$4,汇总表!$C$1:$Q$1,0)+MATCH(C$7,{"预算","实际","执行率"},0)-1

- 某个产品的销量取数实际行位置号，可以由下列表达式计算得出：

    MATCH($B8,汇总表!$A$3:$A$23,0)+MATCH(C$6,{"销量","销售额","毛利"},0)-1

这样，指定季度、产品 01 的销量（单元格 C8）的查找公式如下：

    =INDEX(汇总表!$C$3:$Q$23,
            MATCH($B8,汇总表!$A$3:$A$23,0)+MATCH(C$6,{"销量","销售额","毛利"},0)-1,
            MATCH($C$4,汇总表!$C$1:$Q$1,0)+MATCH(C$7,{"预算","实际","执行率"},0)-1
)

指定季度、产品 01 的销售额（单元格 D8）的查找公式修改如下：

    =INDEX(汇总表!$C$3:$Q$23,
            MATCH($B8,汇总表!$A$3:$A$23,0)+MATCH(C$6,{"销量","销售额","毛利"},0)-1,
            MATCH($C$4,汇总表!$C$1:$Q$1,0)+MATCH(D$7,{"预算","实际","执行率"},0)-1
)

指定季度、产品 01 的毛利（单元格 E8）的查找公式修改如下：

    =INDEX(汇总表!$C$3:$Q$23,
            MATCH($B8,汇总表!$A$3:$A$23,0)+MATCH(C$6,{"销量","销

售额 ","毛利 "},0)-1,

  MATCH($C$4,汇总表!$C$1:$Q$1,0)+MATCH(E$7,{"预算 ","实际 ","执行率 "},0)-1

)

选择单元格区域 C8:E8，往右往下复制，就得到所有产品的数据，如图 6-54 所示。

	销量			销售额			毛利		
产品	预算	实际	执行率	预算	实际	执行率	预算	实际	执行率
产品01	1,585	1,375	87%	230,686	295,873	128%	84,741	82,490	97%
产品02	6,038	4,859	80%	6,375,895	3,836,573	60%	1,048,595	839,485	80%
产品03	1,386	1,847	133%	638,485	718,485	113%	385,854	305,069	79%
产品04	194	249	128%	35,979	42,137	117%	6,013	7,869	131%
产品05	948	1,038	109%	714,848	824,758	115%	385,747	401,938	104%
产品06	653	873	134%	79,599	49,590	62%	19,599	7,647	39%
合计	10,804	10,241	95%	8,075,492	5,767,416	71%	1,930,549	1,644,498	85%

图 6-54　完成的报告 1

第 2 个报告的查找公式设计也不难，参照上述介绍的思路，就很容易做出来。例如，单元格 N8 中的查找公式如下，完成的报告如图 6-55 所示。

=INDEX(汇总表 !$C$3:$Q$23,

  MATCH($N$4,汇总表!$A$3:$A$23,0)+MATCH(N$6,{"销量 ","销售额 ","毛利 "},0)-1,

  MATCH($M8,汇总表!$C$1:$Q$1,0)+MATCH(N$7,{"预算 ","实际 ","执行率 "},0)-1

)

	销量			销售额			毛利		
季度	预算	实际	执行率	预算	实际	执行率	预算	实际	执行率
1季度	169	150	89%	35490	24050	68%	4968	5626	113%
2季度	162	281	173%	32886	41478	126%	5261	7869	150%
3季度	194	249	128%	35979	42137	117%	6013	7869	131%
4季度	141	129	91%	29610	15445	52%	7698	2952	38%
全年	666	809	121%	133965	123110	92%	23940	24316	102%

图 6-55　完成的报告 2

6.5.5 综合应用案例：制作动态图表（表单控件）

真正的动态图表，是使用表单控件来控制图表的，表单控件在"开发工具"选项卡中，如图 6-56 所示。在制作动态图表时，常用的控件有组合框、列表框、选项按钮、复选框、滚动条、数值调节钮等。

第 6 章　数据查找与引用案例精讲

图 6-56　表单控件

案例 6-28

使用组合框来控制图表的效果如图 6-57 所示，通过在图表上方的组合框下拉列表中选择要查看的产品，就自动绘制该产品的各个地区销售对比柱形图。

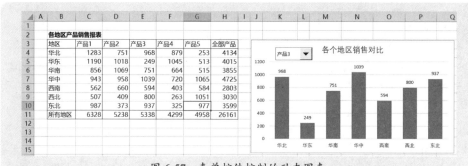

图 6-57　表单控件控制的动态图表

使用控件制作动态图表，可以定义动态名称，也可以设计辅助区域。

图 6-58 就是设计的辅助区域，由于组合框的数据源必须是工作表的一列数据区域，所以要先将产品名称整理为一列，然后设置组合框的空间格式。

图 6-58　设置组合框控制格式

这里组合框的单元格链接是单元格 K4，也就是说，选择组合框中的某个产品名称时，会在单元格 K4 中得到一个顺序号数字，这个数字就是组合框中选择的产品顺序号，因此就可以根据单元格 K4 中的值，使用 INDEX 函数从数据表中查询数据，如图 6-59 所示，公式如下：

```
=INDEX(C4:H4,$K$4)
```

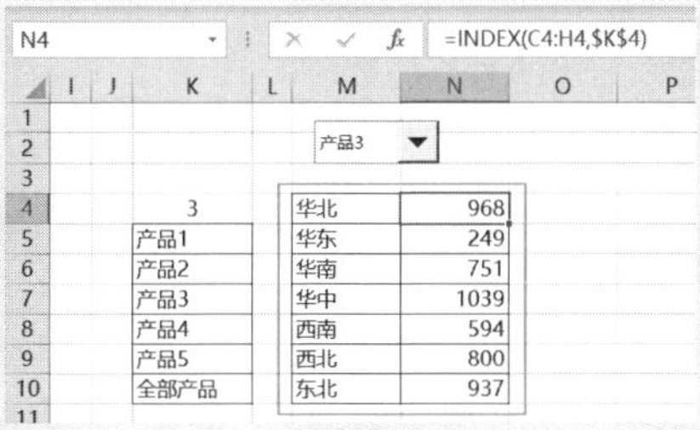

图 6-59　使用 INDEX 函数根据组合框返回值查找数据

此时，组合框的功能就相当于 MATCH 函数，自动给出了产品的位置号，因此查找公式就很简单了。

最后，再使用查找到的数据绘制图表，就完成了动态图表的制作。

✐ 本节知识回顾与测验

1. INDEX 函数查找数据的基本原理是什么？

2. 如何从一个二维表中，利用 INDEX 函数查找满足两个行列指定条件的数据？

3. INDEX 函数的结果一般是满足条件的一个数据，那么 INDEX 函数能否返回多个结果？例如，同时取出第 3 行、第 7 行、第 10 行、第 20 行的数据？

4. 在制作组合框或列表框控制的动态图表时，常用的函数是什么？

6.6　OFFSET 函数及其案例

在数据分析中，OFFSET 是一个不可或缺的函数之一，设计动态分析报告，制作动态分析图表，都离不开 OFFSET 函数。本节介绍 OFFSET 函数的基本原理以及一些常见的经典应用案例。

6.6.1　基本原理与使用方法

OFFSET 函数的基本功能是从一个基准单元格出发，往下（或往上）偏移几行、往右（或往左）偏移几列，然后引用一个新单元格或新单元格区域，其用法如下：

```
=OFFSET（基准单元格，偏移行数，偏移列数，新区域行数，新区域列数）
```

为了彻底了解函数的各个参数含义及函数的计算结果，下面举例说明。

案例 6-29

假设基准单元格是 B3，往下偏移 5 行，再往右偏移 3 列，就达到了单元格 E8，如果仅仅是引用这个 E8 单元格，那么公式如下，OFFSET 函数偏移引用过程如图 6-60 所示，"函数参数"对话框设置如图 6-61 所示。

```
=OFFSET(B3,5,3)
```

这个公式的结果，就是引用了单元格 E8，也就是引用了单元格 E8 的数据。

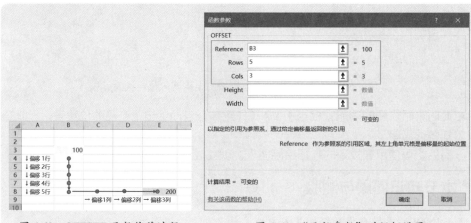

图 6-60 OFFSET 函数偏移过程   图 6-61 "函数参数"对话框设置

如果偏移到单元格 E8 后，想引用一个以单元格 E8 为左上角单元格、高度（行数）为 6 行、宽度（列数）为 4 列的新单元格区域，公式如下，那么偏移及引用过程如图 6-62 所示，"函数参数"对话框设置如图 6-63 所示。

```
=OFFSET(B3,5,3,6,4)
```

这个公式的结果，就是引用了新单元格区域 E8:H13。

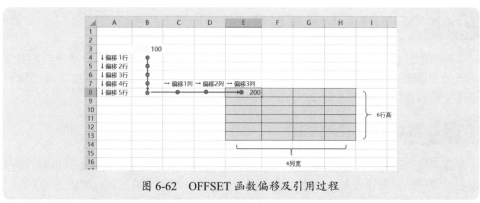

图 6-62 OFFSET 函数偏移及引用过程

OFFSET 函数使用的关键是，如何设置基准单元格、偏移的行数和列数，以及新单元格高度（行数）和宽度（列数），以引用新的单元格或新单元格区域。

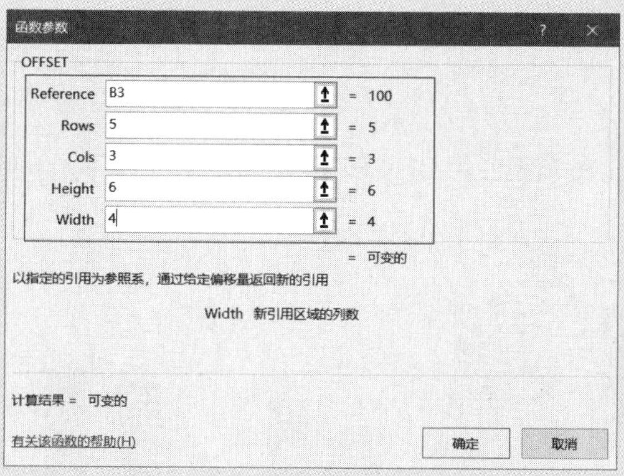

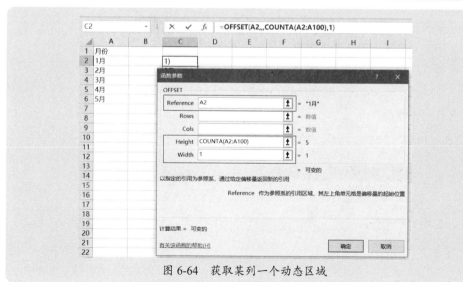

图 6-63 "函数参数"对话框设置

如果偏移行数是正数，就是往下偏移；如果是负数，就是往上偏移。

如果偏移列数是正数，就是往右偏移；如果是负数，就是往左偏移。

6.6.2 基本应用案例：引用某列动态区域，制作随数据增减自动调整的图表

如果要引用某列的一个动态区域，例如，引用以 A2 单元格为第 1 个单元格的一个新单元格区域，该单元格区域的行数取决于非空单元格的个数，那么就可以设计如下的公式，如图 6-64 所示。

```
=OFFSET(A2,,,COUNTA(A2:A100),1)
```

图 6-64 获取某列一个动态区域

OFFSET 函数的这种用法，用于制作随数据增减而自动调整的动态图表，下面举例说明。

Excel 函数公式综合应用实践案例视频精讲

📈 **案例 6-30**

图 6-65 和图 6-66 就是使用 OFFSET 函数引用动态区域制作的随数据增减而自动调整的动态图表。

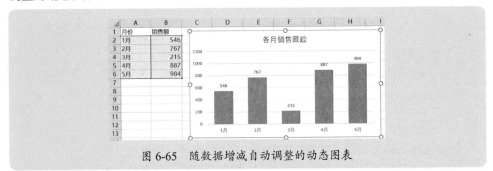

图 6-65　随数据增减自动调整的动态图表

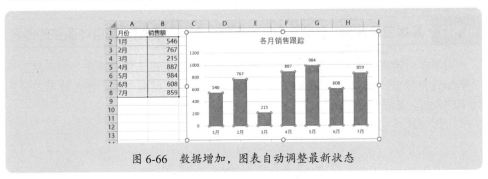

图 6-66　数据增加，图表自动调整最新状态

这里定义了下面两个动态名称，如图 6-67 所示。
名称"月份"：

```
=OFFSET($A$2,,,COUNTA($A$2:$A$100),1)
```

名称"销售额"：

```
=OFFSET($B$2,,,COUNTA($A$2:$A$100),1)
```

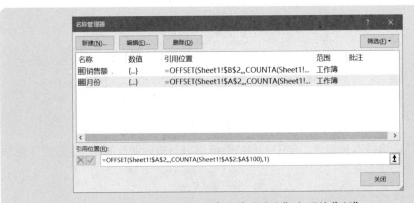

图 6-67　定义的动态名称"月份"和"销售额"

然后根据定义的动态名称绘制图表就可以了。

案例 6-31

如果是多个产品的各月销售数据，现在要制作一个能够查看指定产品，并且能够随数据增减而自动调整的动态图表，效果如图6-68所示。

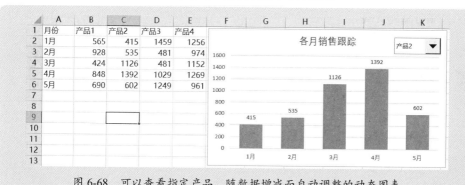

图 6-68　可以查看指定产品、随数据增减而自动调整的动态图表

在这个图表中，使用组合框选择产品，组合框的数据源区域及单元格链接设置情况如图6-69所示。

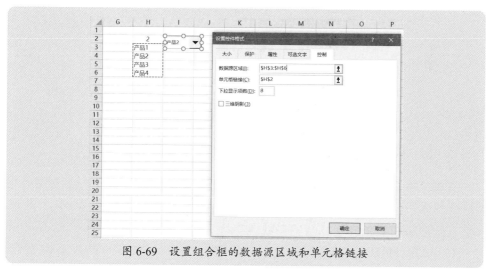

图 6-69　设置组合框的数据源区域和单元格链接

然后定义以下两个动态名称"月份"和"销售额"。
名称"月份"：

```
=OFFSET($A$2,,,COUNTA($A$2:$A$100),1)
```

名称"销售额"：

```
=OFFSET($A$2,,$H$2,COUNTA($A$2:$A$100),1)
```

名称"销售额"的引用公式中，就是根据组合框选择的产品（组合框返回值，单元格 H2），向右偏移引用该产品的数据区域。

6.6.3 基本应用案例：引用某行的动态区域，计算累计数

在经营分析中，经常要计算截止到某个月的累计值。例如，分析一季度的同比增长情况，分析上半年的同比增长情况，分析上半年的预算执行情况，等等，这些都涉及累计值的计算。

在计算累计数时，经常使用 OFFSET 函数，下面介绍计算累计数的实际应用案例。

案例 6-32

图 6-70 是各个产品在各个月的销售统计表，现在要求分析指定月份下，对比各个产品的累计销售情况。

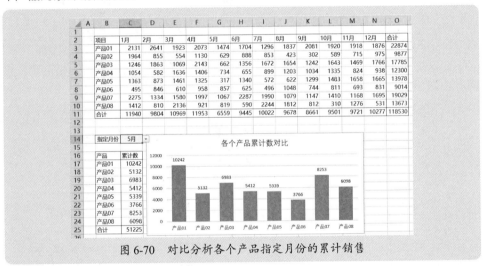

图 6-70 对比分析各个产品指定月份的累计销售

在单元格 C14 中设置数据验证，以便快速选择输入月份名称，然后在单元格 C17 中输入下列累计数计算公式：

```
=SUM(OFFSET(C3,,,1,MATCH($C$14,$C$2:$N$2,0)))
```

在公式中，MATCH($C$14,$C$2:$N$2,0) 用于统计指定月份在统计表中的列位置号，而这个列位置号就是要加总的单元格个数，也就是新单元格区域的宽度（列数），因此 MATCH 函数的结果作为新单元格区域的宽度（列数），而每个产品的单元格区域高度（行数）是 1 行，这样，从 C 列的 1 月份开始算，每个产品的累计数求和区域就是 1 行高，MATCH 函数计算结果列宽的新区域，使用 SUM 函数对这个区域求和，就是累计数了。

有了各个产品的累计销售数据，就可以绘制柱形图进行比较。

6.6.4 综合应用案例：分析指定起止月份之间的预算执行情况

如果是指定了起始月份和截止月份，要计算这两个月份之间（含这两个月份）的合计数，同样的思路：使用 MATCH 函数分别定位起始月份和截止月份的位置，然后使用 OFFSET 函数引用这个单元格区域，进行求和。

📈 案例 6-33

图 6-71 的表格中，有各月计划数和各月实际数，现在要求计算指定起止月份之间的计划合计数和实际合计数。

起始月 **4月** 结束月 **6月**

项目	计划	实际	达成	差额	计划合计	1月	2月	3月	4月	5月	6月	7月	8月	9月	10月	11月	12月	实际合计	1月	2月	3月	4月	5月	6月	7月	8月	9月	10月	11月	12月
单品1					4,941	465	637	510	501	445	362	537	370	287	468	131	228	4,451	118	435	220	423	227	591	337	165	455	447	525	508
单品2					3,792	425	228	557	148	154	142	106	377	218	476	499	462	4,759	375	210	291	679	369	482	277	655	419	270	326	406
单品3					4,903	169	621	317	564	690	584	160	364	186	448	305	495	3,832	693	241	155	510	309	209	134	125	645	169	216	406
单品4					4,022	305	475	325	130	252	246	433	597	384	212	368	295	5,153	274	127	507	406	435	640	236	510	511	487	367	653
单品5					4,558	327	265	422	633	535	609	397	551	183	245	154	183	4,745	393	654	282	170	248	281	119	374	356	579	387	245
单品6					5,038	366	561	277	473	292	527	134	363	223	649	511	662	5,366	611	225	340	680	431	347	669	199	626	282	280	676
单品7					5,367	637	221	698	360	152	371	344	525	657	671	363	368	4,444	526	396	328	103	657	115	639	467	158	157	250	648
单品8					4,379	519	150	140	176	211	585	340	632	685	390	288	381	4,373	314	311	380	406	243	239	117					
单品9					3,785	422	507	365	383	244	569	171	147	160	180	441	196	4,682	544	416	255	643	186	193	433	436	392	233	461	490
单品10					3,989	313	466	440	142	332	209	531	133	249	236	238	700	4,857	576	210	373	283	642	183	137	506	176	642	574	555

图 6-71　计算指定起止月份之间的合计数

计算公式分别如下，计算结果如图 6-72 所示。

单元格 B6，计划合计数：

```
=SUM(OFFSET(F6,,MATCH($C$2,$G$5:$R$5,0),1,MATCH($E$2,$G
$5:$R$5,0)-MATCH($C$2,$G$5:$R$5,0)+1))
```

单元格 C6，实际合计数：

```
=SUM(OFFSET(S6,,MATCH($C$2,$T$5:$AE$5,0),1,MATCH($E$2,$T
$5:$AE$5,0)-MATCH($C$2,$T$5:$AE$5,0)+1))
```

以单元格 B6 的计划合计数公式为例，公式的计算逻辑如下。

- 基准单元格是 F6。
- MATCH($C$2,$G$5:$R$5,0) 是确定指定起始月份从单元格 F6 开始偏移的列数，示例公式的计算结果是 4，也就是说，从单元格 F6 开始往右偏移 4 列，才是起始月份单元格的位置。
- MATCH($E$2,$G$5:$R$5,0) 是计算截止月份的位置，示例公式结果是 6，也就是从 G 列算，截止月份单元格在第 6 列。
- MATCH($C$2,$G$5:$R$5,0) 是计算起始月份的位置，示例公式结果是 4，也就是从 G 列算，起始月份单元格在第 4 列。
- MATCH($E$2,$G$5:$R$5,0)-MATCH($C$2,$G$5:$R$5,0)+1 是计算起始月份与截止月份之间单元格的个数，示例公式结果是 6-4+1=3，也就是要计算的单元格区域有 3 个单元格。

- 使用 OFFSET 函数引用起始月份到截止月份之间的单元格区域，示例公式就是 OFFSET(F6,,4,1,3)。
- 使用 SUM 函数对 OFFSET 函数引用的单元格区域求和，就是要求计算的合计数。

| B6 | | | | fx | =SUM(OFFSET(F6,MATCH($C$2,$G$5:$R$5,0),1,MATCH($E$2,$G$5:$R$5,0)-MATCH($C$2,$G$5:$R$5,0)+1)) | | | | | | | | | | | | | | | | | | | | | | | | | | | |

图 6-72 计算结果

6.6.5 小技巧：如何判断 OFFSET 函数结果是否正确

在输入 OFFSET 函数公式时，最好使用"函数参数"对话框，此外，公式输入完后，还要掌握验证公式是否正确。

案例 6-34

当使用 OFFSET 函数设计好公式后，为了验证 OFFSET 函数的结果是否正确，可以按照以下步骤来验证，视频案例数据如图 6-73 所示。

1. 先把 OFFSET 函数部分复制（按级合键 Ctrl+C）。

2. 单击名称框，按组合键 Ctrl+V，将此公式字符串复制到名称框中。

3. 按 Enter 键，观察是否自动选择了某个单元格或单元格区域，如果是，说明 OFFSET 函数使用正确，否则就是做错了。

| C17 | | | | fx | =SUM(OFFSET($C$2,MATCH(C14,B3:B11,0),,1,MATCH(C15,$C$2:$O$2,0))) |

	A	B	C	D	E	F	G	H	I	J	K	L	M	N	O
2		产品	1月	2月	3月	4月	5月	6月	7月	8月	9月	10月	11月	12月	合计
3		产品01	1,353	2,950	2,149	2,317	2,966	1,519	1,150	2,212	2,964	487	1,235	3,012	24,314
4		产品03	1,343	916	2,256	2,308	2,065	1,099	1,520	2,247	2,946	1,654	2,652	743	21,749
5		产品04	2,306	644	2,013	3,068	518	430	2,355	2,186	1,384	2,616	2,578	1,614	21,712
6		产品05	2,377	2,635	3,016	1,867	500	1,163	3,009	1,428	1,909	1,164	2,336	2,155	23,559
7		产品07	2,333	2,516	2,154	2,179	2,540	2,000	566	2,493	1,988	2,500	747	2,647	24,723
8		产品08	823	2,592	1,559	1,174	643	1,030	2,677	3,001	1,250	1,477	1,849	1,066	19,141
9		产品09	794	1,388	2,528	1,198	1,249	571	2,414	2,123	2,026	757	459	2,753	18,260
10		产品10	1,891	584	1,001	1,584	1,751	505	3,040	2,427	1,125	1,073	1,859	3,001	19,841
11		合计	13,220	14,225	16,676	15,695	12,232	8,377	16,731	18,117	15,592	11,728	13,715	16,991	173,299
12															
13															
14		指定产品	产品05												
15		指定月份	7月												
16															
17		累计数:	14567												

图 6-73 OFFSET 函数公式验证示例

说明：在 Excel 365 中，OFFSET 函数公式会自动溢出结果，因此可以直接观察 OFFSET 函数引用是否正确。

✐ 本节知识回顾与测验

1. OFFSET 函数的功能是什么？在使用时要注意哪些事项？

2. OFFSET 函数的结果可以是引用一个单元格，也可以是引用一个单元格区域，此说法是否正确？

3. 在使用 OFFSET 函数进行数据动态分析中，如何自动确定要偏移的行数和列数？

4. 有人说，我们怎么看到别人的 OFFSET 函数公式中有 3 个逗号在一起，这是什么意思？

5. 下列公式会得到什么结果？

```
=OFFSET(A1,10,6)
```

6. 下列公式会得到什么结果？

```
=OFFSET(A1,10,6,5,3)
```

7. 从公式看，下列公式用于完成什么计算？

```
=SUM(OFFSET(D2,MATCH("油墨",A3:A100,0),,1,MATCH("5月",D2:O2,0)))
```

8. 如何快速验证 OFFSET 公式是否正确？

6.7 INDIRECT 函数及其案例

顾名思义，INDIRECT 就是"间接"的意思，也就是说，不直接用鼠标选择输入具体的单元格地址来引用（或者手工输入具体的单元格地址引用），而是通过一个中介引用指定的单元格，这就是间接引用。这种情况下，INDIRECT 函数的功能就变得非常强大了。

6.7.1 基本原理与使用方法

INDIRECT 函数的功能是将一个字符串表示的单元格地址转换为对单元格的引用，用法如下：

```
=INDIRECT(字符串表示的单元格地址,引用方式)
```

这里，需要注意的几点如下：

- INDIRECT 函数转换的对象是一个文本字符串。
- 这个文本字符串必须是表达为单元格或单元格区域的地址，如 "A2"，"分析!C5"。如果这个字符串不能表达为单元格地址，就会出现错误，如"分析 C5"就是错误的（少了一个感叹号，会将"分析"两字认为是文本，而不是工作表名称）。

- 如果需要使用连接运算符（&），想办法构建这个单元格地址字符串。
- INDIRECT 函数转换的结果是这个字符串所代表的单元格或单元格区域的引用，如果是一个单元格，会得到该单元格的值；如果是一个单元格区域，结果会莫名其妙，可能是一个值，也可能是错误值。
- 函数的第 2 个参数如果忽略或输入 TRUE，表示的是 A1 引用方式（就是常规的方式，列标是字母，行号是数字，如 C5 就是 C 列第 5 行）；如果输入 FALSE，表示的是 R1C1 引用方式（此时的列标是数字，行号是数字，如 R5C3 表示第 5 行第 3 列，也就规的 C5 单元格）。
- 大部分情况下，第 2 个参数忽略即可，个别情况需要设置为 FALSE，这样可以简化公式，解决移动取数的问题。

📈 案例 6-35

图 6-74 是 INDIRECT 函数的基本逻辑原理，单元格 D6 是字符串"B3"，这个"B3"恰好又是单元格 B3 的地址，这样在某一个单元格中输入如下公式，那么公式的结果就是单元格 B3 的值（500）：

```
=INDIRECT(D6)
```

这个公式并没有引用单元格 B3，而是引用的单元格 D6，但单元格 B6 的数据是字符串"B3"，因此 INDIRECT 函数就把这个字符串"B3"转换为对单元格 B3 的引用。

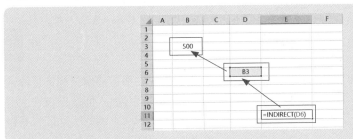

图 6-74　INDIRECT 函数的基本原理：当前工作表

图 6-75 是另外一个示例，在工作表"Sheet1"的单元格 B4 中是字符串"Sheet2!B3"，而这个字符串恰好又是工作表"Sheet2"单元格 B3 的地址，那么下列公式的结果就是工作表"Sheet2"单元格 B3 的数据。

```
=INDIRECT(B4)
```

这个公式并没有引用工作表"Sheet2"的单元格 B3，而是引用的当前工作表的单元格 B4，但单元格 B4 的数据是字符串"Sheet2!B3"，因此，INDIRECT 函数就把这个字符串"Sheet2!B3"转换为对工作表"Sheet2"的单元格 B3 的引用。

由于 INDIRECT 函数的结果是单元格引用，因此它可以与其他很多函数联合使用，解决一些复杂的实际问题，以及来构建自动化数据分析模型。下面介绍几个

INDIRECT 函数的实际应用案例。

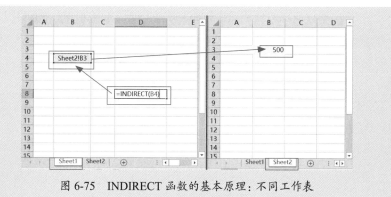

图 6-75　INDIRECT 函数的基本原理：不同工作表

6.7.2 综合应用案例：快速从各个工作表查询汇总数据

如果有很多工作表，需要根据指定的条件，从各个工作表中查询数据，保存到一个汇总表中，此时可以使用 INDIRECT 函数快速完成数据查找与汇总。

案例 6-36

图 6-76 是各个项目的收入支出明细，分别保存在各个项目工作表中，现在的任务是将各个项目的数据进行汇总，汇总表要求如图 6-77 所示。

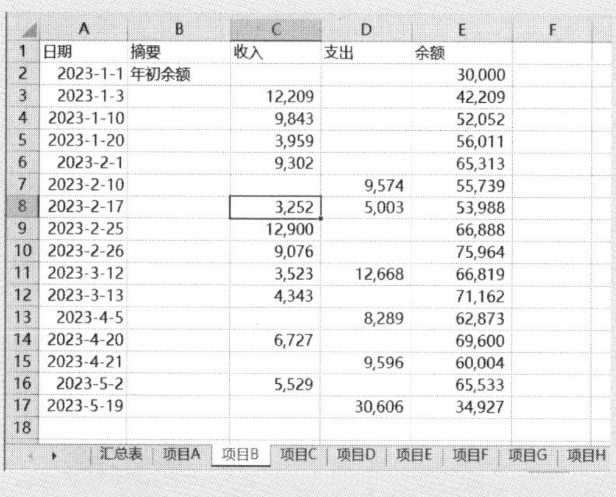

日期	摘要	收入	支出	余额
2023-1-1	年初余额			30,000
2023-1-3		12,209		42,209
2023-1-10		9,843		52,052
2023-1-20		3,959		56,011
2023-2-1		9,302		65,313
2023-2-10			9,574	55,739
2023-2-17		3,252	5,003	53,988
2023-2-25		12,900		66,888
2023-2-26		9,076		75,964
2023-3-12		3,523	12,668	66,819
2023-3-13		4,343		71,162
2023-4-5			8,289	62,873
2023-4-20		6,727		69,600
2023-4-21			9,596	60,004
2023-5-2		5,529		65,533
2023-5-19			30,606	34,927

图 6-76　各个项目的收支明细表

项目	年初余额	累计收入	累计支出	当前余额
项目A				
项目B				
项目C				
项目D				
项目E				
项目F				
项目G				
项目H				
项目K				
项目N				
项目P				
合计				

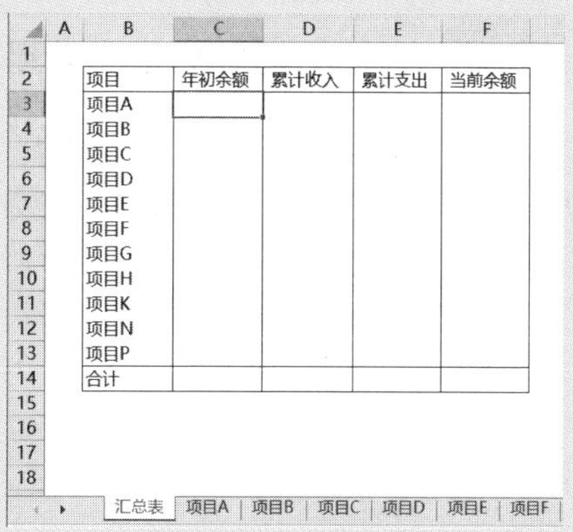

图 6-77　项目汇总表

注意：每个工作表名称就是项目名称，因此可以根据汇总表 B 列的项目名称构建引用每个项目工作表的引用字符串，然后再使用 INDIRECT 函数进行转换即可。

单元格 C3，年初余额（注意每个项目工作表的年初余额数据都是在 E2 单元格中）：

```
=INDIRECT(B3&"!E2")
```

单元格 D3，累计收入（使用 SUM 函数将每个项目工作表的 C 列求和）：

```
=SUM(INDIRECT(B3&"!C:C"))
```

单元格 E3, 累计支出 (使用 SUM 函数将每个项目工作表的 D 列求和):

```
=SUM(INDIRECT(B3&"!D:D"))
```

单元格 F3, 当前余额 (使用 LOOKUP 函数查找每个项目工作表的 E 列最后一个单元格):

```
=LOOKUP(1,0/(INDIRECT(B3&"!E2:E1000")<>""),INDIRECT(B3&"!E2:E1000"))
```

最后完成的汇总表如图 6-78 所示。

项目	年初余额	累计收入	累计支出	当前余额
项目A	30,291	57,140	73,589	13,842
项目B	30,000	80,663	75,736	34,927
项目C	2,959	103,073	77,479	28,553
项目D	35,676	69,885	63,231	42,330
项目E	5,000	47,370	44,490	7,880
项目F	20,586	76,354	50,257	46,683
项目G	2,000	82,025	62,338	21,687
项目H	-	86,316	38,153	48,163
项目K	-	88,518	62,754	25,764
项目N	140,503	49,107	149,863	39,747
项目P	25,790	55,641	59,179	22,252
合计	292,805	796,092	757,069	331,828

图 6-78 完成的汇总表

注意: 在 LOOKUP 函数公式中, 使用固定区域而不是整列, 因为选择整列的话, 计算速度会变慢。

6.7.3 综合应用案例: 各月费用跟踪分析

在实际工作中, 经常会遇到这样的情况: 一个月一个工作表, 分别保存每个月的数据, 如每月的利润表、每月的费用表、每月的成本表等, 这样就需要将每个月的工作表数据进行汇总, 以便于进行分析, 或者直接以每个月工作表数据建立数据分析模型, 快速、灵活分析数据, 而当以后新增加工作表后, 分析报告会自动更新为最新结果。

📊 案例 6-37

图 6-79 是各个部门、各个费用、各个月的预算表, 图 6-80 是从系统导出的每个月的实际发生额表, 现在的任务是要制作如下的分析报表。

(1) 各个部门各月的费用预算分析表。

(2) 各种费用各月的预算分析表。

(3) 指定部门、指定费用的各个月预算分析表。

下面介绍这些分析报表的制作方法和函数公式。

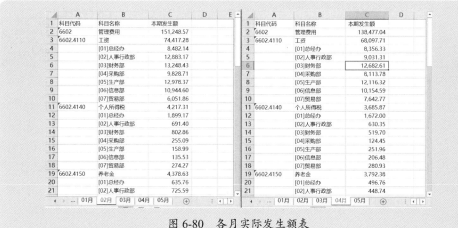

	部门	项目	01月	02月	03月	04月	05月	06月	07月	08月	09月	10月	11月
1	部门	项目	01月	02月	03月	04月	05月	06月	07月	08月	09月	10月	11月
2	总经办	总费用	14,899.26	17,494.41	16,523.38	14,815.69	17,222.37	16,514.64	14,943.04	20,571.73	20,282.98	21,648.61	16,997
3		工资	6,222.44	6,165.95	5,933.01	5,345.59	7,312.49	5,278.39	4,754.48	8,467.83	8,491.94	8,710.55	6,983
4		个人所得税	263.85	258.20	234.90	176.16	372.85	169.64	117.05	488.38	490.80	512.65	339
5		养老金	1,804.51	1,788.12	1,720.58	1,550.22	2,120.62	1,530.73	1,378.80	2,455.67	2,462.66	2,526.06	2,025
6		医疗保险	186.68	184.98	177.99	160.36	219.37	158.35	142.64	254.04	254.76	261.32	209
7		其他福利费	297.60	431.20	266.56	614.64	248.94	214.40	239.36	304.64	320.00	251.36	228
8		失业金	684.47	678.25	652.63	588.01	804.37	580.62	523.00	931.46	934.11	958.16	768
9		差旅费	2,187.00	4,636.00	4,403.00	3,746.00	2,916.00	2,609.00	4,123.00	4,440.00	5,083.00	3,707	
10		办公费用	1,107.00	1,206.00	989.00	489.00	1,082.00	3,828.00	1,623.00	1,401.00	743.00	1,199.00	590
11		电话费	2,145.71	2,145.71	2,145.71	2,145.71	2,145.71	2,145.71	2,145.71	2,145.71	2,145.71	2,145.71	2,145
12	人事行政部	总费用	16,977.60	19,587.16	17,111.10	16,937.32	17,624.31	16,800.75	17,078.97	18,252.44	18,855.43	15,066.75	18,177
13		工资	5,263.35	7,715.87	6,839.11	6,669.86	6,324.56	4,632.18	6,838.00	8,507.59	7,830.98	5,243.81	6,369
14		个人所得税	167.94	413.19	325.51	308.59	274.05	404.55	325.40	492.36	424.70	765.21	278
15		养老金	1,526.37	2,237.60	1,983.34	1,934.26	1,834.12	1,343.33	1,983.02	2,467.20	2,270.98	1,520.70	1,847
16		医疗保险	157.90	231.48	205.17	200.10	189.73	138.96	205.14	255.23	234.93	157.31	191
17		其他福利费	175.36	194.56	168.96	229.12	253.44	100.48	123.52	299.52	206.72	397.19	104
18		失业金	578.97	848.75	752.30	733.68	695.70	509.54	752.18	935.83	861.41	576.82	700
19		差旅费	5,534.00	5,035.00	4,136.00	4,354.00	5,565.00	3,597.00	3,612.00	2,760.00	2,925.00	2,674.00	5,892
20		办公费用	1,428.00	765.00	535.00	362.00	342.00	3,929.00	1,094.00	389.00	1,955.00	1,586.00	648
21		电话费	2,145.71	2,145.71	2,145.71	2,145.71	2,145.71	2,145.71	2,145.71	2,145.71	2,145.71	2,145.71	2,145

分析报告1 | 分析报告2 | 预算 | 01月 | 02月 | 03月 | 04月 | 05月

图 6-79　预算表

左表：

	科目代码	科目名称	本期发生额
1	科目代码	科目名称	本期发生额
2	6602	管理费用	151,248.57
3	6602.4110	工资	74,417.28
4		[01]总经办	8,482.14
5		[02]人事行政部	12,883.17
6		[03]财务部	13,248.43
7		[04]采购部	9,828.71
8		[05]生产部	12,978.37
9		[06]信息部	10,944.60
10		[07]贸易部	6,051.86
11	6602.4140	个人所得税	4,217.31
12		[01]总经办	1,899.17
13		[02]人事行政部	691.40
14		[03]财务部	802.86
15		[04]采购部	255.09
16		[05]生产部	158.99
17		[06]信息部	135.53
18		[07]贸易部	274.27
19	6602.4150	养老金	4,378.63
20		[01]总经办	635.76
21		[02]人事行政部	725.59

右表：

	科目代码	科目名称	本期发生额
1	科目代码	科目名称	本期发生额
2	6602	管理费用	138,477.04
3	6602.4110	工资	68,097.71
4		[01]总经办	8,356.33
5		[02]人事行政部	9,031.31
6		[03]财务部	12,682.61
7		[04]采购部	8,113.78
8		[05]生产部	12,116.32
9		[06]信息部	10,154.59
10		[07]贸易部	7,642.77
11	6602.4140	个人所得税	3,685.87
12		[01]总经办	1,672.00
13		[02]人事行政部	630.35
14		[03]财务部	519.70
15		[04]采购部	124.45
16		[05]生产部	251.96
17		[06]信息部	206.48
18		[07]贸易部	280.93
19	6602.4150	养老金	3,792.38
20		[01]总经办	496.76
21		[02]人事行政部	448.74

图 6-80　各月实际发生额表

1. 各个部门各月的预算分析表

这个报表，是从预算表中，查找各个部门每个月的预算数，再从每个月工作表中汇总各个部门的实际数，后者则需要设计间接引用公式。

设计分析报表，如图 6-81 所示。下面是 1 月份的计算公式。

（1）单元格 C5，预算数，直接使用 VLOOKUP 函数从预算表中查找：

```
=VLOOKUP($B5,预算!$A:$O,MATCH(C$3,预算!$1:$1,0),0)
```

（2）单元格 D5，实际数，使用 SUMIF 函数从各月工作表汇总，但要使用 INDIRECT 函数做间接引用，并使用 IFERROR 函数处理错误值（月份工作表不存在就会出现错误）：

```
=IFERROR(SUMIF(INDIRECT(C$3&"!B:B"),"*"&$B5,INDIRECT(C$3&"!C:C")),"")
```

这个公式很好理解：INDIRECT(C$3&"!B:B") 是间接引用 C3 单元格指定的某个月份工作表的 B 列，在此列中做判断；INDIRECT(C$3&"!C:C") 是间接引用 C3 单元格指定的某个月份工作表的 C 列，在此列做求和。

（3）单元格 E5，差异值，公式很简单：

```
=IF(D5="","",D5-C5)
```

选择 1 月份公式，往右复制，得到其他月份计算结果。

图 6-81　各个部门各月的费用预算分析表

2. 各种费用各月的预算分析表

设计分析报表，如图 6-82 所示。下面是 1 月份的计算公式。

（1）单元格 C17，预算数，使用 SUMIF 函数汇总各种费用的合计数，但要注意，汇总分析表与预算表结构不一样，为了方便复制公式，还需要使用 OFFSET 函数动态引用每个月的数据：

```
=SUMIF(预算!$B$2:$B$81,$B17,OFFSET(预算!$B$2,,MATCH(C$15,预算!$C$1:$O$1,0),80,1))
```

（2）单元格 D17，实际数，使用 VLOOKUP 函数各月工作表直接查询即可，但要使用 INDIRECT 函数做间接引用，并使用 IFERROR 函数处理错误值（月份工作表不存在就会出现错误）：

```
=IFERROR(VLOOKUP($B17,INDIRECT(C$15&"!B:C"),2,0),"")
```

这个公式中，INDIRECT(C$15&"!B:C") 就是间接引用单元格 C15 指定工作表的 B 列和 C 列。

（3）单元格 E17，差异值：

```
=IF(D17="","",D17-C17)
```

选择 1 月份公式，往右复制，得到其他月份计算结果。

图 6-82　各种费用各月的预算分析表

3. 指定部门、指定费用的各个月预算分析表

设计分析报表，如图 6-83 所示。下面是 1 月份的计算公式。

（1）单元格 C8，指定部门，指定费用 1 月份的预算数，使用 HLOOKUP 函数和 MATCH 函数来查找：

```
=HLOOKUP(B8,预算!C:O,MATCH($C$4,预算!A:A,0)+MATCH($C$5,预算!$B$3:$B$11,0),0)
```

（2）单元格 D8，指定部门，指定费用 1 月份的实际数，使用 VLOOKUP 函数、MATCH 函数和 OFFSET 函数来查找，使用 INDIRECT 函数做间接引用，并使用 IFERROR 函数处理错误值，公式如下：

```
=IFERROR(VLOOKUP("*"&$C$4,OFFSET(INDIRECT(B8&"!B1"),MATCH($C$5,INDIRECT(B8&"!B:B"),0),,7,2),2,0),"")
```

这个公式的基本逻辑思路就是，以指定费用为条件，使用 OFFSET 函数将部门数据区域提取出来，再使用 VLOOKUP 函数查找部门数据。

MATCH($C$5,INDIRECT(B8&"!B:B"),0) 是在 B8 单元格指定的某个月工作表的 B 列，定位指定费用的位置。

OFFSET(INDIRECT(B8&"!B1"),MATCH($C$5,INDIRECT(B8&"!B:B"),0),,7,2) 则是引用该月工作表的某个费用的数据区域，是一个 7 行高、2 列宽的区域。

（3）单元格 E8，差异值：

```
=IF(D8="","",D8-C8)
```

	A	B	C	D	E
1					
2		分析报告			
3					
4		指定部门	采购部		
5		指定费用	差旅费		
6					
7		月份	预算	实际	差异
8		01月	5569	4928	-641
9		02月	6323	5422	-901
10		03月	4892	4211	-681
11		04月	4237	1807	-2430
12		05月	6863	3342	-3521
13		06月	6551		
14		07月	6274		
15		08月	4080		
16		09月	6390		
17		10月	5556		
18		11月	7880		
19		12月	3970		
20		合计	68585	19710	-8174

图 6-83　指定部门、指定费用的各个月预算分析表

有了这个分析表，还可以做可视化处理，也就是绘制指定部门、指定费用在各个月的预算执行情况图表，效果如图 6-84 所示。

这个图表是折线图，但是空值单元格是不能直接绘制折线的，因此，需要设计辅助区域，将空值处理为错误值 #N/A，如图 6-85 所示，单元格 J8 中的处理公式如下：

```
=IF(D8="",NA(),D8)
```

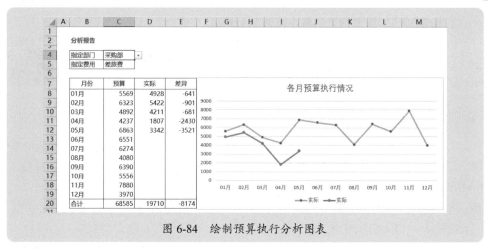

图 6-84　绘制预算执行分析图表

然后使用辅助区域绘制折线图。

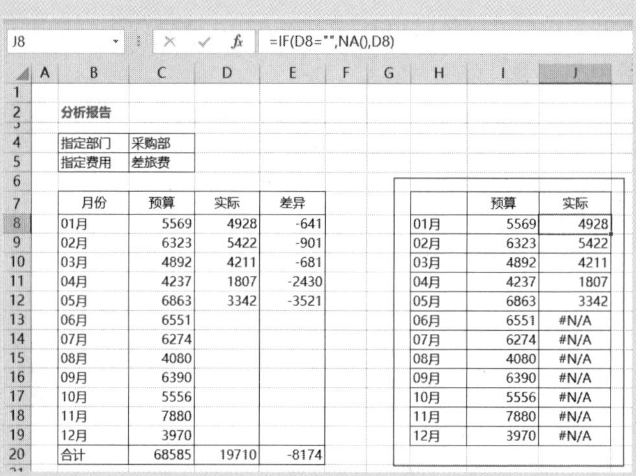

图 6-85　设计辅助区域

6.7.4 INDIRECT 函数应用的注意事项

当使用 INDIRECT 函数间接引用其他工作表单元格时，要特别注意工作表名称的输入。

如果工作表名称中不含空格、加号、减号等时，直接键入工作表名称即可。

但是，如果工作表名称中含有空格、加号、减号等，则必须使用单引号将工作表名称括起来，如下所示。

='财务分析　产品类别'!D5

因此，如果单元格 A2 保存的是工作表名称，但工作表名称中可能含有空格、加号、减号等，那么构建字符串时，就需要使用单引号了，如下所示：

```
="'"&A2&"'"
```

这样，如果要引用该工作表的 M10 单元格，则公式如下：

```
=INDIRECT("'"&A2&"'!M10")
```

6.7.5 ▶ 小技巧：如何判断 INDIRECT 函数结果是否正确

为了验证 INDIRECT 函数的结果是否正确，当设计好公式后，可以先把 INDIRECT 函数部分复制一下，然后单击名称框，按组合键 Ctrl+V，将此公式字符串复制到名称框中，按 Enter 键，就可以看到是否自动选择了某个单元格或单元格区域，如果是，说明 INDIRECT 函数使用正确，否则就是做错了。

这种验证方法与 OFFSET 函数是一样的。

✎ 本节知识回顾与测验

1. INDIRECT 函数有哪些功能？在使用中要注意哪些事项？
2. INDIRECT 函数转换的对象是什么？转换的结果是什么？
3. INDIRECT 函数可以作为其他函数的 Range 参数吗？
4. 如果工作表名称中有空格，如何构建指向某个工作表的单元格地址字符串？
5. 如何快速判断 INDIRECT 公式结果是否正确？

第 7 章

数据排名分析案例精讲

　　排序是最常见的数据处理之一，几乎人人都会排序，但这些都是使用排序命令和按钮工具来实现的，从自动化数据分析的角度来说，这种按钮工具操作就无法实现灵活分析了。

　　本章介绍利用函数公式实现自动化排序，建立自动化数据分析模型。常用的排序函数有 LARGE 函数、SMALL 函数、SORT 函数、SORTBY 函数，以及 RANK 函数、RANK.EQ 函数和 RANK.AVG 函数。

7.1 LARGE 函数和 SMALL 函数及其案例

在排序分析中，LARGE 和 SMALL 是常用的函数，可以在任何版本的 Excel 中使用。下面介绍这两个函数在数据排名分析中的一些经典应用。

7.1.1 基本原理与使用方法

LARGE 函数用于将一组数字从大到小排序（降序排序），SMALL 函数用于将一组数字从小到大排序（升序排序），它们的用法是一样的：

```
=LARGE（要排序的数组或区域，第 k 个最大）
=SMALL（要排序的数组或区域，第 k 个最小）
```

注意：函数的第 1 个参数只能是一维数组，或者工作表的一列区域或一行区域。

例如，有一组数字 {490,185,1959,5759,688,100,2040}，这两个函数的基本用法如下。

（1）LARGE 函数。

第 1 个最大数是 5759：

```
=LARGE({490,185,1959,5759,688,100,2040},1)
```

第 2 个最大数是 2040：

```
=LARGE({490,185,1959,5759,688,100,2040},2)
```

以此类推，这种就是降序（从大到小）排序。

（2）SMALL 函数。

第 1 个最小数是 100：

```
=SMALL({490,185,1959,5759,688,100,2040},1)
```

第 2 个最小数是 185：

```
=SMALL({490,185,1959,5759,688,100,2040},2)
```

以此类推，这种就是升序（从小到大）排序。

这样，通过设置函数的第 2 个参数序号值，就可以按照排序要求，对数据进行降序排序或升序排序。

案例 7-1

图 7-1 是对工作表中的数据，利用 LARGE 函数和 SMALL 函数进行降序排序和升序排序的结果，排序公式分别如下。

单元格 E2，降序排序：

```
=LARGE($A$2:$A$10,D2)
```

单元格 F2，升序排序：

```
=SMALL($A$2:$A$10,D2)
```

图 7-1　LARGE 函数和 SMALL 函数基本应用

这里，使用一个从 1 开始的连续序号辅助列，作为函数第 2 个参数的输入值。

如果不想使用这个连续序号列作为排序序号，也可以使用 ROW 函数自动输入连续序号。例如，ROW(A1) 的结果是 1，ROW(A2) 的结果是 2，以此类推，这样排序公式变为下列形式，如图 7-2 所示。

```
=LARGE($A$2:$A$10,ROW(A1))
=SMALL($A$2:$A$10,ROW(A1))
```

图 7-2　使用 ROW 函数自动输入排序序号

不过，使用 ROW 函数有一个致命的缺点：如果在数据区域上面插入行或删除行，结果就不对了。因为 ROW 函数的引用发生了变化，不再是从 A1 单元格开始引用了。

7.1.2　数据基本排序及名称匹配

数据排名是最常见的数据分析内容之一。例如，对客户销售进行排名，对业务员业绩进行排名，对存货进行排名，等等。下面结合一个案例，介绍数据的基本排序方法和技巧。

案例 7-2

图 7-3 是一个客户销售排名分析的案例,排序公式很简单,单元格 F4 中的公式如下:

```
=LARGE($C$4:$C$15,ROW(A1))
```

	F4	▼	: × ✓	fx	=LARGE($C$4:$C$15,ROW(A1))	

	A	B	C	D	E	F
1						
2		原始数据			降序排名后	
3		客户	销售额		客户	销售额
4		客户01	5,053		客户04	21,191
5		客户02	2,019		客户07	19,581
6		客户03	888		客户12	12,535
7		客户04	21,191		客户01	5,053
8		客户05	1,175		客户11	4,681
9		客户06	502		客户10	3,286
10		客户07	19,581		客户02	2,019
11		客户08	1,801		客户08	1,801
12		客户09	251		客户05	1,175
13		客户10	3,286		客户03	888
14		客户11	4,681		客户06	502
15		客户12	12,535		客户09	251

图 7-3　数据基本排序及名称匹配

得到排序的销售额后，再根据每个销售额，从原始数据区域中匹配每个销售额所对应的客户名称，单元格 E4 中的公式如下：

```
=INDEX($B$4:$B$15,MATCH(F4,$C$4:$C$15,0))
```

匹配客户名称的公式就有很多选择了，这里是使用 MATCH 函数和 INDEX 函数，也可以使用 XLOOKUP 函数，此时公式为：

```
=XLOOKUP(F4,$C$4:C$15,B$4:B$15)
```

也可以使用 VLOOKUP 函数的反向查找公式：

```
=VLOOKUP(F4,IF({1,0},$C$4:$C$15,$B$4:$B$15),2,0)
```

7.1.3 ▶ 相同数据排序及名称匹配问题

当存在相同的数据时，这些相同的数据会排列在一起，但是匹配每个数据对应的名称就麻烦了，因为不论是 MATCH 函数、VLOOKUP 函数还是 XLOOKUP 函数，都无法解决重复数据查找问题，此时，该如何解决这样的问题呢？

📊 案例 7-3

在图 7-4 中，有 3 个客户的销售额是相同的，这样排序后，再匹配客户名称，就出现了错误，只能匹配第一次出现的客户名称。

只有不同的数据才能匹配不同的名称，那么该问题的解决核心是如何让这 3 个数字不同，而且又不影响数据分析。

让数据不同的一个简单方法是：在原数据上加一个很小的随机数，是不是就不同了？随机数可以使用 RAND 函数产生。

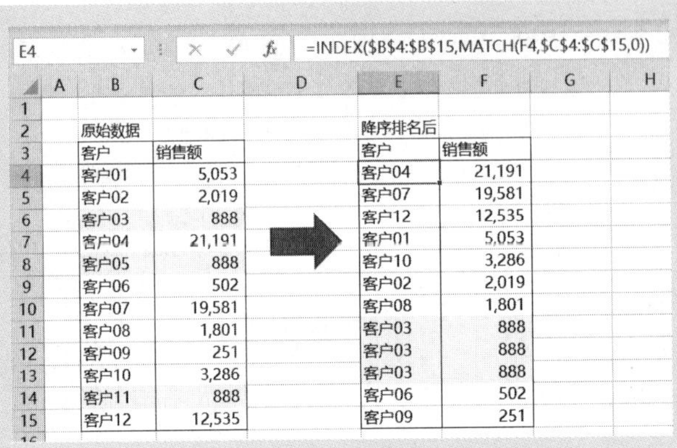

图 7-4　相同数据，匹配的客户名称错误

RAND 函数可产生一个 0~1 的随机数，有 15 位小数，这样在数据上加上一个较小的随机数，外表看起来好像数据没变，实际上由于数据有 15 位小数，它们是不同的，如图 7-5 所示，处理公式如下：

```
=B3+RAND()/1000000
```

使用 RAND 函数处理相同数据的宗旨是，既不影响原数据分析，又能区分开来。

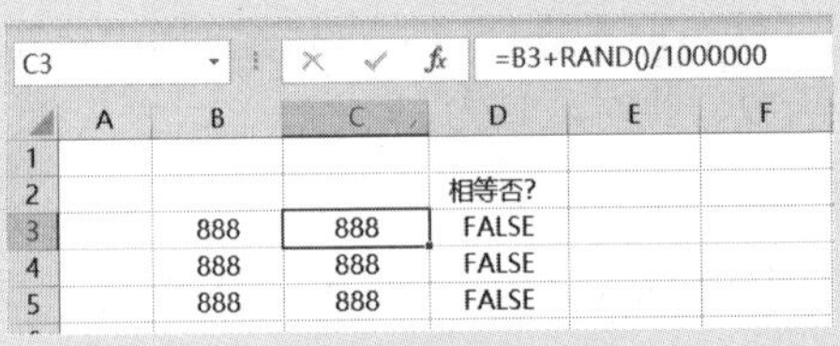

图 7-5　使用 RAND 函数处理相同数据

返回要解决的问题。对于案例 7-3 的数据进行排名分析的主要方法如下。

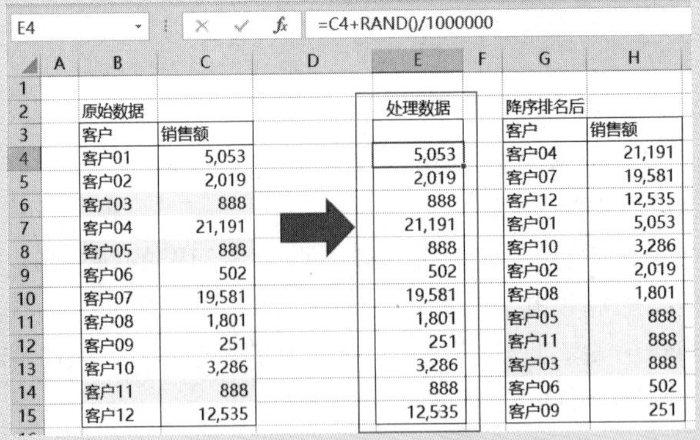

先设计辅助列，使用 RAND 函数处理原始数据，如图 7-6 所示。辅助列单元格 E4 公式如下：

```
=C4+RAND()/1000000
```

图 7-6　设计辅助列，处理数据

以处理后的数据进行排序，单元格 H4 中的公式如下：

```
=LARGE($E$4:$E$15,ROW(A1))
```

对排序后的每一个数据，在处理数据辅助列中定位，在客户名称列中提取客户名称，单元格 G4 中的公式如下：

```
=INDEX($B$4:$B$15,MATCH(H4,$E$4:$E$15,0))
```

这样就能得到正确的排名结果了。

注意：随机数 RAND 每次都会重新计算，因此相同的几个数据的前后顺序也会随机变化，对应的客户名称前后顺序也会发生变化，但它们都是排在一起的。

7.1.4 综合应用案例：建立自动化排名分析模板

了解 LARGE 函数和 SMALL 函数的使用方法和技巧后，下面介绍一个排名分析的综合应用案例。

📈 **案例 7-4**

图 7-7 是一个各个门店、各个类别商品的销售统计表，现在要求建立一个排名分析模型，能够实现以下的分析功能：

（1）任选商品大类进行排序。

（2）任选销售额或毛利进行排序。

（3）可以选择降序排序或升序排序。

门店	家电类		食品类		百货类		服饰类		合计	
	销售额	毛利	销售额	毛利	销售额	毛利	销售额	毛利	销售额	毛利
门店01	2,251	360	746	171	1,047	240	902	252	4,946	1,023
门店02	778	85	2,433	754	2,486	1,044	438	192	6,135	2,075
门店03	1,394	376	2,195	460	720	403	360	154	4,669	1,393
门店04	1,792	250	221	41	1,509	860	316	176	3,838	1,327
门店05	2,096	1,068	2,452	1,005	1,154	426	2,329	815	8,031	3,314
门店06	2,355	824	100	48	2,095	733	2,551	1,301	7,101	2,906
门店07	2,801	1,484	1,051	283	1,519	243	239	81	5,610	2,091
门店08	210	86	1,918	1,016	831	349	2,454	1,300	5,413	2,751
门店09	1,492	193	216	110	156	79	1,822	874	3,686	1,256
门店10	2,739	1,479	1,651	561	1,502	585	1,393	167	7,285	2,792
门店11	1,562	156	1,910	248	876	420	816	195	5,164	1,019
门店12	1,975	454	278	152	2,970	356	1,471	250	6,694	1,212
合计	21,445	6,815	15,171	4,849	16,865	5,738	15,091	5,757	68,572	23,159

图 7-7 各个门店、各个类别商品的销售统计表

图 7-8 和图 7-9 为自动化排名分析效果。在这个图表中，使用表单控件控制图表的显示，各个控件及其控制说明如下。

● 组合框，选择商品类别（家电类、食品类、百货类、服饰类、合计）。

● 第 1 组选项按钮，选择项目（销售额和毛利）。

● 第 2 组选项按钮，选择排序方式（降序或升序）。

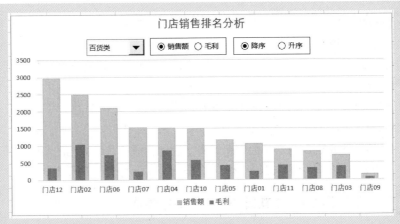

图 7-8　门店销售排名分析图表 1

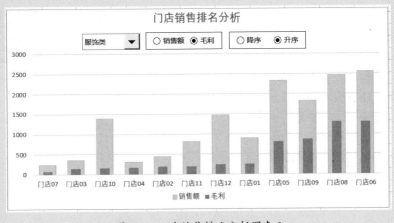

图 7-9　门店销售排名分析图表 2

下面介绍这个动态排名图表的主要制作方法和步骤。

首先设计三组控件的数据源及其单元格链接（控件返回值），如图 7-10 所示。

● 类别组合框：数据源区域是 AA5:AA9，单元格链接是 AA4。

● 项目选择按钮：单元格链接是 AB4。

● 排序选项按钮：单元格链接是 AC4。

图 7-10　控件设置

设置好控件后，可以根据三组控件的链接单元格返回值，查找数据。

再设计查找数据辅助区域，如图 7-11 所示，将客户名称复制到 AE 列，AF 列保存查找的数据，单元格 AF4 中的公式如下：

```
=VLOOKUP(AE4,$B$4:$L$16,IF($AB$4=1,2,3)+2*($AA$4-1),0)+RAND()/1000000
```

	Z	AA	AB	AC	AD	AE	AF	AG
1								
2		1、设置控件				2、查找数据		
3		类别组合框	项目选项按钮	排序选项按钮		门店	毛利	
4		4	2	2		门店01	252	
5		家电类				门店02	192	
6		食品类				门店03	154	
7		百货类				门店04	176	
8		服饰类				门店05	815	
9		合计				门店06	1301	
10						门店07	81	
11						门店08	1300	
12						门店09	874	
13						门店10	167	
14						门店11	195	
15						门店12	250	

图 7-11　查找数据的辅助区域

这个公式有以下几个要点。

(1) 使用 VLOOKUP 函数根据门店名称查找数据。

(2) 每个类别下有销售额和毛利两个项目，因此取数的列位置需要根据组合框返回值和项目选项按钮返回值进行计算：IF($AB$4=1,2,3)+2*($AA$4-1)。

(3) 查找出数据后，再加上一个较小的随机数：RAND()/1000000。

查找出数据后，再对这些数据排序，因此设计排序辅助区域，如图 7-12 所示。

	AD	AE	AF	AG	AH	AI	AJ	AK
1								
2		2、查找数据			3、排序			
3		门店	毛利		序号	门店	毛利	
4		门店01	252		1	门店07	81	
5		门店02	192		2	门店03	154	
6		门店03	154		3	门店10	167	
7		门店04	176		4	门店04	176	
8		门店05	815		5	门店02	192	
9		门店06	1301		6	门店11	195	
10		门店07	81		7	门店12	250	
11		门店08	1300		8	门店01	252	
12		门店09	874		9	门店05	815	
13		门店10	167		10	门店09	874	
14		门店11	195		11	门店08	1300	
15		门店12	250		12	门店06	1301	

图 7-12　排序辅助区域

单元格 AJ4 中的排序公式如下，注意这里要根据排序选项按钮返回值判断是使用 LARGE 函数还是使用 SMALL 函数：

```
=IF($AC$4=1,LARGE($AF$4:$AF$15,AH4),SMALL($AF$4:$AF$15,AH4))
```

单元格 AI4 中的门店名称公式如下：

```
=INDEX($AE$4:$AE$15,MATCH(AJ4,$AF$4:$AF$15,0))
```

根据排序后的数据，对数据进一步整理，目的就是将排序后客户的销售额和毛利放在一起，以便于绘制嵌套柱形图，同时观察和分析销售额和毛利情况，如图 7-13 所示。

图 7-13　重新整理排序后的数据

　　单元格 AL4，引用排序后的门店名称，公式如下：

```
=AI4
```

　　单元格 AM4，重新从原始数据区域查找每个门店的销售额，公式如下：

```
=VLOOKUP(AL4,$B$2:$L$16,2*$AA$4,0)
```

　　单元格 AN4，重新从原始数据区域查找每个门店的毛利，公式如下：

```
=VLOOKUP(AL4,$B$2:$L$16,2*$AA$4+1,0)
```

　　注意这里的 VLOOKUP 函数查找公式，都需要根据类别组合框返回值（单元格 AA4）计算出实际取数的列位置号：3+2*($AA$4-1)。

　　最后，以整理后的数据区域绘制柱形图，注意销售额绘制在主坐标轴上，毛利绘制在次坐标轴上，才能得到嵌套柱形图。

　　思考：如果还要同时分析每个门店的毛利率情况，如何在图上展示这个毛利率呢？可以将毛利率显示在分类轴上，为此可以设计一个辅助的轴标签，如图 7-14 所示，单元格 AP4 中的公式如下：

```
=AL4&CHAR(10)&TEXT(AN4/AM4,"0.0%")
```

图 7-14　设计辅助轴标签

然后以这个轴标签列（AP 列）作为分类轴标签区域，得到如图 7-15 所示的图表，在轴标签中分两行分别显示门店名称和毛利率。

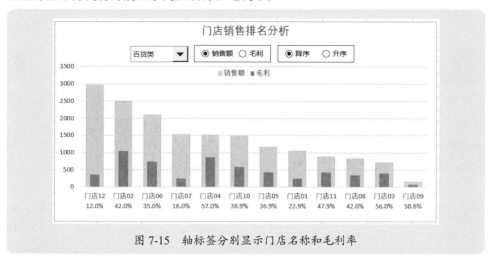

图 7-15　轴标签分别显示门店名称和毛利率

7.1.5 ## LARGE 函数和 SMALL 函数的注意事项

LARGE 函数和 SMALL 函数只能对数字进行降序或升序排序，不能对文本数据进行排序，这点要特别注意。

如果一列或一行中，不仅有数值型数字，还有文本型数字，那么 LARGE 函数和 SMALL 函数会对那些数值型数字进行排序，而对文本型数字会返回错误值 #NUM!。

如果要使用 LARGE 函数和 SMALL 函数解决数值型数字和文本型数字混合情况下的排序，可以在函数第 1 个参数引用单元格区域时，乘以数字 1，或者除以数字 1，或者输入两个符号，将文本型数字转换为数值型数字，设计数组公式，就可以解决这样的问题。下面的 3 种效果都是一样的。

```
=LARGE(1*$D$2:$D$10,ROW(A1))
=LARGE($D$2:$D$10/1,ROW(A1))
=LARGE(--$D$2:$D$10,ROW(A1))
```

本节知识回顾与测验

1. LARGE 函数和 SMALL 函数分别用于什么方式排序？如何使用？

2. 如果某列或某行数字中存在文本型数字，LARGE 函数和 SMALL 函数能不能得到正确的排序结果？

3. 如何设计公式，解决存在数值型数字和文本型数字混合情况下，使用 LARGE 函数和 SMALL 函数进行正确排序？

4. 请设计一个动态排序表，在 A 列输入数据后，将 A 列数据自动进行降序排序，保存到 D 列。

5.如果有几个相同的数据，当使用 LARGE 函数和 SMALL 函数排序后，如何正确匹配它们对应的项目名称？

7.2 SORT 函数及其案例

除了前面介绍的常规 LARGE 函数和 SMALL 函数外，还可以使用强大的排序函数：SORT 函数和 SORTBY 函数，前者适合单条件排序，后者适合多条件排序。

7.2.1 基本原理与使用方法

SORT 函数用于对某个区域或数组的内容进行排序，其用法如下：

=SORT（要排序的数组或区域，排序依据，排序方式，排序方向）

函数各个参数含义如下。

- 要排序的数组或区域：指定要进行排序的数组或单元格区域。
- 排序依据：指定对哪列或哪行进行排序，是列号数字或者行号数字；可以是构建的常量数组，也可以是引用单元格区域。
- 排序方式：指定是升序排序还是降序排序的一个数字，默认（数字1）表示升序排序，–1 表示降序排序；可以是构建的常量数组，也可以是引用单元格区域。
- 排序方向：表示排序方向的逻辑值，默认 FALSE 按行排序，TRUE 按列排序。

说明：如果要排序的数据中有文本、空格等，当做升序排序时，文本和空格会排在最后（其中空格是最后，并以数字 0 表示）；当做降序排序时，会出现错误。

📊 案例 7-5

以图 7-16 所示的数据为例，介绍 SORT 函数的基本原理和用法。

	地区	彩电	冰箱	空调	电脑
	华东	705	1029	1306	297
	华南	851	239	817	1408
	西北	1150	2888	464	378
	西南	864	3595	4239	1185
	华中	1437	319	191	804
	华北	411	2888	1206	694
	东北	3313	359	453	1271

图 7-16　示例数据

图 7-17 是对数据区域的第 3 列"冰箱"升序排序（从小到大），单元格 I3 中的排序公式如下：

```
=SORT(B3:F9,3)
```

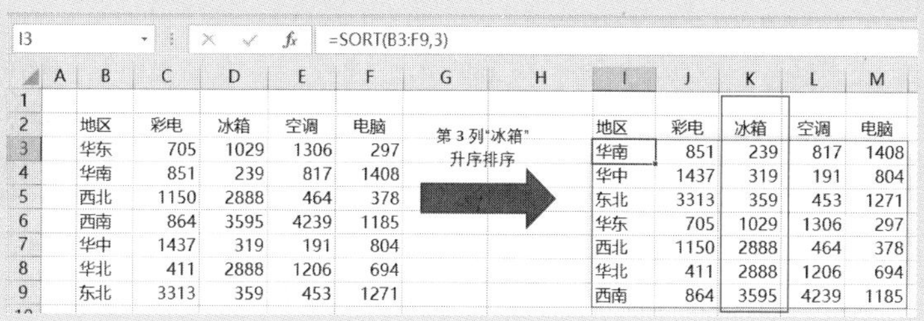

图 7-17 　第 3 列 "冰箱" 升序排序（从小到大）

图 7-18 是对数据区域的第 3 列 "冰箱" 降序排序（从大到小），单元格 I3 中的排序公式如下：

```
=SORT(B3:F9,3,-1)
```

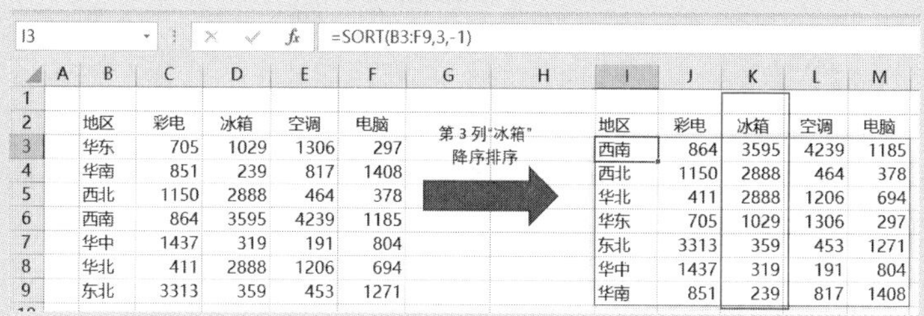

图 7-18 　第 3 列 "冰箱" 降序排序（从大到小）

注意：上面的两个示例，是在列方向上做行与行之间的排序，因此排序表上，要先输入列标题（商品名称），而地区列及各个商品数据列区域 B3:F9，则是函数要排序的数据区域。

如果要按行排序，如要对华中各个商品降序排序，此时排序数据区域是 C2:F9，华中在数据区域的第 6 行，单元格 J2 的排序公式如下，排序结果如图 7-19 所示。

```
=SORT(C2:F9,6,-1,TRUE)
```

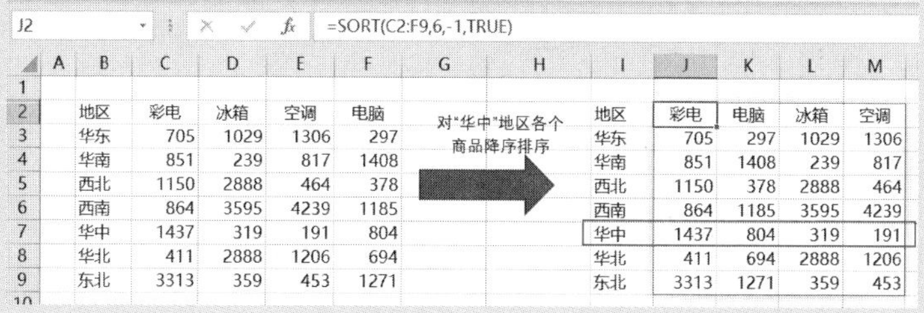

图 7-19 　第 6 行 "华中" 地区各商品降序排序

可见，使用 SORT 函数进行排序是很简单的，要点就是，选择要排序的数据区域，指定要对哪列排序，要按什么方式排序。

7.2.2 　使用数组进行多列多方式排序

在 SORT 函数中，第 2 个参数 "排序依据" 和第 3 个参数 "排序方式"，可以使用数组来实现多列排序及多方式排序。

📊 **案例 7-6**

对于案例 7-5 所示的数据，先对第 3 列 "冰箱" 按降序排序，再对第 2 列 "彩电"按升序排序，那么排序公式如下，排序结果如图 7-20 所示。

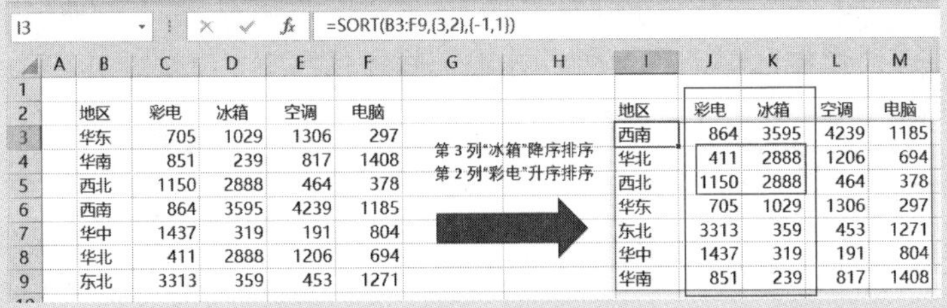

图 7-20　多列、多方式排序

可见，在 "冰箱" 列中，有两个 2888，而在 "彩电" 列中，2888 对应的两个数（411 和 1150）按升序排序了。

=SORT(B3:F9,{3,2},{-1,1})

7.2.3　综合应用案例：建立自动化排名分析模型（简单情况）

在前面的案例 7-4 中，介绍了使用 LARGE 函数和 SMALL 函数进行自动化排名分析，其中要设计多个辅助区域，以处理相同数据排名和名称匹配问题。如果使用 SORT 函数，那么建立自动化排名分析模型就很简单了。

📊 **案例 7-7**

图 7-21 中的示例，使用组合框选择要排名的商品，并且相同数据的地区名称也能正确匹配。

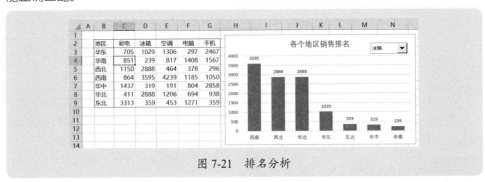

图 7-21　排名分析

这个动态图表使用组合框选择商品，组合框的数据源区域是 J5:J9，单元格链接是 J4。

设计辅助区域，利用 SORT 函数进行降序排序，再使用 INDEX 函数提取出数据，如图 7-22 所示。

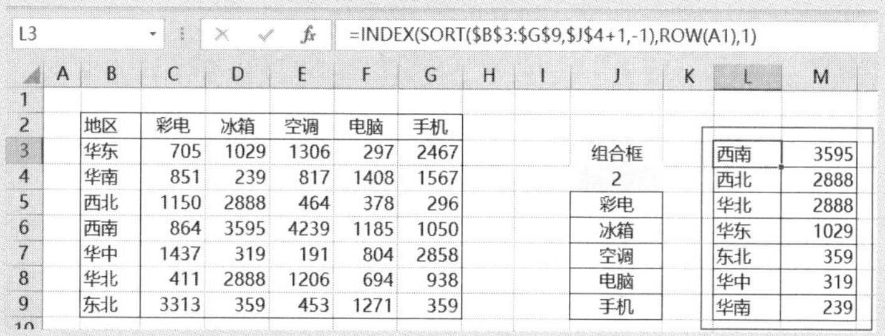

L3 =INDEX(SORT($B$3:$G$9,$J$4+1,-1),ROW(A1),1)

地区	彩电	冰箱	空调	电脑	手机
华东	705	1029	1306	297	2467
华南	851	239	817	1408	1567
西北	1150	2888	464	378	296
西南	864	3595	4239	1185	1050
华中	1437	319	191	804	2858
华北	411	2888	1206	694	938
东北	3313	359	453	1271	359

组合框
2
彩电
冰箱
空调
电脑
手机

西南	3595
西北	2888
华北	2888
华东	1029
东北	359
华中	319
华南	239

图 7-22　设计辅助区域，提取排序后的地区名称和商品数据

单元格 L3 中的公式如下，往下复制得到排序后的地区名称：

```
=INDEX(SORT($B$3:$G$9,$J$4+1,-1),ROW(A1),1)
```

单元格 M3 中的公式如下，往下复制得到选定商品排序后的数据：

```
=INDEX(SORT($B$3:$G$9,$J$4+1,-1),ROW(A1),$J$4+1)
```

公式说明如下：

- 由于选择了单元格区域 B3:G9 进行降序排序，排序依据是第 J4+1 列数字（单元格 J4 是选定商品的顺序号，是从 C 列开始数的，而在数据区域 B3:G9 中，实际商品位置比 J4 数字多一列）。
- SORT($B$3:$G$9,$J$4+1,–1) 的结果是一个二维数组（在本例中，就是一个 7 行 6 列的数组），其中第 1 列是排序后的地区名称，第 J4+1 列是选定商品排序后的数字。
- 因此，需要使用 INDEX 函数从这个二维数组中，分别提取出排序后的地区名称和指定商品排序后的数字。
- 最后，再利用辅助区域绘制图表，完成自动排名分析模板。

7.2.4 综合应用案例：建立自动化排名分析模型（复杂情况）

前面案例 7-4 中介绍如何进行门店排名分析，使用多个控件控制图表显示，但要设计很多辅助区域，如果使用 SORT 函数就非常简单了。下面介绍利用 SORT 函数建立排名分析模型的方法和步骤。

案例 7-8

首先设计控件数据源及单元格链接，以及排序和引用数据的辅助区域，如图 7-23 所示。那么，排序数据辅助区域的有关公式如下。

单元格 S4，引出排序后的门店名称：

```
=INDEX(SORT($B$4:$L$15,$O$4*2+IF($P$4=1,0,1),IF($Q$4=1,-1,1)),
```

```
ROW(A1),
1)
```

单元格 T4，引出排序后的某个类别的销售额：

```
=INDEX(SORT($B$4:$L$15,$O$4*2+IF($P$4=1,0,1),IF($Q$4=1,-1,1)),
ROW(A1),
$O$4*2)
```

单元格 T4，引出排序后的某个类别的毛利：

```
=INDEX(SORT($B$4:$L$15,$O$4*2+IF($P$4=1,0,1),IF($Q$4=1,-1,1)),
ROW(A1),
$O$4*2+1)
```

在这几个公式中，SORT($B$4:$L$15,$O$4*2+IF($P$4=1,0,1),IF($Q$4=1,-1,1))
就是排序后的二维数组，使用 INDEX 函数分别引出排序后的门店名称、选定类别的
销售额和毛利，其中，销售额在 $O$4*2 列，毛利在 $O$4*2+1 列。这里的位置是根
据组合框返回值和具体表格结构进行计算的。

最后选择辅助区域绘制两轴柱形图，就完成了图表制作。

S4		× ✓ fx	=INDEX(SORT($B$4:$L$15,$O$4*2+IF($P$4=1,0,1),IF($Q$4=1,-1,1)),ROW(A1),1)

	N	O	P	Q	R	S	T	U	V	W	X	Y	Z
1													
2		1、设置控件				2、排序并引出数据							
3		类别组合框	项目选项按钮	排序选项按钮		门店	销售额	毛利					
4		3	1	1		门店12	2970	356					
5		家电类				门店02	2486	1044					
6		食品类				门店06	2095	733					
7		百货类				门店07	1519	243					
8		服饰类				门店04	1509	860					
9		合计				门店10	1502	585					
10						门店05	1154	426					
11						门店01	1047	240					
12						门店11	876	420					
13						门店08	831	349					
14						门店03	720	403					
15						门店09	156	79					

图 7-23　设计辅助区域，排序并引出数据

✍ 本节知识回顾与测验

1. SORT 函数有几个参数，各有什么含义？如何正确设置它们？

2. SORT 函数能否对选择的有多列数据的单元格区域，同时对不同列做不同排序？
公式如何设计？

3. SQRT 函数的结果是什么？是一列数据还是多列数据？一列或多列的排序结果
取决于什么？

4. 如何从 SQRT 函数的结果中，提取需要的数据？

5. 如果排序依据列有文本，升序排序会是什么结果？降序排序会是什么结果？

7.3 SORTBY 函数及其案例

SORT 函数适合用于单条件排序，可以使用常量数组指定排序方式，也可以实现多条件排序，但不是很方便。当需要对多列或多行数据进行排序时，也就是给定了多个排序条件，那么就需要使用 SORTBY 函数。

7.3.1 基本原理与使用方法

SORTBY 函数用于指定多个条件情况下的排序，其用法如下：

=SORTBY（要排序的数组或区域，排序依据数组 1，排序方式 1，排序依据数组 2，排序方式 2，…）

函数的各个参数说明如下。

- 要排序的数组或区域：指定要排序的数组或单元格区域。
- 排序依据数组 1：指定的第 1 个排序依据，也就是说，对哪列或哪行排序。
- 排序方式 1：对第 1 个排序依据指定的排序方式（升序或降序），默认（1）表示升序，–1 表示降序。
- 排序依据数组 2：指定的第 2 个排序依据，也就是说，对哪列或哪行排序。
- 排序方式 2：对第 2 个排序依据指定的排序方式（升序或降序），默认（1）表示升序，–1 表示降序。

📈 案例 7-9

图 7-24 中的示例，先对"合计"进行降序排序，再对"彩电"进行降序排序，单元格 J3 中的排序公式如下：

```
=SORTBY(B3:G9,G3:G9,-1,C3:C9,-1)
```

	A	B	C	D	E	F	G	H	I	J	K	L	M	N	O
J3				✕ ✓ fx		=SORTBY(B3:G9,G3:G9,-1,C3:C9,-1)									
1															
2		地区	彩电	冰箱	空调	电脑	合计			地区	彩电	冰箱	空调	电脑	合计
3		华东	705	1029	1306	297	3337			西南	864	3595	4239	1185	9883
4		华南	851	239	817	1408	3315			东北	3313	359	453	1271	5396
5		华北	1150	2888	464	378	4880			华北	411	2888	1206	891	5396
6		华北	411	2888	1206	891	5396			西北	1150	2888	464	378	4880
7		西南	864	3595	4239	1185	9883			华东	705	1029	1306	297	3337
8		华中	1437	319	191	804	2751			华南	851	239	817	1408	3315
9		东北	3313	359	453	1271	5396			华中	1437	319	191	804	2751
10															

图 7-24　SORTBY 函数基本应用：按列排序

公式中，各个参数的设置如下。

- 第 1 个参数，指定了排序区域 B3:G9。
- 第 2 个参数和第 3 个参数，指定了第 1 组排序条件（合计数据列 G3:G9）及排序方式（–1）。
- 第 3 个参数和第 4 个参数，指定了第 2 组排序条件（彩电数据列 C3:C9）及排序方式（–1）。

可见，SORTBY 函数用于多条件排序的逻辑很简单，只需指定排序区域，指定在哪些列进行排序，排序顺序是什么即可。

📈 案例 7-10

案例 7-9 是在列方向进行排序，其实，SORTBY 函数可以对任意方向进行排序。

图 7-25 中的示例，先对华东地区的各个商品进行降序排序，再对华中地区的各个商品进行降序排序，单元格 K2 中的排序公式为：

```
=SORTBY(C2:F9,C3:F3,-1,C8:F8,-1)
```

图 7-25　SORTBY 函数基本应用：按行排序

公式中，各个参数的设置如下。
- 第 1 个参数，指定了排序区域 C2:F9。
- 第 2 个参数和第 3 个参数，指定了第 1 组排序条件（华东地区数据行 C3:F3）及排序方式（–1）。
- 第 3 个参数和第 4 个参数，指定了第 2 组排序条件（华中地区数据行 C8:F8）及排序方式（–1）。

7.3.2　任意指定条件下的动态排序（按列排序）

SORT 函数在排序时，需要指定是第几列（第几行）进行排序，是指定一个列序号（行序号），而 SORTBY 函数排序则是指定一个具体的排序条件列区域引用（行区域引用）。

因此，当使用 SORTBY 函数建立任意指定条件下的动态排序模型时，就需要使用 OFFSET 函数动态引用某列（某行）数据了。

📈 案例 7-11

图 7-26 是一个可以查看指定商品的动态排名分析模板，单元格 K2 指定商品，就自动得到该商品在各个地区的销售排名。

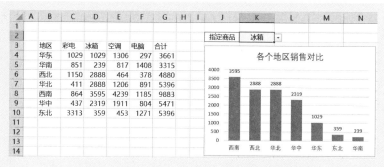

图 7-26 指定商品在各个地区的销售排名

这个动态图表需要设计辅助区域，将指定商品的各个地区排序结果提取出来，如图 7-27 所示。

	A	B	C	D	E	F	G	H	I	J	K
1											
2										指定商品	冰箱
3		地区	彩电	冰箱	空调	电脑	合计				
4		华东	1029	1029	1306	297	3661			西南	3595
5		华南	851	239	817	1408	3315			西北	2888
6		西北	1150	2888	464	378	4880			华北	2888
7		华北	411	2888	1206	891	5396			华中	2319
8		西南	864	3595	4239	1185	9883			华东	1029
9		华中	437	2319	1911	804	5471			东北	359
10		东北	3313	359	453	1271	5396			华南	239
11											

图 7-27 设计辅助区域

单元格 J4，提取排序后的地区名称，公式如下：

```
=INDEX(SORTBY($B$4:$G$10,OFFSET($B$4,,MATCH($K$2,$C$3:$G$3,0),
7,1),-1),
        ROW(A1),
        1)
```

单元格 K4，提取排序后的商品数据，公式如下：

```
=INDEX(SORTBY($B$4:$G$10,OFFSET($B$4,,MATCH($K$2,$C$3:$G$3,0),
7,1),-1),
        ROW(A1),
        MATCH($K$2,$C$3:$G$3,0)+1)
```

公式中，SORTBY 函数参数说明如下：

● 排序区域是 $B$4:$G$10。
● 排序条件 OFFSET 函数引用的区域 OFFSET($B$4,,MATCH($K$2,$C$3:$G$3,0),7,1)。
● 排序方式是降序（–1）。

SORTBY 函数排序结果是一个二维数组，因此需要使用 INDEX 函数分别提取出这个数组中的地区名称和指定商品排序后的数据。

取数公式比较长，但由于 SORTBY 函数的结果是一个数组，也可以使用名称来简化公式。例如，定义一个名称"排序结果"，其引用就是 SORTBY 函数的结果：

```
=SORTBY($B$4:$G$10,OFFSET($B$4,,MATCH($K$2,$C$3:$G$3,0),7,1),-1)
```

有了这个名称，就可以将公式简化。

单元格 J4，提取排序后的地区名称：

```
=INDEX(排序结果,ROW(A1),1)
```

单元格 K4，提取排序后的商品数据：

```
=INDEX(排序结果,ROW(A1),MATCH($K$2,$C$3:$G$3,0)+1)
```

7.3.3 任意指定条件下的动态排序（按行排序）

案例 7-11 是针对列方向的排序分析，如果要做行方向的排序分析呢？例如，要分析指定地区下，各个商品的销售对比？

案例 7-12

图 7-28 中的示例，单元格 J2 指定要分析的地区，图表就是该地区各个商品的销售排名情况。

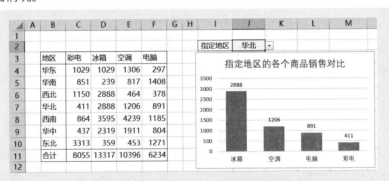

图 7-28　指定地区各个商品的销售排名

这个图表的辅助区域如图 7-29 所示，这里，仍然先使用 SORTBY 函数对指定地区数据进行降序排序，生成一个二维数组，然后使用 INDEX 函数引出排序后的商品名称和销售数据。

单元格 I4，引用排序后的商品名称，公式如下：

```
=INDEX(SORTBY($C$3:$F$11,OFFSET($C$3,MATCH($J$2,$B$4:$B$11,
0),,1,4),-1),
        1,
        COLUMN(A1))
```

单元格 I5，引用排序后的商品数据，公式如下：

```
=INDEX(SORTBY($C$3:$F$11,OFFSET($C$3,MATCH($J$2,$B$4:$B$11,
0),,1,4),-1),
        MATCH($J$2,$B$3:$B$11,0),
        COLUMN(A1))
```

在公式中，SORTBY($C$3:$F$11,OFFSET($C$3,MATCH($J$2,$B$4:$B$11,0),,1,4),-1) 就是对指定地区的商品做降序排序，其结果是一个二维数组。如果将这个 SORTBY 函数结果定义一个名称"排序结果"，名称公式如下：

```
=SORTBY($C$3:$F$11,OFFSET($C$3,MATCH($J$2,$B$4:$B$11,0),,1,4),-1)
```

那么就可以简化排序与引用公式，如下所示。

单元格 I4，引用排序后的商品名称，公式如下：

```
=INDEX(排序结果,1,COLUMN(A1))
```

单元格 I5，引用排序后的商品数据，公式如下：

```
=INDEX(排序结果,MATCH($J$2,$B$3:$B$11,0),COLUMN(A1))
```

此外，由于选定的地区在不同的行，因此使用 OFFSET 函数引用指定区域的行区域：OFFSET($C$3,MATCH($J$2,$B$4:$B$11,0),,1,4)。

▲	A	B	C	D	E	F	G	H	I	J	K	L
1												
2									指定地区	华北	▼	
3		地区	彩电	冰箱	空调	电脑						
4		华东	1029	1029	1306	297			冰箱	空调	电脑	彩电
5		华南	851	239	817	1408			2888	1206	891	411
6		西北	1150	2888	464	378						
7		华北	411	2888	1206	891						
8		西南	864	3595	4239	1185						
9		华中	437	2319	1911	804						
10		东北	3313	359	453	1271						
11		合计	8055	13317	10396	6234						

图 7-29　绘图数据区域

7.3.4　综合应用案例：按照自定义序列排序

在某些情况下，常规的排序顺序（升序或降序）并不能满足用户的需求，对数据的排序，需要按照指定的特殊次序进行排序，这就是自定义排序，此时如何解决这样的问题？

案例 7-13

图 7-30 左侧的 A ~ C 列是原始数据，现在要按照 L 列给定的部门次序进行排序，得到 G ~ I 列的结果。

第 7 章　数据排名分析案例精讲

	A	B	C	D	E	F	G	H	I	J	K	L
1	姓名	部门	性别					姓名	部门	性别		自定义排序次序
2	A001	财务部	女					A003	人力资源部	男		人力资源部
3	A002	生产部	女					A010	人力资源部	男		财务部
4	A003	人力资源部	男					A015	人力资源部	男		销售部
5	A004	销售部	男					A001	财务部	女		技术部
6	A005	财务部	女					A005	财务部	女		生产部
7	A006	销售部	男					A007	财务部	女		
8	A007	财务部	女					A016	财务部	女		
9	A008	销售部	女					A004	销售部	男		
10	A009	生产部	男					A006	销售部	男		
11	A010	人力资源部	男					A008	销售部	女		
12	A011	销售部	女					A011	销售部	女		
13	A012	销售部	男					A012	销售部	男		
14	A013	技术部	男					A014	销售部	男		
15	A014	销售部	男					A017	销售部	男		
16	A015	人力资源部	男					A013	技术部	男		
17	A016	财务部	女					A018	技术部	男		
18	A017	销售部	男					A002	生产部	女		
19	A018	技术部	男					A009	生产部	男		

图 7-30　按照部门自定义次序进行排序

解决办法是在原始数据后面添加一类辅助列，输入每个部门在自定义排序次序中的顺序号，如图 7-31 所示，单元格 D2 中的公式如下：

```
=MATCH(B2,$L$2:$L$6,0)
```

D2				fx	=MATCH(B2,$L$2:$L$6,0)

	A	B	C	D	E	F	G
1	姓名	部门	性别	辅助列			
2	A001	财务部	女	2			
3	A002	生产部	女	5			
4	A003	人力资源部	男	1			
5	A004	销售部	男	3			
6	A005	财务部	女	2			
7	A006	销售部	男	3			
8	A007	财务部	女	2			
9	A008	销售部	女	3			
10	A009	生产部	男	5			
11	A010	人力资源部	男	1			
12	A011	销售部	女	3			
13	A012	销售部	男	3			
14	A013	技术部	男	4			
15	A014	销售部	男	3			
16	A015	人力资源部	男	1			
17	A016	财务部	女	2			
18	A017	销售部	男	3			
19	A018	技术部	男	4			
20							

图 7-31　设计辅助列

有了这个辅助列，就可以快速进行排序了。最简单的方法是使用排序工具，直接对 D 列进行升序排序。

如果希望在新位置保存排序结果，就需要使用 SORTBY 函数了，如图 7-32 所示。在单元格 G2 中输入下列公式即可：

```
=SORTBY(A2:C19,D2:D19,1)
```

这里，只需要原始数据的 3 列数据，因此排序区域是 A2:C19，而排序依据则是辅助列区域 D2:D19。

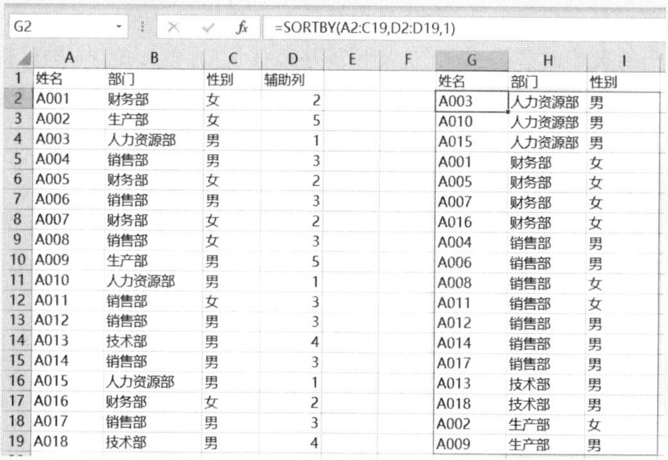

图 7-32 SORTBY 函数排序结果

✎ 本节知识回顾与测验

1. SORTBY 函数有几个参数，各有什么含义？如何正确设置这些参数？

2. 如何设计动态 SORTBY 函数排序公式，可以任意指定要排序的列？

3. SORTBY 函数的结果是排序后的二维数组，如何从这个数组中提取需要的数据？

4. 如果数据列中有文本型数字、文本字符串、空格等，那么 SORTBY 函数能否正常做升序排序和降序排序？排序结果会是什么？

5. 如何使用 SORTBY 函数按照特定次序进行自定义排序？

7.4 排位分析及其案例

如果不想改变原始数据次序，而仅在一个新列中标注每个数字的排名情况（第 1 名，第 2 名，第 3 名，…），可以使用 =RANK、RANK.AVG 或 RANK.EQ 函数。

7.4.1 基本原理与使用方法

RANK 函数用于判断某个数值在一组数中的排名位置，语法如下：

=RANK（要排位的数字，数组区域，排位方式）

这里要注意如下问题：

● 要排位的必须是数字，忽略单元格的文本和逻辑值，不允许有错误值。

● 要排位的数字必须是一维数组、一列或一行区域。

● 如果排位方式忽略或者输入 0，按降序排位；如果是 1，按升序排位。

- 对相同数字的排位是一个,但紧邻后面的数字会跳跃。例如,两个600,排位都是5,但其后面的数字假若是620(这里按降序排位),其排位是7,排位缺了6。

RANK.AVG 函数是对 RANK 函数的修订,就是如果多个值具有相同的排位,则将返回平均排位。RANK.AVG 函数的用法与 RANK 函数完全相同。

=RANK.AVG(要排位的数字,数组区域,排位方式)

RANK.EQ 函数也是对 RANK 函数的修订,就是如果多个值具有相同的排位,则返回该组值的最佳排名。RANK.EQ 函数的用法与 RANK 函数完全相同。

=RANK.EQ(要排位的数字,数组区域,排位方式)

案例 7-14

图 7-33 和图 7-34 是一个简单示例,说明 RANK 函数、RANK.AVG 函数和 RANK.EQ 函数的基本用法和计算结果,3 个函数公式是一样的,唯一不同的是函数名称:

```
=RANK(C3,$C$3:$C$12)
=RANK.AVG(C3,$C$3:$C$12)
=RANK.EQ(C3,$C$3:$C$12)
```

E3			fx	=RANK(C3,$C$3:$C$12)		
	A	B	C	D	E	F	G
1							
2		业务员	业绩		RANK函数	RANK.AVG函数	RANK.EQ函数
3		A001	545		9	9	9
4		A002	8769		1	1	1
5		A003	600		7	7.5	7
6		A004	2688		4	4	4
7		A005	1030		5	5	5
8		A006	600		7	7.5	7
9		A007	101		10	10	10
10		A008	606		6	6	6
11		A009	6070		2	2	2
12		A010	3075		3	3	3

图 7-33　存在两个相同数据的排位情况

E3			fx	=RANK(C3,$C$3:$C$12)		
	A	B	C	D	E	F	G
1							
2		业务员	业绩		RANK函数	RANK.AVG函数	RANK.EQ函数
3		A001	545		9	9	9
4		A002	8769		1	1	1
5		A003	600		6	7	6
6		A004	2688		4	4	4
7		A005	1030		5	5	5
8		A006	600		6	7	6
9		A007	101		10	10	10
10		A008	600		6	7	6
11		A009	6070		2	2	2
12		A010	3075		3	3	3

图 7-34　存在 3 个相同数据的排位情况

7.4.2 综合应用案例：业务员排名及额外奖金计算

排位分析主要是了解数据的排名次序，而不改变数据的位置（排序处理会改变数据位置），这样可以在得到的汇总表中直接进行排位统计分析。

案例 7-15

下面介绍一个计算业务员业绩提成和额外奖金的综合应用案例，如图 7-35 所示，业务员业绩在 B 列和 C 列，业绩提成标准和额外奖金标准如右侧的两个表所示。

业务员	业绩	业绩提成比例	业绩提成	排名情况	额外奖金	合计		提升标准			额外奖金	
A001	545	2%	10.90	11		10.90		100以下	0.50%		第1名	1800
A002	8,769	10%	876.90	2	1300	2,176.90		100（含）-1000	2%		第2名	1300
A003	600	2%	12.00	9		12.00		1000（含）-3000	5%		第3名	800
A004	2,688	5%	134.40	6		134.40		3000（含）-5000	7%		第4名	500
A005	1,030	5%	51.50	7		51.50		5000（含）-10000	10%		第5名	200
A006	600	2%	12.00	9		12.00		10000以上	15%			
A007	101	2%	2.02	12		2.02						
A008	606	2%	12.12	8		12.12						
A009	6,070	10%	607.00	3	800	1,407.00						
A010	3,075	7%	215.25	5	200	415.25						
A011	13,076	15%	1,961.40	1	1800	3,761.40						
A012	4,028	7%	281.96	4	500	781.96						

图 7-35　业务员排名及额外奖金计算

各个单元格的计算公式如下：

单元格 D3，计算业绩提成比例：

`=LOOKUP(C3,{0,100,1000,3000,5000,10000},{0.005,0.02,0.05,0.07,0.1,0.15})`

单元格 E3，计算业绩提成金额：

`=C3*D3`

单元格 F3，计算排名情况：

`=RANK(C3,$C$3:$C$14)`

单元格 G3，计算额外奖金：

`=IFERROR(CHOOSE(F3,1800,1300,800,500,200),"")`

单元格 H3，计算业绩提成和额外奖金合计数：

`=E3+N(G3)`

注意：由于额外奖金处理结果是具体数字和空值（""），而空值（""）不能直接做算术运算，因此需要使用 N 函数将这个空值（""）转换为 0。

✏ 本节知识回顾与测验

1. RANK 函数用于数据排位，如何正确使用？要注意哪些问题？

2. 一个实际问题：如何计算每个业务员的业绩排名，并依据排名分配业绩奖？

第8章

数据筛选分析案例精讲

常规的数据筛选，就是在源数据区域内显示满足条件的数据，隐藏不满足条件的数据，使用筛选工具操作是很方便的。

但是，使用筛选工具也有几个问题。例如，当表格有数千行甚至上万行、有大量计算公式时，筛选速度很慢，而且普通的筛选是在源数据区域内进行的，一不小心就会破坏源数据表格。

现在可以使用相关的筛选函数，将数据筛选出来并保存到一个新区域中，这样就解决了计算速度卡、数据不安全的问题。

8.1 FILTER 函数及其案例

最实用的筛选函数是 FILTER，可以实现任意条件下的筛选。下面介绍该函数的基本原理和用法。

8.1.1 基本原理与使用方法

FILTER 函数用于从一组数据中，将满足指定条件的数据提取出来，其用法如下：

=FILTER (要筛选的数组或区域，筛选条件，未找到的返回值)

函数的参数说明如下。

- 第 1 个参数，指定要筛选的常量数组或单元格区域。
- 第 2 个参数，指定要筛选的条件表达式，返回值必须是逻辑值 TRUE 或 FALSE，或者返回值必须是数字 1 或 0。
- 第 3 个参数，当筛选不到数据时，返回值是什么，如果忽略此参数，就留空。

📈 案例 8-1

图 8-1 是一个销售记录表，现在的任务是将华东地区的数据筛选出来，保存到工作表 "筛选结果"。

	A	B	C	D	E	F	G	H
1	日期	客户名称	业务员	地区	产品名称	销量	销售额	毛利
2	2023-1-1	客户73	业务员32	华南	产品1	2,341	176,777	142,396
3	2023-1-1	客户14	业务员03	东北	产品4	2,594	68,689	51,128
4	2023-1-1	客户52	业务员30	西北	产品1	3,607	196,999	132,180
5	2023-1-1	客户69	业务员27	西北	产品3	2,468	83,953	59,738
6	2023-1-2	客户69	业务员02	东北	产品4	2,847	90,019	74,431
7	2023-1-2	客户20	业务员26	华中	产品4	1,392	33,007	25,860
8	2023-1-3	客户20	业务员13	华中	产品2	12,591	68,884	17,990
9	2023-1-3	客户14	业务员08	东北	产品1	569	44,357	39,860
10	2023-1-3	客户66	业务员03	东北	产品4	253	5,153	3,551
11	2023-1-6	客户30	业务员30	华中	产品5	127	22,179	20,946
12	2023-1-7	客户20	业务员18	华中	产品2	19,614	65,492	18,542
13	2023-1-8	客户28	业务员19	华北	产品3	696	18,917	13,803
14	2023-1-9	客户61	业务员22	华南	产品4	35,306	300,261	89,906

销售记录　筛选结果　⊕

图 8-1　销售记录表

打开工作表 "筛选结果"，先将基础表的标题复制过来，然后在单元格 A2 中输入下列公式，即可迅速得到华东地区的所有销售数据，如图 8-2 所示。

=FILTER (销售记录 !$A$2:$H$673,

销售记录 !$D$2:$D$673=" 华东 ",

" 未找到数据 "

)

这个公式很好理解：

- 第 1 个参数，销售记录 !A\$2:\$H\$673，指定筛选区域是工作表"销售记录"的单元格区域 A2:H673。
- 第 2 个参数，销售记录 !\$D\$2:\$D\$673=" 华东 "，筛选条件是判断工作表"销售记录"的 B 列数据是否为华东。
- 第 3 个参数，" 未找到数据 "，如果筛选不到数据，就返回说明文字"未找到数据"。

	A	B	C	D	E	F	G	H	I	J
1	日期	客户名称	业务员	地区	产品名称	销量	销售额	毛利		
2	2023-1-9	客户71	业务员31	华东	产品2	31,573	101,957	16,004		
3	2023-1-18	客户36	业务员06	华东	产品2	2,341	18,787	7,573		
4	2023-1-19	客户91	业务员11	华东	产品2	253	2,544	1,127		
5	2023-1-19	客户83	业务员01	华东	产品3	127	9,132	7,346		
6	2023-3-7	客户53	业务员34	华东	产品2	9,238	63,731	21,093		
7	2023-3-10	客户83	业务员35	华东	产品2	886	10,828	8,672		
8	2023-3-15	客户34	业务员23	华东	产品2	5,062	24,984	9,950		
9	2023-4-17	客户71	业务员31	华东	产品4	633	10,046	5,425		
10	2023-5-8	客户26	业务员11	华东	产品5	127	25,114	24,498		
11	2023-5-10	客户59	业务员15	华东	产品2	7,086	122,048	99,250		
12	2023-5-16	客户71	业务员06	华东	产品2	2,468	15,068	2,253		
13	2023-5-25	客户59	业务员15	华东	产品3	380	40,378	36,558		

A2 的公式为：=FILTER(销售记录!\$A\$2:\$H\$673,销售记录!\$D\$2:\$D\$673="华东","未找到数据")

图 8-2 华东地区的筛选结果

如果要筛选"产品 2"的所有销售记录，则筛选公式如下，筛选结果如图 8-3 所示。

```
=FILTER( 销售记录 !$A$2:$H$673,
        销售记录 !$E$2:$E$673=" 产品 2",
        " 未找到数据 "
        )
```

	A	B	C	D	E	F	G	H	I	J
1	日期	客户名称	业务员	地区	产品名称	销量	销售额	毛利		
2	2023-1-3	客户20	业务员13	华中	产品2	12,591	68,884	17,990		
3	2023-1-7	客户20	业务员18	华中	产品2	19,614	65,492	18,542		
4	2023-1-9	客户61	业务员32	华南	产品2	35,306	300,261	89,906		
5	2023-1-9	客户71	业务员31	华东	产品2	31,573	101,957	16,004		
6	2023-1-14	客户42	业务员01	华南	产品2	47,960	220,613	100,402		
7	2023-1-14	客户74	业务员34	华中	产品2	273,210	1,209,979	303,804		
8	2023-1-15	客户20	业务员27	华中	产品2	12,591	57,730	8,561		
9	2023-1-16	客户15	业务员11	华南	产品2	15,122	96,151	25,540		
10	2023-1-17	客户69	业务员07	西北	产品2	9,617	46,575	23,778		
11	2023-1-17	客户66	业务员05	东北	产品2	37,014	128,702	22,292		
12	2023-1-18	客户36	业务员06	华东	产品2	2,341	18,787	7,573		
13	2023-1-18	客户54	业务员08	西北	产品2	110,220	606,392	272,622		

A2 的公式为：=FILTER(销售记录!\$A\$2:\$H\$673,销售记录!\$E\$2:\$E\$673="产品2","未找到数据")

图 8-3 产品 2 的筛选结果

此时可以建立一个自动筛选模型，在单元格中指定要筛选的地区，这样就可以任选地区进行筛选了，如图 8-4 所示。筛选公式如下：

```
=FILTER( 销售记录 !$A$2:$H$673,
        销售记录 !$D$2:$D$673=$B$2
        )
```

A5 | =FILTER(销售记录!$A$2:$H$673,销售记录!$D$2:$D$673=$B$2)

	A	B	C	D	E	F	G	H	I
1									
2	指定地区	华中							
3									
4	日期	客户名称	业务员	地区	产品名称	销量	销售额	毛利	
5	2023-1-2	客户20	业务员26	华中	产品4	1,392	33,007	25,860	
6	2023-1-3	客户20	业务员13	华中	产品2	12,591	68,884	17,990	
7	2023-1-6	客户30	业务员30	华中	产品5	127	22,179	20,946	
8	2023-1-7	客户20	业务员18	华中	产品2	19,614	65,492	18,542	
9	2023-1-9	客户74	业务员03	华中	产品4	5,188	81,539	33,541	
10	2023-1-10	客户20	业务员19	华中	产品4	2,151	52,185	34,132	
11	2023-1-10	客户74	业务员35	华中	产品1	1,076	127,397	105,524	
12	2023-1-10	客户89	业务员30	华中	产品1	506	38,160	31,999	
13	2023-1-14	客户74	业务员34	华中	产品2	273,210	1,209,979	303,804	
14	2023-1-14	客户78	业务员22	华中	产品3	443	16,634	10,719	
15	2023-1-15	客户20	业务员27	华中	产品2	12,591	57,730	8,561	
16	2023-1-17	客户67	业务员02	华中	产品4	1,012	20,874	12,802	
17	2023-1-18	客户67	业务员06	华中	产品2	823	17,025	11,727	

销售记录 | 筛选结果 | 动态筛选

图 8-4　动态筛选

8.1.2　单条件筛选

单条件筛选，就是在某列中指定一个条件。例如，前面介绍的筛选"华东"区域，筛选"产品 2"等。

案例 8-2

要筛选出毛利为负数的所有销售订单，筛选公式如下，结果如图 8-5 所示。

```
=FILTER( 销售记录!$A$2:$H$673,
         销售记录!$H$2:$H$673<0
       )
```

A2 | =FILTER(销售记录!$A$2:$H$673,销售记录!$H$2:$H$673<0)

	A	B	C	D	E	F	G	H	I
1	日期	客户名称	业务员	地区	产品名称	销量	销售额	毛利	
2	2023-1-20	客户67	业务员04	华中	产品2	2,784	14,025	-578	
3	2023-2-1	客户67	业务员33	华中	产品2	13,414	50,685	-7,480	
4	2023-2-25	客户33	业务员23	华中	产品2	13,414	58,186	-6,633	
5	2023-3-19	客户64	业务员34	华中	产品2	30,814	132,616	-24,811	
6	2023-4-5	客户66	业务员33	东北	产品2	27,587	111,807	-17,770	
7	2023-4-10	客户28	业务员32	华北	产品2	161,597	371,363	-191,246	
8	2023-4-20	客户64	业务员20	华中	产品2	30,561	132,355	-8,190	
9	2023-4-22	客户64	业务员01	华中	产品2	53,781	260,600	-4,900	
10	2023-4-28	客户61	业务员25	华南	产品2	73,649	460,534	-6,448	
11	2023-5-18	客户74	业务员32	华中	产品2	181,971	467,971	-58,470	
12	2023-5-25	客户10	业务员03	东北	产品2	59,666	222,505	-19,643	
13	2023-6-17	客户28	业务员30	华北	产品2	165,837	662,100	-55,779	
14	2023-6-21	客户03	业务员04	东北	产品4	127	913	-11	
15	2023-7-11	客户66	业务员04	东北	产品2	10,883	35,290	-4,205	
16	2023-7-24	客户61	业务员01	华南	产品2	21,576	82,257	-2,464	
17	2023-8-14	客户07	业务员29	华北	产品2	186,717	615,524	-198,536	

销售记录 | 筛选结果 | 动态筛选

图 8-5　筛选出的毛利为负数的数据

思考：如果不仅是筛选出毛利为负的数据，还要将筛选出的结果进行升序排序，也就是将亏损最大的排在最前面，如何设计公式呢？

此时，可以联合使用 FILTER 函数和 SORT 函数来解决，基本逻辑是先使用 FILTER 函数筛选出数据，再使用 SORT 函数对筛选出的数据进行排序。公式如下，结果如图 8-6 所示。

```
=SORT(FILTER(销售记录!$A$2:$H$673,销售记录!$H$2:$H$673<0),
      8,
      1)
```

公式中，FILTER(销售记录 !$A$2:$H$673, 销售记录 !$H$2:$H$673<0) 是筛选出的二维数组结果，8 表示对数组的第 8 列进行排序（第 8 列是毛利），1 表示按照升序排序。

A2				fx	=SORT(FILTER(销售记录!$A$2:$H$673,销售记录!$H$2:$H$673<0),8,1)				
	A	B	C	D	E	F	G	H	I	J
1	日期	客户名称	业务员	地区	产品名称	销量	销售额	毛利		
2	2023-8-14	客户07	业务员29	华北	产品2	186,717	615,524	-198,536		
3	2023-4-10	客户28	业务员32	华北	产品2	161,597	371,363	-191,246		
4	2023-8-28	客户54	业务员25	西北	产品2	36,635	141,030	-82,202		
5	2023-5-18	客户74	业务员32	华中	产品2	181,971	467,971	-58,470		
6	2023-6-17	客户28	业务员30	华北	产品2	165,837	662,100	-55,779		
7	2023-3-19	客户64	业务员34	华中	产品2	30,814	132,616	-24,811		
8	2023-5-25	客户10	业务员31	东北	产品2	59,666	222,505	-19,643		
9	2023-4-5	客户66	业务员33	华北	产品2	27,587	111,807	-17,770		
10	2023-11-16	客户14	业务员04	东北	产品2	58,843	322,309	-12,447		
11	2023-4-20	客户64	业务员20	华中	产品2	30,561	132,355	-8,190		
12	2023-11-4	客户61	业务员26	华南	产品2	8,036	31,115	-7,764		
13	2023-2-1	客户67	业务员33	华中	产品2	13,414	50,685	-7,480		
14	2023-11-15	客户71	业务员03	华东	产品2	12,338	27,397	-7,292		
15	2023-11-24	客户44	业务员10	华北	产品2	12,148	38,943	-7,022		
16	2023-12-2	客户66	业务员03	东北	产品2	34,357	189,302	-6,758		
17	2023-2-25	客户33	业务员23	华中	产品2	13,414	58,186	-6,633		

销售记录　筛选结果　动态筛选

图 8-6　将筛选的结果进行排序

8.1.3　多个与条件筛选

不同列的条件构成了与条件，在同一列中的区间判断（如 1000~10000）条件也是与条件。

与条件下的筛选，需要使用乘号（*）连接这些筛选条件，基本用法如下：

(条件表达式 1)＊(条件表达式 2)＊(条件表达式 3)＊(……)＊(条件表达式 n)

案例 8-3

以案例 8-1 的数据为例，如果要筛选"华东"地区、"产品 2"、毛利在 1 万以上的销售记录，则筛选公式如下，筛选结果如图 8-7 所示。

```
=FILTER( 销售记录 !$A$2:$H$673,
        ( 销售记录 !$D$2:$D$673=" 华东 ")
```

*（销售记录！$E$2:$E$673=" 产品 2"）

　　　　*（销售记录！$H$2:$H$673>=10000）

　　　　）

公式中，表达式"销售记录！$D$2:$D$673=" 华东 "）*（销售记录！$E$2:$E$673=" 产品 2"）*（销售记录！$H$2:$H$673>=10000）"就是 3 个与条件的组合。

	A	B	C	D	E	F	G	H	I	J	K	L
1	日期	客户名称	业务员	地区	产品名称	销量	销售额	毛利				
2	2023-1-9	客户71	业务员31	华东	产品2	31,573	101,957	16,004				
3	2023-3-7	客户53	业务员34	华东	产品2	9,238	63,731	21,093				
4	2023-5-10	客户59	业务员15	华东	产品2	7,086	122,048	99,250				
5	2023-12-6	客户71	业务员10	华东	产品2	39,039	116,112	13,831				

图 8-7 "华东"地区、"产品 2"、毛利在 1 万以上的销售记录

如果要筛选 5 月份、"华东"地区、"产品 2"的销售记录，则筛选公式如下，筛选结果如图 8-8 所示。

=FILTER（销售记录！$A$2:$H$673,

　　　（MONTH（销售记录！$A$2:$A$673）=5）

　　　*（销售记录！$D$2:$D$673=" 华东 "）

　　　*（销售记录！$E$2:$E$673=" 产品 2"）

　　　）

公式中，使用 MONTH 函数从日期中提取月份数字，再进行判断。

	A	B	C	D	E	F	G	H	I	J	K	L
1	日期	客户名称	业务员	地区	产品名称	销量	销售额	毛利				
2	2023-5-10	客户59	业务员15	华东	产品2	7,086	122,048	99,250				
3	2023-5-16	客户71	业务员06	华东	产品2	2,468	15,068	2,253				

图 8-8 5 月份、"华东"地区、"产品 2"的销售记录

8.1.4 多个或条件筛选

同一列的条件构成了或条件（除了同一列中的区间判断外，如 1000~10000），此时，或条件下的筛选，需要使用加号（+）来连接这些筛选条件，基本用法如下：

（条件表达式 1）+（条件表达式 2）+（条件表达式 3）+（……）+（条件表达式 n）

案例 8-4

以案例 8-1 的数据为例，如果要筛选"西北"和"东北"地区的数据，则筛选公式如下，筛选结果如图 8-9 所示。

```
=FILTER( 销售记录 !$A$2:$H$673,
        (销售记录 !$D$2:$D$673="西北")+(销售记录 !$D$2:$D$673="东北")
        )
```

公式中，表达式"(销售记录 !$D$2:$D$673=" 西北 ")+(销售记录 !$D$2:$D$673=" 东北 ")"就是两个或条件的组合。

	A	B	C	D	E	F	G	H	I	J	K	L
	fx	=FILTER(销售记录!$A$2:$H$673,(销售记录!$D$2:$D$673="西北")+(销售记录!$D$2:$D$673="东北"))										
1	日期	客户名称	业务员	地区	产品名称	销量	销售额	毛利				
2	2023-1-1	客户14	业务员03	东北	产品4	2,594	68,689	51,128				
3	2023-1-1	客户52	业务员30	西北	产品1	3,607	196,999	132,180				
4	2023-1-1	客户69	业务员27	西北	产品3	2,468	83,953	59,738				
5	2023-1-2	客户69	业务员02	西北	产品4	2,847	90,019	74,431				
6	2023-1-3	客户14	业务员08	东北	产品1	569	44,357	39,860				
7	2023-1-3	客户66	业务员03	东北	产品4	253	5,153	3,551				
8	2023-1-9	客户66	业务员11	东北	产品4	316	6,849	5,309				
9	2023-1-13	客户04	业务员15	西北	产品1	38,533	1,143,117	520,741				
10	2023-1-14	客户69	业务员18	西北	产品5	63	10,046	9,614				
11	2023-1-16	客户54	业务员36	西北	产品2	2,151	37,704	26,921				
12	2023-1-17	客户69	业务员07	西北	产品2	9,617	46,575	23,778				
13	2023-1-17	客户66	业务员20	东北	产品2	37,014	128,702	22,292				
14	2023-1-18	客户54	业务员08	西北	产品2	110,220	606,392	272,622				
15	2023-1-18	客户18	业务员17	东北	产品2	3,607	17,873	6,290				
16	2023-1-18	客户04	业务员24	西北	产品1	24,233	1,142,008	769,112				
17	2023-1-19	客户14	业务员01	东北	产品1	823	53,751	44,755				

图 8-9 "西北"和"东北"地区的销售记录

8.1.5 多个与条件和或条件组合下的筛选

针对多个条件表达式，联合使用乘号（*）和加号（+），构建多个与条件和或条件的组合，可以实现更多条件下的数据筛选。

案例 8-5

以案例 8-1 的数据为例，如果要筛选"东北"和"西北"地区、"产品 1"和"产品 2"，以及销售额在 50 万的数据，则筛选公式如下，筛选结果如图 8-10 所示。

```
=FILTER( 销售记录 !$A$2:$H$673,
        ((销售记录 !$D$2:$D$673="东北")+(销售记录 !$D$2:$D$673="西北"))
        *((销售记录 !$E$2:$E$673=" 产品 1")+(销售记录 !$E$2:$E$673=
"产品 2"))
        *( 销售记录 !$G$2:$G$673>=500000)
        )
```

在组合各个条件时，要特别注意使用小括号将各个条件进行组合。
例如，在公式中：
● 地区的两个或条件，"东北"和"西北"，这两个条件用加号组合：

((销售记录 !$D$2:$D$673=" 东北 ")+(销售记录 !$D$2:$D$673=

"西北"));

- 产品的两个或条件，"产品1"和"产品2"，这两个条件用加号组合：

((销售记录!\$E\$2:\$E\$673="产品1")+(销售记录!\$E\$2:\$E\$673="产品2"))

- 销售额的一个条件，大于500000：

(销售记录!\$G\$2:\$G\$673>=500000)

以上3个条件又构成了与条件，因此，它们都必须先用小括号括起来，然后再使用乘号进行组合。

	A	B	C	D	E	F	G	H	I
A2				fx	=FILTER(销售记录!A2:H673, ((销售记录!\$D\$2:\$D\$673="东北")+销售记录!\$D\$2:\$D\$673="西北")) *((销售记录!\$E\$2:\$E\$673="产品1")+(销售记录!\$E\$2:\$E\$673="产品2")) *(销售记录!\$G\$2:\$G\$673>500000))				
1	日期	客户名称	业务员	地区	产品名称	销量	销售额	毛利	
2	2023-1-13	客户04	业务员15	西北	产品1	38,533	1,143,117	520,741	
3	2023-1-18	客户54	业务员08	西北	产品2	110,220	606,392	272,622	
4	2023-1-18	客户04	业务员24	西北	产品1	24,233	1,142,008	769,112	
5	2023-2-7	客户03	业务员21	东北	产品1	12,591	573,972	306,007	
6	2023-2-20	客户03	业务员22	西北	产品1	19,551	1,169,862	802,327	
7	2023-4-13	客户04	业务员12	西北	产品1	12,338	549,771	342,128	
8	2023-6-2	客户69	业务员32	西北	产品1	5,505	601,891	475,765	
9	2023-6-24	客户69	业务员29	东北	产品1	4,556	546,249	496,463	
10	2023-7-1	客户03	业务员24	东北	产品1	12,401	561,774	377,174	
11	2023-8-1	客户54	业务员02	西北	产品2	127,051	997,259	120,166	
12	2023-10-9	客户03	业务员09	西北	产品1	15,185	691,976	438,367	
13	2023-10-12	客户04	业务员09	西北	产品1	32,142	1,229,483	768,047	
14	2023-12-24	客户03	业务员09	东北	产品1	40,747	1,679,124	993,778	
15									

图8-10 组合条件筛选结果

8.1.6 计算条件下的筛选

用户可以使用基本的计算或者函数计算，根据计算结果来筛选数据，这就是计算条件下的筛选。

案例8-6

以案例8-1的数据为例，如果要筛选低销售额高于平均销售额8倍以上的订单，则筛选公式如下，筛选结果如图8-11所示。

=FILTER(销售记录!\$A\$2:\$H\$673,
        销售记录!\$G\$2:\$G\$673>(AVERAGE(销售记录!\$G\$2:\$G\$673)*8)
)

这个公式中，使用AVERAGE函数计算销售额的平均值，乘以8，得到8倍平均值的数值，然后再进行比较：

销售记录!\$G\$2:\$G\$673>(AVERAGE(销售记录!\$G\$2:\$G\$673)*8)

图 8-11　筛选结果

仍然以案例 8-1 的数据为例，如果要筛选毛利率在 5%~10% 的销售订单，则筛选公式如下，筛选结果如图 8-12 所示。

```
=FILTER（销售记录 !$A$2:$H$673,
        （（销售记录 !$H$2:$H$673/ 销售记录 !$G$2:$G$673)>=0.05)*
        （（销售记录 !$H$2:$H$673/ 销售记录 !$G$2:$G$673)<=0.1))
```

公式中，先用毛利除以销售额得出毛利率，然后再判断毛利率是否在 5%~10%，毛利率计算公式为：

销售记录 !$H$2:$H$673/ 销售记录 !$G$2:$G$673

5%~10% 的条件是与条件，因此使用乘号将两个条件组合起来。

图 8-12　毛利率是否在 5%~10% 的筛选结果

仍然以案例 8-1 的数据为例，如果要将 2 月、4 月和 6 月的销售订单筛选出来，则筛选公式如下，筛选结果如图 8-13 所示。

```
=FILTER（销售记录 !$A$2:$H$673,
        (MONTH（销售记录 !$A$2:$A$673)=2)
        +(MONTH（销售记录 !$A$2:$A$673)=4)
        +(MONTH（销售记录 !$A$2:$A$673)=6))
```

公式中，先使用 MONTH 函数计算日期的数字，然后再判断毛利率是为 2、4 和 6，月份计算公式为：

MONTH（销售记录 !$A$2:$A$673)

这 3 个月份的条件是或条件，因此使用加号将两个条件组合起来。

	A	B	C	D	E	F	G	H
1	日期	客户名称	业务员	地区	产品名称	销量	销售额	毛利
2	2023-2-1	客户67	业务员33	华中	产品2	13,414	50,685	-7,480
3	2023-2-1	客户42	业务员33	华南	产品4	886	18,852	14,046
4	2023-2-2	客户85	业务员13	华南	产品4	253	14,220	9,291
5	2023-2-2	客户77	业务员13	西北	产品1	1,708	156,686	128,589
6	2023-2-2	客户29	业务员06	华北	产品3	1,835	40,052	25,511
100	2023-4-27	客户14	业务员07	东北	产品5	63	23,875	23,012
101	2023-4-27	客户61	业务员04	华南	产品4	2,404	54,077	39,844
102	2023-4-27	客户78	业务员02	华中	产品1	4,049	298,891	234,071
103	2023-4-27	客户90	业务员14	华南	产品3	190	8,023	6,237
104	2023-4-28	客户61	业务员25	华南	产品2	73,649	460,534	-6,448
105	2023-4-28	客户54	业务员32	西北	产品4	5,695	168,493	125,547
106	2023-6-2	客户69	业务员32	西北	产品1	5,505	601,891	475,765
107	2023-6-2	客户42	业务员36	华南	产品3	316	8,871	3,264
108	2023-6-2	客户15	业务员31	华南	产品2	26,638	136,138	51,910
109	2023-6-2	客户16	业务员20	西北	产品3	127	9,132	8,147
110	2023-6-3	客户57	业务员31	华南	产品3	127	8,741	7,940

单元格 A2 公式：=FILTER(销售记录!$A$2:$H$673,(MONTH(销售记录!$A$2:$A$673)=2)+(MONTH(销售记录!$A$2:$A$673)=4)+(MONTH(销售记录!$A$2:$A$673)=6))

图 8-13　筛选出 2 月、4 月和 6 月的数据

8.1.7 关键词匹配条件下的筛选

对于文本数据，可以使用关键词匹配条件来筛选，但是不能在公式中使用通配符，而是必须使用 FIND 函数（或 SEARCH 函数）和 ISNUMBER 函数判断是否有指定的关键词。

案例 8-7

对于图 8-14 所示的数据，要求筛选出含有"电化铝"3 个字的数据，则筛选公式如下：

```
=FILTER(A2:C10,
        ISNUMBER(FIND("电化铝",B2:B10)),
        " ")
```

单元格 F2 公式：=FILTER(A2:C10,ISNUMBER(FIND("电化铝",B2:B10)),"")

	A	B	C	D	E	F	G	H
1	地区	产品及规格	销售			地区	产品及规格	销售
2	东北	电化铝900*300*4900	910			东北	电化铝900*300*4900	910
3	华北	50mm卷筒	913			华东	电化铝8000*100*50mm	352
4	华北	300*1200mm托盘	1013			华南	电化铝900*300*4900	951
5	华东	原纸12000*300*300mm	773					
6	华东	电化铝8000*100*50mm	352					
7	华东	300Kg油墨	1134					
8	华南	电化铝900*300*4900	951					
9	华南	原纸12000*300*300mm	977					
10	华中	300Kg油墨	1158					

图 8-14　筛选出含有"电化铝"的数据

如果要同时筛选出"电化铝"和"油墨"呢？此时筛选公式如下，结果如图 8-15 所示。

```
=FILTER(A2:C10,
        ISNUMBER(FIND("电化铝",B2:B10))+ISNUMBER(FIND("油墨",B2:B10))
       )
```

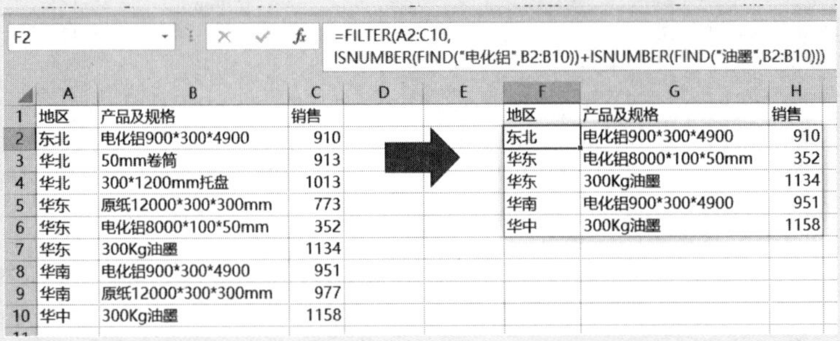

图 8-15　筛选含有"电化铝"和"油墨"数据

如果要筛选"华东"地区的"电化铝"和"油墨"呢？此时筛选公式如下，结果如图 8-16 所示。

```
=FILTER(A2:C10,
        (A2:A10="华东")
        *(ISNUMBER(FIND("电化铝",B2:B10))+ISNUMBER(FIND("油墨",
B2:B10)))
       )
```

图 8-16　筛选"华东"地区的"电化铝"和"油墨"数据

🖊 本节知识回顾与测验

1. FILTER 函数筛选的基本用法是什么？如何正确设置各个参数？

2. FILTER 函数中的筛选条件参数，必须是什么值？

3. 如果要组合几个条件来筛选，如何设置 FILTER 函数的筛选条件参数？

4. FILTER 函数筛选数字大小时，筛选条件需要使用什么运算？

5. FILTER 函数筛选文本字符串时，关键词匹配筛选条件需要使用什么函数来构建？

8.2 FILTER 函数综合应用案例

前面介绍了 FILTER 函数的基本原理和使用方法，下面介绍几个 FILTER 函数在实际数据分析中的综合应用案例。

8.2.1 建立任意指定单列条件的动态筛选表

用户可以设计一个任意指定单列条件的动态筛选表，实现任意指定列及指定条件下的数据筛选。

📈 案例 8-8

前面介绍的是指定的某一列的筛选，如果要对任意指定列进行筛选呢？此时需要使用 OFFSET 函数来引用指定的列数据区域，再进行判断。

图 8-17 中的示例，要求筛选出指定产品、指定最低发货量以上的客户数据。

图 8-17 任意指定列及筛选条件下的筛选

由于是任意指定的产品，因此需要使用 OFFSET 函数引出这列数据，此时，首先使用 OFFSET 函数引用指定产品的数据区域的表达式如下：

```
OFFSET($A$3,,MATCH($J$2,$B$2:$F$2,0),COUNTA($A$3:$A$26),1)
```

然后对这个 OFFSET 函数引用的区域进行条件判断，是否大于指定的最低发货量：

```
OFFSET($A$3,,MATCH($J$2,$B$2:$F$2,0),COUNTA($A$3:$A$26),1)>$J$3
```

这样，使用 FILTER 函数筛选公式如下：

```
FILTER($A$3:$F$26,
       OFFSET($A$3,,MATCH($J$2,$B$2:$F$2,0),COUNTA($A$3:$A$26),1)>$J$3
       )
```

FILTER 函数得到的结果是一个数据表，因此需要使用 INDEX 函数从这个筛选结果数据表中提取出客户名称和指定产品的数据，其中客户名称在第 1 列，指定产品的列位置可以使用 MATCH 函数确定：MATCH($J$2,$A$2:$F$2,0)。

单元格 I6 中的公式如下：

```
=IFERROR(INDEX(FILTER($A$3:$F$26,OFFSET($A$3,,MATCH($J$2,$B$2:
$F$2,0),COUNTA($A$3:$A$26),1)>$J$3),ROW(A1),1),"")
```

单元格 J6 中的公式如下：

```
=IFERROR(INDEX(FILTER($A$3:$F$26,OFFSET($A$3,,MATCH($J$2,$B$2:
$F$2,0),COUNTA($A$3:$A$26),1)>$J$3),ROW(A1),MATCH($J$2,$A$2:$F$2,
0)),"")
```

这两个公式很长，可以对 FILTER 函数公式定义一个名称"筛选结果"：

```
=FILTER($A$3:$F$26,OFFSET($A$3,,MATCH($J$2,$B$2:$F$2,0),
COUNTA($A$3:$A$26),1)>$J$3)
```

有了这个名称，就可以将公式简化如下。

单元格 I6 中的公式如下：

```
=IFERROR(INDEX(筛选结果,ROW(A1),1),"")
```

单元格 J6 中的公式如下：

```
=IFERROR(INDEX(筛选结果,ROW(A1),MATCH($J$2,$A$2:$F$2,0)),"")
```

8.2.2　建立多条件动态筛选表

用户可以设计一个多条件动态查询表，实现任意指定多个条件下的数据筛选。下面举例说明。

📊 **案例 8-9**

图 8-18 是一个员工基本信息表示例数据，现在要制作图 8-19 所示的动态查询表，可以指定任意条件：

- 指定部门，可以是某个具体部门，也可以是所有部门。

- 指定性别，可以是某个具体性别，也可以是所有性别。
- 指定学历，可以是某个具体学历，也可以是所有学历。
- 指定年龄段，指定开始年龄和截止年龄，如果设置为 0~1000，就是所有年龄段。
- 指定工龄段，指定开始工龄和截止工龄，如果设置为 0~1000，就是所有年工龄。

工号	姓名	性别	部门	学历	出生日期	年龄	入职日期	工龄
G001	A001	女	生产部	高中	1979-7-22	43	2001-3-15	22
G002	A002	男	采购部	中专	1983-11-15	39	2008-8-22	14
G003	A003	男	生产部	中专	1986-1-9	37	2015-4-20	8
G004	A004	男	生产部	中专	1985-2-8	38	2012-4-20	11
G005	A005	男	生产部	中专	1982-12-23	40	2008-4-20	15
G006	A006	男	营销部	大专	1983-5-30	39	2019-2-12	4
G007	A007	男	营销部	本科	1967-2-20	56	2002-5-28	20
G008	A008	男	技术部	大专	1980-4-21	43	2002-7-8	20
G009	A009	男	生产部	高中	1981-5-7	42	2002-8-6	20
G010	A010	女	生产部	高中	1976-12-23	46	2002-8-6	20
G011	A011	男	营销部	高中	1975-10-26	47	2001-8-23	21
G012	A012	女	生产部	中专	1982-11-3	40	2001-9-4	21
G013	A013	男	生产部	初中	1988-7-15	34	2012-9-4	10
G014	A014	女	品管部	本科	1979-1-22	44	2000-2-5	23
G015	A015	男	生产部	中专	1977-11-17	45	2003-2-11	20
G016	A016	男	营销部	大专	1973-8-4	49	2003-2-14	20

员工信息 查询表

图 8-18　员工基本信息

指定部门	生产部		
指定性别	男		
指定学历	大专		
指定年龄段	26	至	50
指定工龄算	5	至	10

工号	姓名	性别	部门	学历	出生日期	年龄	入职日期	工龄
G119	A119	男	生产部	大专	1991-6-28	31	2015-10-14	7
G155	A155	男	生产部	大专	1985-5-9	38	2012-6-26	10
G172	A172	男	生产部	大专	1990-8-19	32	2013-7-31	9
G214	A214	男	生产部	大专	1994-2-4	29	2017-2-13	6
G224	A224	男	生产部	大专	1987-2-16	36	2017-6-19	5
G234	A234	男	生产部	大专	1996-3-29	27	2017-12-12	5
G238	A238	男	生产部	大专	1990-2-18	33	2018-3-21	5

员工信息 查询表

图 8-19　任意指定条件的动态查询表

在单元格 A9 中输入下列公式，就得到指定条件下的筛选结果：

```
=FILTER(员工信息!A2:I368,
        IF(B2="全部",1,(员工信息!D2:D368=B2))
        *IF(B3="全部",1,(员工信息!C2:C368=B3))
        *IF(B4="全部",1,(员工信息!E2:E368=B4))
        *(员工信息!G2:G368>=B5)*(员工信息!G2:G368<=D5)
        *(员工信息!I2:I368>=B6)*(员工信息!I2:I368<=D6),
        "未找到数据")
```

公式中的几个条件说明如下。这几个条件都是与条件，因此它们之间用乘号（*）连接起来。

条件 1，判断部门：

IF(B2=" 全部 ",1,(员工信息 !D2:D368=B2))

条件 2，判断性别：

IF(B3=" 全部 ",1,(员工信息 !C2:C368=B3))

条件 3，判断学历：

IF(B4=" 全部 ",1,(员工信息 !E2:E368=B4))

条件 4，判断年龄段：

(员工信息 !G2:G368>=B5) * (员工信息 !G2:G368<=D5)

条件 5，判断工龄段：

(员工信息 !I2:I368>=B6) * (员工信息 !I2:I368<=D6)

这样，可以指定任意筛选条件，得到满足条件的筛选结果，如图 8-20 所示。

	A	B	C	D	E	F	G	H	I
1									
2	指定部门	品管部							
3	指定性别	全部							
4	指定学历	全部							
5	指定年龄段	26	至	30					
6	指定工龄算	0	至	10					
7									
8	工号	姓名	性别	部门	学历	出生日期	年龄	入职日期	工龄
9	G203	A203	男	品管部	本科	1994-11-30	28	2016-3-23	7
10	G209	A209	男	品管部	大专	1995-3-8	28	2016-8-19	6
11	G225	A225	女	品管部	本科	1994-10-25	28	2017-7-5	5
12	G257	A257	男	品管部	大专	1995-5-13	28	2019-4-15	4
13	G262	A262	男	品管部	大专	1995-3-31	28	2019-7-2	3
14	G263	A263	男	品管部	大专	1997-3-13	26	2019-7-10	3
15	G278	A278	男	品管部	中专	1995-8-13	27	2019-12-3	3
16	G332	A332	女	品管部	中专	1993-4-24	30	2021-10-5	1
17	G368	A368	女	品管部	本科	1994-7-17	28	2022-2-8	1

图 8-20　筛选结果

8.2.3　筛选与排序联合使用：基本应用

当筛选出数据后，可以对筛选结果进一步处理，如进行排序，这种处理在某些数据分析中就非常有用了。例如，从表格中筛选出销售额在 100 万以上的客户，并进行排名分析，等等。

案例 8-10

图 8-21 是产品库存表，现在要将那些库存金额在 10 万以上的筛选出来，并从高到低排序，绘制排名柱形图。

筛选及排序公式很简单，如下所示：

=SORT(FILTER(B2:C48,C2:C48>100000),2,-1)

图 8-21　库存金额在 10 万以上的产品

该例还可以进一步扩展，例如，可以任意指定库存金额，然后筛选出那些在指定库存金额以上的所有产品并进行排序，效果如图 8-22 所示。此时筛选及排序公式如下：

```
=SORT(FILTER(B2:C48,C2:C48>G2),2,-1)
```

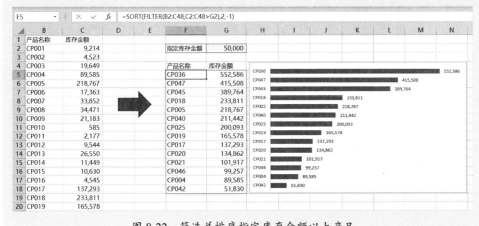

图 8-22　筛选并排序指定库存金额以上产品

不过，为了使图表能够随筛选数据自动调整，需要定义动态名称绘制图表，定义的名称分别如下。

名称"产品名称"：

```
=OFFSET($F$5,,,COUNTA($F$5:$F$1000),1)
```

名称"库存金额"：

```
=OFFSET($G$5,,,COUNTA($F$5:$F$1000),1)
```

为了使图表的各个产品与表格的产品名称上下顺序一致，增强分析阅读性，在此绘制的是条形图。

8.2.4 **筛选与排序联合使用：综合应用**

前面介绍的是指定一个条件来筛选和排序，实际数据分析中，还可以进行多条件筛选并排序，对数据进行灵活的筛选和排名分析。

案例 8-11

图 8-23 是一个各个门店、各个产品的销售统计表，现在要设计一个动态筛选表，要求如下：

- 指定门店性质，可以选择自营、加盟或全部。
- 指定产品，可以选择某个产品或全部产品。
- 指定最低销售数。
- 对筛选出的数据，从大到小排序。

	门店	性质	产品1	产品2	产品3	产品4	产品5	合计				门店性质	自营
3	门店A	自营	2,988	4,077	954	2,119	132	10,270				指定产品	产品2
4	门店B	自营	3,210	2,143	343	650	1,697	8,043				指定销量以上	2000
5	门店C	自营	5,443	1,485	2,070	2,430	343	11,771					
6	门店D	自营	2,881	2,811	1,327	4,835	686	12,540				门店	销量
7	门店E	加盟	819	4,394	745	2,308	397	8,663				门店Y	13798
8	门店F	自营	1,726	11,921	2,800	2,129	976	19,552				门店F	11921
9	门店G	自营	1,226	3,536	130	1,838	1,143	7,873				门店S	8371
10	门店H	自营	796	2,721	675	2,451	800	7,443				门店V	7553
11	门店K	加盟	1,475	6,389	343	6,044	1,819	16,070				门店A	4077
12	门店L	加盟	2,162	1,588	1,462	1,073	1,064	7,349				门店G	3536
13	门店M	加盟	240	1,151	3,176	597	976	6,140				门店N	3524
14	门店N	自营	1,703	3,524	3,294	1,306	154	9,981				门店D	2811
15	门店O	加盟	4,531	1,041	7,979	7,192	4,518	11,919				门店H	2721
16	门店P	加盟	10,638	9,819	1,202	4,355	3,738	12,129				门店B	2143
17	门店R	加盟	6,282	7,064	13,055	14,258	13,948	12,805					
18	门店S	自营	15,540	8,371	7,368	6,640	7,660	7,524					
19	门店T	加盟	5,671	15,680	14,609	5,839	10,434	3,660					
20	门店U	自营	6,190	1,942	8,258	13,199	9,803	12,892					
21	门店V	自营	11,069	7,553	7,795	8,342	14,564	3,527					
22	门店X	加盟	12,311	8,258	11,290	11,257	15,956	4,405					
23	门店Y	自营	16,028	13,798	6,187	6,758	497	610					
24	合计		112,929	119,266	95,062	105,620	91,305	194,916					

图 8-23　多条件筛选与排序

与案例 8-10 一样，要对指定商品筛选，则需要使用 OFFSET 函数先引用该商品的数据区域，这里要使用 MATCH 函数定位出该列：

```
OFFSET($C$3,,MATCH($M$3,$D$2:$I$2,0),COUNTA($B$3:$B$23),1)
```

筛选条件有两个，分别如下。

门店性质筛选条件，这里要注意门店性质可以选择自营或加盟，也可以是全部门店：

```
IF($M$2=" 全部 ",1,$C$3:$C$23=$M$2)
```

产品筛选条件，对 OFFSET 函数引用的数据区域进行判断：

```
OFFSET($C$3,,MATCH($M$3,$D$2:$I$2,0),COUNTA($B$3:$B$23),1)>$M$4
```

这样，筛选公式如下：

```
FILTER($B$3:$I$23,
        IF($M$2="全部",1,$C$3:$C$23=$M$2)
        *(OFFSET($C$3,,MATCH($M$3,$D$2:$I$2,0),COUNTA($B$3:
$B$23),1)>$M$4)
        )
```

对 FILTER 结果进行排序的公式如下，排序数据表就是 FILTER 结果：

```
SORT(
    FILTER(
        $B$3:$I$23,
        IF($M$2="全部",1,$C$3:$C$23=$M$2)
        *(OFFSET($C$3,,MATCH($M$3,$D$2:$I$2,0),COUNTA
($B$3:$B$23),1)>$M$4)
        ),
    MATCH($M$3,$B$2:$I$2,0),
    -1
    )
```

而从 FILTER 结果数据表中提取门店名称和指定产品的数据，使用 INDEX 函数即可。
单元格 L7 中的公式如下：

```
=IFERROR(INDEX(SORT(FILTER($B$3:$I$23,IF($M$2="全部",1,$C$3:
$C$23=$M$2)
    *(OFFSET($C$3,,MATCH($M$3,$D$2:$I$2,0),COUNTA($B$3:$B$23),1)>
$M$4)),
    MATCH($M$3,$B$2:$I$2,0),-1),ROW(A1),1),"")
```

单元格 M7 中的公式如下：

```
=IFERROR(INDEX(SORT(FILTER($B$3:$I$23,IF($M$2="全部",1,$C$3:
$C$23=$M$2)
    *(OFFSET($C$3,,MATCH($M$3,$D$2:$I$2,0),COUNTA($B$3:$B$23),1)
>$M$4)),
    MATCH($M$3,$B$2:$I$2,0),-1),ROW(A1),MATCH($M$3,$B$2:$I$2,0)),"")
```

上述的公式太长、太复杂，建议对 FILTER 公式定义名称"筛选结果"，对 SORT 公式定义名称"排序结果"，这样两个公式就可以简化易读。
名称"筛选结果"公式如下：

```
=FILTER($B$3:$I$23,
        IF($M$2="全部",1,$C$3:$C$23=$M$2)
        *(OFFSET($C$3,,MATCH($M$3,$D$2:$I$2,0),COUNTA
($B$3:$B$23),1)>$M$4)
        )
```

名称"排序结果"公式如下：

=SORT (筛选结果,MATCH($M$3,$B$2:$I$2,0),-1)

这样，简化公式如下。

单元格 L7：

=IFERROR(INDEX(排序结果,ROW(A1),1),"")

单元格 M7：

=IFERROR(INDEX(排序结果,ROW(A1),MATCH($M$3,$B$2:$I$2,0)),"")

8.2.5 建立多条件动态筛选与排序模型

本小节介绍一个多条件动态筛选与排序的综合应用案例，以进一步复习和巩固相关函数。

案例 8-12

图 8-24 是各个门店的各类商品销售统计表。现要求制作一个动态分析报告，具有以下分析功能：

- 任选商品类别。
- 任选分析项目（销售额或毛利）。
- 降序排序。

	A	家电类		服饰类		百货类		生鲜类		合计	
1	分公司	销售额	毛利	销售额	毛利	销售额	毛利	销售额	毛利	销售额	毛利
3	门店01	8,709	1,354	12,136	1,030	6,088	1,227	16,626	1,887	43,559	5,498
4	门店02	9,051	1,550	19,169	4,015	12,587	3,474	8,346	3,003	49,153	12,042
5	门店03	7,628	2,056	3,467	1,023	5,659	1,875	39,795	2,655	56,549	7,609
6	门店04	5,077	1,909	4,235	1,610	12,385	4,643	4,647	1,777	26,344	9,939
7	门店05	6,528	2,115	11,894	2,218	5,198	959	6,311	1,769	29,931	7,061
8	门店06	6,062	665	16,374	3,608	9,252	3,269	11,863	752	43,551	8,294
9	门店07	11,153	3,801	7,877	2,257	6,111	1,727	11,302	3,365	36,443	11,150
10	门店08	9,508	2,367	14,949	2,154	4,047	638	19,214	7,220	47,718	12,379
11	门店09	7,584	2,755	15,082	2,177	5,339	1,708	53,274	14,822	81,279	21,462
12	门店10	10,655	2,857	18,223	4,731	12,102	3,862	8,674	3,256	49,654	14,706
13	门店11	12,454	2,047	17,273	4,783	5,001	673	33,785	2,047	68,513	9,550
14	门店12	8,030	2,361	15,788	4,833	3,145	1,005	18,867	6,743	45,830	14,942
15	门店13	5,592	746	9,711	2,198	4,098	1,515	2,124	672	21,525	5,131
16	门店14	8,181	2,295	13,100	4,399	6,887	1,644	33,384	2,804	61,552	11,142

图 8-24 各个门店的各类商品销售统计表

设计如图 8-25 所示的筛选分析报告结构，先复制标题，然后在单元格 B8 中输入下列筛选排序公式：

=SORT(FILTER(汇总表!$A$3:$K$34,OFFSET(汇总表!$A$3,,MATCH($C$2,汇总这个公式表!$B$1:$K$1,0)+IF($C$3=" 销售额 ",0,1),32,1)>$C$4,""),MATCH($C$2,汇总表!$B$1:$K$1,0)+IF($C$3=" 销售额 ",1,2),-1)

图 8-25 筛选排序报告

这个公式看起来很复杂,其实就是筛选和排序的联合使用。

- 使用 OFFSET 函数引用要筛选的数据列:OFFSET(汇总表 !$A$3,,MATCH($C$2, 汇总这个公式表 !$B$1:$K$1,0)+IF($C$3=" 销售额 ",0,1),32,1)。
- 对汇总表的数据区域 A3:K34,按照 OFFSET 函数引用的某列数据区域进行指定现值以上的条件筛选。
- 使用 MATCH 函数确定对筛选结果的哪列数据进行降序排序: MATCH($C$2, 汇总表 !$B$1:$K$1,0)+IF($C$3=" 销售额 ",1,2)。

8.2.6 剔除零值的动态分析

当报表中存在大量数字 0 时,不论是阅读表格,还是绘制相应的分析图表,这些 0 值都会干扰对数据的观察和分析,应该将其剔除出去,而利用 FILTER 函数来解决这个问题就非常简单了。

📊 **案例 8-13**

图 8-26 中的示例,每个月的数据,都存在数字 0,这样绘制的效果不太好。

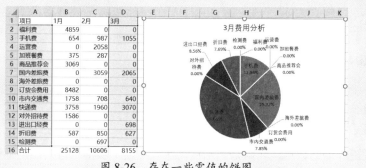

图 8-26 存在一些零值的饼图

此时可以设计一个动态筛选模型,指定月份,然后将该月不为 0 的数据筛选出来,如图 8-27 所示。单元格 H5 中的筛选公式如下：

```
=FILTER(B3:E16,OFFSET(B3,,MATCH(I2,C2:E2,0),14,1)<>0,"")
```

H5 =FILTER(B3:E16,OFFSET(B3,,MATCH(I2,C2:E2,0),14,1)<>0,"")

	A	B	C	D	E	F	G	H	I	J	K
1											
2		项目	1月	2月	3月			选择月份	3月		
3		福利费	4859	0	0						
4		手机费	654	987	1055			项目	1月	2月	3月
5		运营费	0	2058	0			手机费	654	987	1055
6		加班餐费	375	287	0			国内差旅费	0	3059	2065
7		商品推荐会	3069	0	0			市内交通费	1758	708	640
8		国内差旅费	0	3059	2065			快递费	3758	1960	3070
9		海外差旅费	0	0	0			进出口经费	0	0	698
10		订货会费用	8482	0	0			折旧费	587	850	627
11		市内交通费	1758	708	640						
12		快递费	3758	1960	3070						
13		对外招待费	1586	0	0						
14		进出口经费	0	0	698						
15		折旧费	587	850	627						
16		检测费	0	697	0						
17		合计	25128	10606	8155						

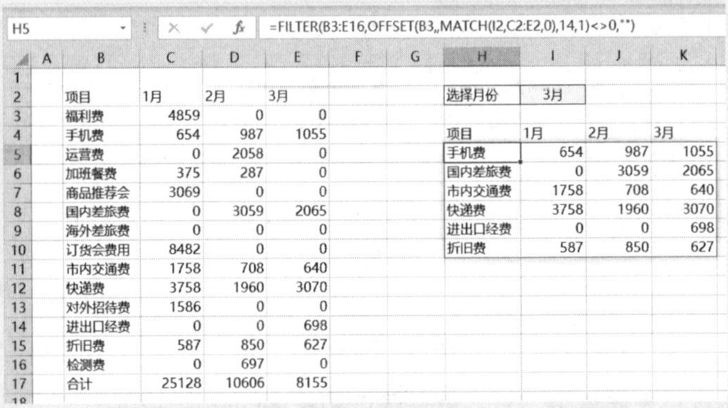

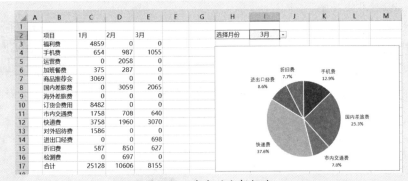

图 8-27　筛选指定月份不为 0 的数据

这里仍然要使用 OFFSET 函数确定在哪列（指定的月份列）设置筛选条件：

```
OFFSET(B3,,MATCH(I2,C2:E2,0),14,1)
```

最后，定义以下两个动态名称，引用筛选后的项目名称区域和指定月份的数据区域：

名称“项目”：

```
=OFFSET($H$5,,,COUNTA($H$5:$H$100),1)
```

名称“金额”：

```
=OFFSET($H$5,,MATCH($I$2,$I$4:$K$4,0),COUNTA($H$5:$H$100),1)
```

再利用这两个名称绘制图表，完成分析报告的制作，如图 8-28 所示。

	A	B	C	D	E	F	G	H	I
1									
2		项目	1月	2月	3月			选择月份	3月
3		福利费	4859	0	0				
4		手机费	654	987	1055				
5		运营费	0	2058	0				
6		加班餐费	375	287	0				
7		商品推荐会	3069	0	0				
8		国内差旅费	0	3059	2065				
9		海外差旅费	0	0	0				
10		订货会费用	8482	0	0				
11		市内交通费	1758	708	640				
12		快递费	3758	1960	3070				
13		对外招待费	1586	0	0				
14		进出口经费	0	0	698				
15		折旧费	587	850	627				
16		检测费	0	697	0				
17		合计	25128	10606	8155				

图 8-28　完成的分析报告

8.2.7　对比筛选两个表格

通过设计辅助数组，利用筛选函数，可以将两个表格进行对比，筛选出两个表都存在的数据，或者筛选某个表的数据等。

案例 8-14

图 8-29 是两个表格"旧表"和"新表"，现在要求对"新表"进行筛选，筛选出新表中的哪些人在旧表存在，并将筛选结果保存到一个新表中。

图 8-29　两个表格数据

由于是以"新表"数据来筛选，所以在"新表"中设计辅助列，使用 MATCH 函数从"旧表"中定位数据，如果在"旧表"中存在，MATCH 函数的结果就是数字，再使用 ISNUMBER 函数做判断，返回逻辑值 TRUE 或 FALSE，最后使用 FILTER 函数筛选即可。

"新表"中辅助列公式如下，如图 8-30 所示。

```
=ISNUMBER(MATCH(A2,旧表!A:A,0))
```

最后设计筛选公式，得到需要的结果，如图 8-31 所示。

```
=FILTER(新表!A2:C12,新表!D2:D12)
```

图 8-30　设计辅助列

图 8-31　筛选结果

上面介绍的是通过辅助列的办法解决，目的是了解这种数据对比筛选的逻辑原理。实际上，可以省去这个辅助列，直接使用函数公式来解决，如图 8-32 所示，筛选公式如下：

```
=FILTER(新表!A2:C12,ISNUMBER(MATCH(新表!A2:A12,旧表!A:A,0)))
```

第 8 章　数据筛选分析案例精讲

263

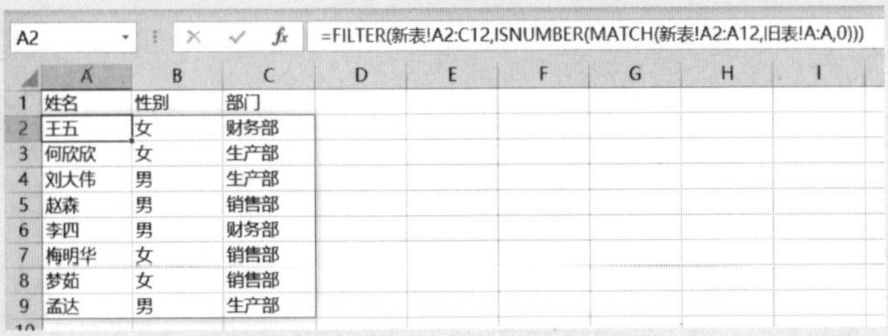

图 8-32 直接使用函数得出筛选结果

思考：如果要从"新表"中筛选出哪些人在"旧表"中不存在，如何设计公式？此时，可以使用 ISERROR 函数判断 MATCH 函数的结果（因为 MATCH 函数结果如果是错误值，就表明在"旧表"中不存在），因此，筛选公式如下，结果如图 8-33 所示。

=FILTER(新表!A2:C12,ISERROR(MATCH(新表!A2:A12,旧表!A:A,0)))

图 8-33 筛选结果

8.2.8 嵌套筛选数据

FILTER 函数有 3 个参数，第 1 个参数是要筛选的数据表，第 2 个参数是筛选的条件，第 3 个参数是筛选不到数据怎么办。

第 3 个参数，也可以是嵌套另一个 FILTER 函数，这样就可以逐级筛选，直至筛选到需要的数据。

案例 8-15

图 8-34 是两个表格，一个是总部的员工花名册，另一个是分公司的花名册。现在要优先从总部表中筛选学历是博士的员工，如果总部表中找不到，就去分公司表中查找。

图 8-34 总部员工花名册和分公司员工花名册

筛选公式如下，筛选结果如图 8-35 所示。

```
=FILTER(总部!A2:H12,总部!D2:D12="博士",
        FILTER(分公司!A2:H6,分公司!D2:D6="博士","总公司和分公司都没有找到博士学历"))
```

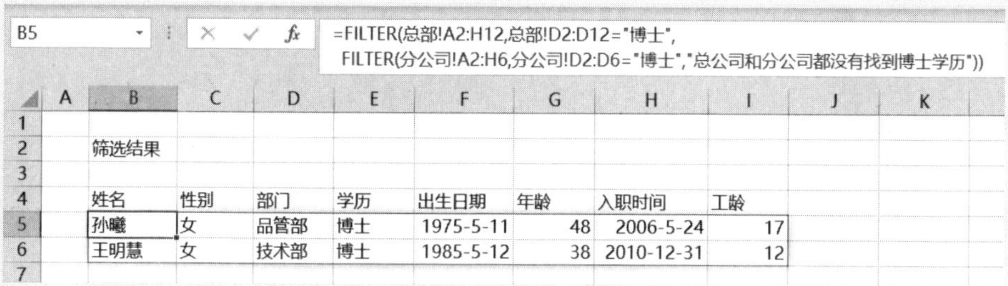

B5 =FILTER(总部!A2:H12,总部!D2:D12="博士",
FILTER(分公司!A2:H6,分公司!D2:D6="博士","总公司和分公司都没有找到博士学历"))

筛选结果

姓名	性别	部门	学历	出生日期	年龄	入职时间	工龄
孙曦	女	品管部	博士	1975-5-11	48	2006-5-24	17
王明慧	女	技术部	博士	1985-5-12	38	2010-12-31	12

图 8-35　筛选结果

本节知识回顾与测验

1. 请建立一个库存自动化筛选模型，筛选出库龄超过指定月数的库存数据。

2. 假如有一个员工基本信息表，在这个表中，有在职员工和离职员工数据，请建立两个自动数据筛选模型，分别筛选出在职员工数据和离职员工数据。

8.3 使用其他查找函数快速制作明细表

FILTER 函数只能在高版本的 Excel 中使用，对于普通的用户而言，该函数是没有的，那么，该如何使用函数来解决数据筛选问题呢？

8.3.1 利用其他函数做滚动查找：基本原理和方法

数据筛选的本质，就是查找满足指定条件的重复数据，但不论是 VLOOKUP 函数、XLOOKUP 函数、MATCH 函数等，都是无法查找重复数据的。如果换个角度来考虑，能否在找到某个数据后，查找区域往下错一行继续查找，这样每次都是查找第一次出现的数据，那么就可以把所有满足条件的数据都查找出来了，这种方法就是滚动查找。

滚动查找需要设计辅助区域，联合使用 INDIRECT 函数、MATCH 函数、INDEX 函数和 IFERROR 函数来解决，下面举例说明。

案例 8-16

图 8-36 是员工基本信息表，现在要查找指定部门的所有员工明细，示例效果如图 8-37 所示。在单元格 B2 中指定部门，就自动得到该部门的员工明细表。

	A	B	C	D	E	F	G	H	I
1	工号	姓名	性别	部门	学历	出生日期	年龄	入职日期	工龄
2	G001	A001	女	生产部	高中	1979-7-22	43	2001-3-15	22
3	G002	A002	男	采购部	中专	1983-11-15	39	2008-8-22	14
4	G003	A003	男	生产部	中专	1986-1-9	37	2015-4-20	8
5	G004	A004	男	生产部	中专	1985-2-8	38	2012-4-20	11
6	G005	A005	男	生产部	中专	1982-12-23	40	2008-4-20	15
7	G006	A006	男	营销部	大专	1983-5-30	39	2019-2-12	4
8	G007	A007	男	营销部	本科	1967-2-20	56	2002-5-28	20
9	G008	A008	男	技术部	大专	1980-4-21	43	2002-7-8	20
10	G009	A009	男	生产部	高中	1981-5-7	42	2002-8-6	20
11	G010	A010	女	生产部	高中	1976-12-23	46	2002-8-6	20
12	G011	A011	男	营销部	高中	1975-10-26	47	2001-8-23	21
13	G012	A012	女	生产部	高中	1982-11-3	40	2001-9-4	21
14	G013	A013	男	生产部	初中	1988-7-15	34	2012-9-4	10
15	G014	A014	女	品管部	本科	1979-1-22	44	2000-2-5	23
16	G015	A015	男	生产部	中专	1977-11-17	45	2003-2-11	20
17	G016	A016	男	营销部	大专	1973-8-4	49	2003-2-14	20

图 8-36　员工基本信息

	A	B	C	D	E	F	G	H	I
1									
2	指定部门	设备部							
3									
4	工号	姓名	性别	部门	学历	出生日期	年龄	入职日期	工龄
5	G033	A033	女	设备部	本科	1980-11-28	42	2005-4-9	18
6	G035	A035	男	设备部	大专	1982-11-21	40	2005-9-20	17
7	G048	A048	女	设备部	中专	1979-9-29	43	2006-5-17	16
8	G150	A150	男	设备部	中专	1974-7-29	48	2012-4-23	11
9	G228	A228	女	设备部	高中	1973-4-9	50	2017-7-15	5
10	G231	A231	女	设备部	大专	1987-3-24	36	2017-8-3	5
11	G249	A249	女	设备部	中专	1983-6-29	39	2019-1-3	4
12	G265	A265	女	设备部	大专	1990-3-16	33	2019-8-1	3
13	G282	A282	男	设备部	大专	1987-1-29	36	2020-3-16	3
14	G326	A326	女	设备部	本科	1990-3-13	33	2021-9-8	1
15	G327	A327	男	设备部	中专	1981-11-18	41	2021-9-13	1
16									

图 8-37　查找指定部门的员工明细

下面是这个查询表的主要制作过程。

设计辅助列，向下逐行查找指定部门所在的行号，如图 8-38 所示。

单元格 L5，定位指定部门第 1 次出现的行号：

```
=MATCH($B$2,员工信息!D:D,0)
```

单元格 L6，定位指定部门第 2 次出现的行号：

```
=MATCH($B$2,INDIRECT("员工信息!D"&L5+1&":D1000"),0)+L5
```

这个公式中，指定部门第 1 次出现的行号是单元格 L5 中的数字，那么第 2 次查找就从 L5+1 行开始往下定位，找出其第 1 次出现的位置，这是相对位置，将这个相对位置加上第 1 次找出的行号，就是第 2 次出现的实际行号。

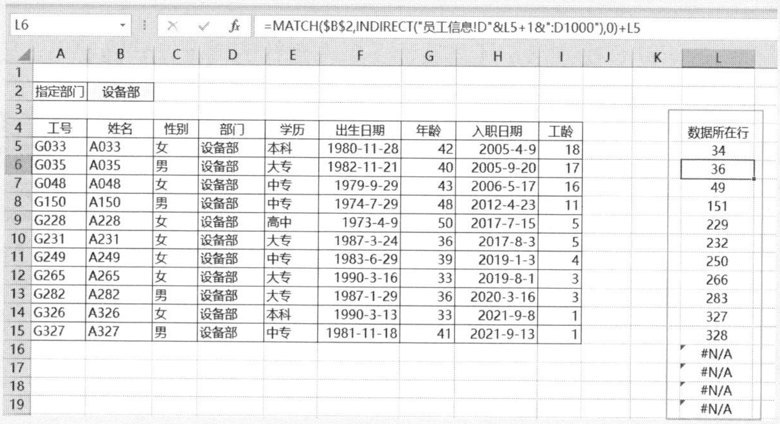

图 8-38　设计辅助列

将单元格 L6 公式往下复制到一定的行，定位出指定部门的所有数据的所在行号。

在单元格 A5 中输入下列公式，往右往下复制，得到执行部门的员工明细表：

=IFERROR(INDEX(员工信息 !A:A, 查找 !$L5),"")

设计好公式后，将辅助列隐藏起来。

为了能够自定义明细表的边框，可以设置条件格式，如图 8-39 所示。选择单元格区域 A5:I1000（或者到指定的行），条件公式如下：

=$A5<>""

图 8-39　设置条件格式，自动设置边框

8.3.2 利用其他函数做多条件滚动查找

前面介绍的滚动查找方法，还适用于多条件查找的情况，只需要将这些条件进行组合，再逐行定位即可。

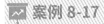 案例 8-17

如果，要查找指定部门、指定学历、指定性别的员工明细，如图 8-40 所示。

	A	B	C	D	E	F	G	H	I
1									
2	指定部门	生产部							
3	指定学历	本科							
4	指定性别	女							
5									
6	工号	姓名	性别	部门	学历	出生日期	年龄	入职日期	工龄
7	G124	A124	女	生产部		1985-6-7	37	2011-2-28	12
8	G148	A148	女	生产部	本科	1990-12-24	32	2012-3-26	11
9	G158	A158	女	生产部	本科	1979-1-24	44	2012-8-1	10
10	G180	A180	女	生产部	本科	1989-2-27	34	2013-12-14	9
11	G237	A237	女	生产部	本科	1986-8-19	36	2018-3-6	5
12	G243	A243	女	生产部	本科	1993-4-1	30	2018-6-20	4
13	G247	A247	女	生产部	本科	2000-12-6	22	2022-8-21	0
14									

图 8-40　指定部门、指定学历、指定性别的员工明细

这个明细表是用图 8-41 所示的辅助列制作的，其中 L 列保存条件组合的计算结果，单元格 L2 公式如下（要从第 2 行保存条件值，因为原始数据也是从第 2 行保存员工信息的），然后将该公式往下复制到一定的行：

=（员工信息 !D2=$B$2）*（员工信息 !E2=$B$3）*（员工信息 !C2=$B$4）

L2			× √ fx	=(员工信息!D2=$B$2)*(员工信息!E2=$B$3)*(员工信息!C2=$B$4)									
	A	B	C	D	E	F	G	H	I	J	K	L	M
1												条件判断	
2	指定部门	生产部										0	
3	指定学历	本科										0	
4	指定性别	女										0	
5												0	
6	工号	姓名	性别	部门	学历	出生日期	年龄	入职日期	工龄			0	数据所在行
7	G124	A124	女	生产部	本科	1985-6-7	37	2011-2-28	12			0	125
8	G148	A148	女	生产部	本科	1990-12-24	32	2012-3-26	11			0	149
9	G158	A158	女	生产部	本科	1979-1-24	44	2012-8-1	10			0	159
10	G180	A180	女	生产部	本科	1989-2-27	34	2013-12-14	9			0	181
11	G237	A237	女	生产部	本科	1986-8-19	36	2018-3-6	5			0	238
12	G243	A243	女	生产部	本科	1993-4-1	30	2018-6-20	4			0	244
13	G247	A247	女	生产部	本科	2000-12-6	22	2022-8-21	0			0	248
14												0	#N/A
15												0	#N/A
16												0	#N/A
17												0	#N/A
18												0	#N/A
19												0	#N/A

图 8-41　设计辅助区域

单元格 M7 中的公式如下，查找 L 列条件值是 1（也就是 3 个条件都满足）的第

1 次出现行号：

```
=MATCH(1,L:L,0)
```

单元格 M8 中的公式如下，往下复制到一定的行，得出其他满足条件的数据行号，查找 L 列条件值是 1（也就是 3 个条件都满足）的其他各次出现行号：

```
=MATCH(1,INDIRECT("L"&M7+1&":l1000"),0)+M7
```

在单元格 A7 中输入下列公式，往右往下复制，即可得到指定部门、指定学历、指定性别的员工明细：

```
=IFERROR(INDEX(员工信息!A:A,查找!$M7),"")
```

最后隐藏辅助列，再设置条件格式，自动设置查找结果单元格区域的边框。

✏ 本节知识回顾与测验

1. 滚动查找重复数据的原理是什么？

2. 请利用普通函数，建立一个付款明细筛选模型，可以指定任意客户、任意时间段的客户付款明细。

第 9 章

数据其他处理案例精讲

Excel 提供了数百个函数，除了前面几章介绍的常用函数外，还有一些在数据处理与数据分析中不可或缺的函数，如数字的舍入处理、数据分组分析、数据统计分析等，本章介绍此类数据处理的常用函数及其应用案例。

9.1 数字舍入计算函数及应用

在进行数字的舍入计算时，常见的是四舍五入、向上舍入、向下舍入、按倍数舍入等，实际数据处理中，常用的有 ROUND 函数、ROUNDUP 函数、ROUNDDOWN 函数等。

9.1.1 使用 ROUND 函数将数字常规四舍五入

数字的常规四舍五入是使用 ROUND 函数，其用法如下：

=ROUND（数字，小数位数）

ROUND 函数很简单。例如，下面两个公式的结果分别是 75.59 和 −75.59：

=ROUND(75.5858,2)

=ROUND(-75.5858,2)

ROUND 函数可以解决一些浮点计算误差，但也会带来舍入误差。

如果在单元格中输入公式"=1−6.2+6.1"，其结果并不是 0.9，而是 0.899999999999999，这就是浮点计算误差，这种误差一般情况下可以使用 ROUND 函数来解决：

=ROUND(1-6.2+6.1,2)

案例 9-1

图 9-1 是一个示例数据。黄色区域的余额数据似乎为零，依此判断在 I 列对应单元格中的结论应该是"平"，但是 Excel 给出的结论却是"贷"，这究竟是怎么回事呢？

预付账款（其他应收款）								
						金额单位：	人民币元（填至角分）	
发生期间：								
2023年		凭证		摘要	对方科目	借方金额	贷方金额	方向	余额
月	日	种类	号数						
1			21	付款	银行存款	1,500,000.00	0.00	借	1,500,000.00
1			21	来票	开发成本	0.00	2,796,086.54	贷	-1,296,086.54
2			2	来票	开发成本	0.00	2,110,322.22	贷	-3,406,408.76
2			2	付款	银行存款	3,406,408.76	0.00	贷	0.00
3			38	付款	银行存款	1,158,297.00		借	1,158,297.00
5			5	来票	开发成本		1,575,469.89	贷	-417,172.89
5			17	付款	银行存款	417,172.89		贷	0.00
8			1	来票	开发成本		643,935.79	贷	-643,935.79
8			1	付款	银行存款	643,935.79		贷	0.00
				本年小计		7,125,814.44	7,125,814.44		

图 9-1　计算结果与判断结论看起来是矛盾的

将单元格 I14、I17 和 I19 的数字增加小数位数，如图 9-2 所示。可以看到，这 3

个单元格的数字并不是 0，而是非常小的负数。尽管这张工作表的计算公式很简单，并没有进行复杂的计算，但还是造成了计算误差，导致判断错误。

	预付账款（其他应收款）								
								金额单位：	人民币元（填至角分）
发生期间：									
2023年		凭证		摘要	对方科目	借方金额	贷方金额	方向	余额
月	日	种类	号数						
1			21	付款	银行存款	1,500,000.00	0.00	借	1,500,000.00
1			21	来票	开发成本	0.00	2,796,086.54	贷	-1,296,086.54
2			2	来票	开发成本	0.00	2,110,322.22	贷	-3,406,408.76
2			2	付款	银行存款	3,406,408.76	0.00	贷	-0.0000000046566128730739
3			38	付款	银行存款	1,158,297.00		借	1,158,297.00
5			5	来票	开发成本		1,575,469.89	贷	-417,172.89
5			17	付款	银行存款	417,172.89		贷	-0.0000000003492459654808004
8			1	来票	开发成本		643,935.79	贷	-643,935.79
8			1	付款	银行存款	643,935.79		贷	-0.0000000003492459654808004
				本年小计		7,125,814.44	7,125,814.44		

图 9-2　表面看起来是 0 的数字实际上不为 0

要解决这种问题，可以利用 ROUND 函数将余额四舍五入到两位小数，得到正确的结果，如图 9-3 所示。单元格 J11 中的计算公式如下，往下复制即可得到正确结果：

```
=ROUND(J11+G12-H12,2)
```

	预付账款（其他应收款）								
								金额单位：	人民币元（填至角分）
发生期间：									
2023年		凭证		摘要	对方科目	借方金额	贷方金额	方向	余额
月	日	种类	号数						
1			21	付款	银行存款	1,500,000.00	0.00	借	1,500,000.00
1			21	来票	开发成本	0.00	2,796,086.54	贷	-1,296,086.54
2			2	来票	开发成本	0.00	2,110,322.22	贷	-3,406,408.76
2			2	付款	银行存款	3,406,408.76	0.00	平	
3			38	付款	银行存款	1,158,297.00		借	1,158,297.00
5			5	来票	开发成本		1,575,469.89	贷	-417,172.89
5			17	付款	银行存款	417,172.89		平	0.00
8			1	来票	开发成本		643,935.79	贷	-643,935.79
8			1	付款	银行存款	643,935.79		平	0.00
				本年小计		7,125,814.44	7,125,814.44		

图 9-3　判断结论是正确的

案例 9-2

有时候，使用 ROUND 函数反而会造成舍入误差，如图 9-4 所示。计算每个项目的占比，保留 4 位小数，此时占比百分比的合计数不是 100% 而是 100.01%，多出了 0.01%。

	A	B	C	D	E
1	项目	金额	占比		
2	项目01	20,166,693	82.75%		
3	项目02	3,530,113	14.49%		
4	项目03	194,961	0.80%		
5	项目04	389,469	1.60%		
6	项目05	43,638	0.18%		
7	项目06	28,233	0.12%		
8	项目07	17,273	0.07%		
9	合计	24,370,380	100.01%		

C2 = ROUND(B2/$B$9,4)

图 9-4　舍入误差

这种问题解决起来比较麻烦，一个可行的思路是，判断哪个项目的舍入计算误差最大，然后将这个 0.01% 的误差修订到舍入误差最大的项目上。

图 9-5 是误差分析过程，经分析，把多出来的 0.01% 从项目 02 中减去。

	A	B	C	D	E	F	G	H	I	J
1	项目	金额	占比		实际值	四舍五入	舍入误差	误差绝对值	最大误差	最终结果
2	项目01	20,166,693	82.75%		0.8275084	0.8275000	0.0000084	0.00000835	0.00000000	82.75%
3	项目02	3,530,113	14.49%		0.1448526	0.1449000	-0.0000474	0.00004740	-0.00004740	14.48%
4	项目03	194,961	0.80%		0.0079999	0.0080000	-0.0000001	0.00000001	0.00000000	0.80%
5	项目04	389,469	1.60%		0.0159812	0.0160000	-0.0000188	0.00001876	0.00000000	1.60%
6	项目05	43,638	0.18%		0.0017906	0.0018000	-0.0000094	0.00000938	0.00000000	0.18%
7	项目06	28,233	0.12%		0.0011585	0.0012000	-0.0000415	0.00004150	0.00000000	0.12%
8	项目07	17,273	0.07%		0.0007088	0.0007000	0.0000088	0.00000877	0.00000000	0.07%
9	合计	24,370,380	100.01%		1.0000000	1.0000000				100.00%

图 9-5　误差分析及处理

9.1.2　使用 RUNDUP 函数和 ROUNDDOWN 函数将数字向上 / 向下舍入

ROUNDUP 函数是按照指定位数向上舍入，用法如下：

=ROUNDUP (数字 , 小数位数)

例如，下列公式的结果是 1600：

=ROUNDUP(1585.68,-2)

下列公式的结果是 -1600：

=ROUNDUP(-1585.68,-2)

ROUNDDOWN 函数是按照指定位数向下舍入，用法如下：

=ROUNDDOWN (数字 , 小数位数)

例如，下列公式的结果是 1500：

=ROUNDDOWN(1585.68,-2)

下列公式的结果是 -1500：

=ROUNDDOWN(-1585.68,-2)

📈 案例 9-3

某地规定，计算出的社保额，向上保留 1 位小数；计算出的公积金，向上保留整数，示例数据如图 9-6 所示。处理公式分别如下：

单元格 C2，处理社保额：

```
=ROUNDUP(B2,1)
```

单元格 E2，处理公积金：

```
=ROUNDUP(D2,0)
```

	A	B	C	D	E
				fx	=ROUNDUP(B2,1)
1	姓名	计算的社保额	处理的社保额	计算的公积金	处理的公积金
2	A001	377.53	377.6	867.78	868
3	A002	1145.45	1145.5	555.16	556
4	A003	762.21	762.3	748.42	749
5	A004	466.77	466.8	399.71	400

图 9-6　ROUNDUP 函数处理社保和公积金

📈 案例 9-4

某公司规定，加班时间 30 分钟（含）以下的不计，30 分钟以上算 0.5 小时，如图 9-7 所示。如何计算出每个员工的加班小时数？

	A	B	C	D	E	F
				fx	=ROUNDUP((B2*24)*2,0)/2-0.5	
1	姓名	加班时间	折算加班小时数			
2	A001	5:13	5			
3	A002	3:35	3.5			
4	A003	5:46	5.5			
5	A004	2:19	2			
6	A005	4:40	4.5			
7	A006	1:30	1			
8	A007	1:31	1.5			

图 9-7　计算加班小时数

单元格 C2 中的计算公式如下：

```
=ROUNDUP((B2*24)*2,0)/2-0.5
```

这个问题也可以使用时间函数和条件表达式来解决，公式如下：

```
=HOUR(B2)+(MINUTE(B2)>30)*0.5
```

案例 9-5

在 4.3.3 小节中，介绍了从日期中提取季度名称的计算公式：

```
=CHOOSE(ROUNDUP(MONTH(日期)/3,0),"一季度","二季度","三季度",
"四季度")
```

示例数据如图 9-8 所示。公式中使用 ROUNDUP 函数对 MONTH 函数的结果进行进位处理，就是代表季度的数字了。

B2 =CHOOSE(ROUNDUP(MONTH(A2)/3,0),"一季度","二季度","三季度","四季度")

	A	B
1	日期	季度
2	2023-1-5	一季度
3	2023-2-23	一季度
4	2023-3-18	一季度
5	2023-4-2	二季度
6	2023-5-9	二季度
7	2023-6-27	二季度
8	2023-7-31	三季度
9	2023-8-16	三季度
10	2023-9-19	三季度
11	2023-10-22	四季度
12	2023-11-9	四季度
13	2023-12-13	四季度

图 9-8　计算指定日期的季度名称

本节知识回顾与测验

1. 如果要对数字四舍五入，需要使用什么函数？

2. 在使用 ROUND 函数对数字四舍五入时，如果再把四舍五入后的数字求和，会造成什么结果？

3. 向上按照指定位数舍入用什么函数？向下按照指定位数舍入用什么函数？

4. 某停车场计费标准如下：从停车开始算，不满 6 分钟不计；超过 6 分钟的，每 6 分钟收费 1 元，不满 6 分钟的按 6 分钟计。如何设计这样的计费计算公式？

9.2 数据分组分析函数及应用

如果需要对数据进行分组分析，以了解每个数据区间内数据的分布和大小，此时可以使用 FREQUENCY 函数及其他的函数（如 COUNTIFS 函数、SUMIFS 函数、SUMPRODUCT 函数等）。下面介绍关于数据分组分析的一些经典应用案例。

9.2.1 使用 FREQUENCY 函数统计数据频数分布

FREQUENCY 函数用于统计数据在指定区间内的频数分布，用法如下：

```
=FREQUENCY(组数或单元格区域,间隔数组)
```

注意：使用 FREQUENCY 函数进行统计时，要先选择存放结果的单元格区域，然后以数组公式输入（按组合键 Ctrl+Shift+Enter）。

案例 9-6

对图 9-9 所示的 B 列数据，按照 E 列指定的区间进行统计，统计公式如下：

```
=FREQUENCY($B$3:$B$12,$E$3:$E$6)
```

F3　{=FREQUENCY($B$3:$B$12,$E$3:$E$6)}

	A	B	C	D	E	F	G
1							
2		数据					
3		66			100	3	
4		200			200	3	
5		300			300	1	
6		99			400	2	
7		133					
8		333					
9		400					
10		100					
11		188					
12		420					

图 9-9　FREQUENCY 函数基本应用

F 列公式结果的含义如下。

- 100（含）以下的数据有 3 个：66、99、100。
- 100~200（含）的数据有 3 个：133、188、200。
- 200~300（含）的数据有 1 个：300。
- 300~400（含）的数据有 2 个：400、420。

案例 9-7

图 9-10 左侧 A ~ G 列是销售订单明细，右侧是一个指定商品的、按照订货数量区间的订单个数报表，为了使报表清晰，在 J 列输入订货数量区间说明文字，K 列是统计用的区间上限值，单元格 L5:L9 的统计公式如下：

```
=FREQUENCY(IF($D$2:$D$5995=$K$2,$E$2:$E$5995,""),$K$5:$K$9)
```

L5　{=FREQUENCY(IF($D$2:$D$5995=$K$2,$E$2:$E$5995,""),$K$5:$K$9)}

	A	B	C	D	E	F	G	H	I	J	K	L	M
1	日期	客户	城区	商品	订货数量	定价	金额						
2	2023-1-1	A013	市中区	贵新大螃蟹	6	189.7	1138.2			指定商品	内蒙奶酪		
3	2023-1-1	A018	市中区	内蒙奶酪	8	8.7	69.6						
4	2023-1-1	A004	市中区	贵新大螃蟹	5	189.7	948.5			订货数量区间	区间数组	订单个数	占比
5	2023-1-1	A004	市中区	贵新大螃蟹	3	189.7	569.1			<=10	10	817	55.5%
6	2023-1-1	A008	北城	内蒙奶贝	15	18.5	277.5			11-50	50	490	33.3%
7	2023-1-1	A005	市中区	三顿半咖啡	24	44.3	1063.2			51-100	100	84	5.7%
8	2023-1-1	A016	东城	内蒙奶酪	32	8.7	278.4			101-200	200	55	3.7%
9	2023-1-1	A009	市中区	贵新大螃蟹	2	189.7	379.4			>200	10000	25	1.7%
10	2023-1-1	A003	市中区	内蒙奶酪	4	8.7	34.8			合计		1471	100.0%
11	2023-1-1	A020	市中区	三顿半咖啡	6	44.3	265.8						
12	2023-1-1	A015	市中区	三顿半咖啡	80	44.3	3544						
13	2023-1-1	A002	东城	蔬菜汤	9	14.9	134.1						
14	2023-1-1	A014	市中区	三顿半咖啡	24	44.3	1063.2						
15	2023-1-1	A004	东城	内蒙奶酪	10	8.7	87						
16	2023-1-1	A022	市中区	内蒙奶贝	35	18.5	647.5						

图 9-10　订单分布统计分析

由于是统计指定商品的订单，所以在公式中使用 IF 函数进行判断，只对指定商品的数据进行统计分析。

第 8 章介绍了 FILTER 函数，因此这个统计公式还可以使用该函数筛选指定商品的数据，这样公式还可以设计为：

```
=FREQUENCY(FILTER($E$2:$E$5995,$D$2:$D$5995=$K$2),$K$5:$K$8)
```

9.2.2 使用 COUNTIFS 函数统计数据频数分布

除了使用 FREQUENCY 函数统计数据频数分布外，还可以使用普通的 COUNTIFS 函数来统计，因为从本质上来说，数据频数分布无非就是条件计数。

案例 9-8

对于前面的案例 9-7 数据，使用 COUNTIFS 函数进行订单频数分布统计的有关公式如下，如图 9-11 所示。

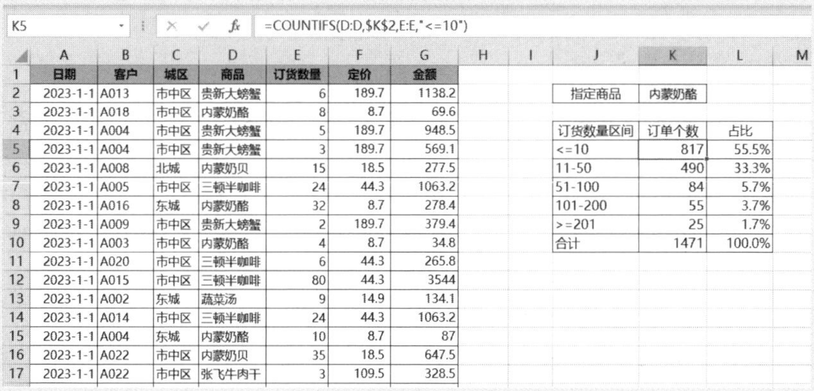

K5 =COUNTIFS(D:D,$K$2,E:E,"<=10")

日期	客户	城区	商品	订货数量	定价	金额
2023-1-1	A013	市中区	贵新大螃蟹	6	189.7	1138.2
2023-1-1	A018	市中区	内蒙奶酪	8	8.7	69.6
2023-1-1	A004	市中区	贵新大螃蟹	5	189.7	948.5
2023-1-1	A004	市中区	贵新大螃蟹	3	189.7	569.1
2023-1-1	A008	北城	内蒙奶贝	15	18.5	277.5
2023-1-1	A005	市中区	三顿半咖啡	24	44.3	1063.2
2023-1-1	A016	东城	内蒙奶酪	32	8.7	278.4
2023-1-1	A009	市中区	贵新大螃蟹	2	189.7	379.4
2023-1-1	A003	市中区	内蒙奶酪	4	8.7	34.8
2023-1-1	A020	市中区	三顿半咖啡	6	44.3	265.8
2023-1-1	A015	市中区	三顿半咖啡	80	44.3	3544
2023-1-1	A002	东城	蔬菜汤	9	14.9	134.1
2023-1-1	A014	市中区	三顿半咖啡	24	44.3	1063.2
2023-1-1	A004	东城	内蒙奶酪	10	8.7	87
2023-1-1	A022	市中区	内蒙奶贝	35	18.5	647.5
2023-1-1	A022	市中区	张飞牛肉干	3	109.5	328.5

指定商品	内蒙奶酪

订货数量区间	订单个数	占比
<=10	817	55.5%
11-50	490	33.3%
51-100	84	5.7%
101-200	55	3.7%
>=201	25	1.7%
合计	1471	100.0%

图 9-11 使用 COUNTIFS 函数统计订单分布

单元格 K5，订货数量 10 以下：

```
=COUNTIFS(D:D,$K$2,E:E,"<=10")
```

单元格 K6，订货数量 11 ~ 50：

```
=COUNTIFS(D:D,$K$2,E:E,">=11",E:E,"<=50")
```

单元格 K7，订货数量 51 ~ 100：

```
=COUNTIFS(D:D,$K$2,E:E,">=51",E:E,"<=100")
```

单元格 K8，订货数量 101 ~ 200：

```
=COUNTIFS(D:D,$K$2,E:E,">=101",E:E,"<=200")
```

单元格 K9，订货数量 201 以上：

```
=COUNTIFS(D:D,$K$2,E:E,">200")
```

✎ **本节知识回顾与测验**

1. FREQUENCY 函数是如何对数字进行分组处理的？使用时要注意哪些事项？

2. 如果要依据指定的、没有固定规律的规则对数据进行分组分析，可以使用什么函数来处理数据？

9.3 数据预测分析函数及应用

数据预测，是可以根据具体的数据分布规律，使用线性模型预测、指数模型预测等，预测函数包括 CORREL 函数、INTERCEPT 函数、SLOPE 函数、FORECAST 函数、LINEST 函数、GROWTH 函数、LOGEST 函数等。

9.3.1 建立一元线性预测模型

一元线性预测，是以一个变量为自变量，一个变量为因变量，统计它们之间的线性关系，从而对未来进行预测。一元线性预测模型方程如下：

y=a+bx

在进行一元线性预测时，要先绘制 XT 散点图，观察数据分布，确认是否可以利用一元线性预测模型来预测数据。

从函数角度来说，可以使用 CORREL 函数计算相关系数，使用 INTERCEPT 函数计算截距 a，使用 SLOPE 函数计算斜率 b，使用 FORECAST 函数进行预测计算，使用 STDEVA 函数计算标准差等，这些函数的用法分别如下。

（1）CORREL 函数，用于计算两组数的相关系数（R）：

=CORREL（数组 1，数组 2）

（2）INTERCEPT 函数，用于计算线性方程的截距，也就是系数 a：

=INTERCEPT（因变量 y 数组，自变量 x 数组）

（3）SLOPE 函数，用于计算线性方程的斜率，也就是系数 b：

=SLOPE（因变量 y 数组，自变量 x 数组）

（4）FORECAST 函数，用于计算线性方程的预测值：

=FORECAST（未来的自变量估计值，因变量 y 数组，自变量 x 数组）

（5）STDEVA 函数，用于计算标准差，以了解预测模型的精度：

=STDEVA（数组 1，数组 2，数组 3，…）

案例 9-9

图 9-12 是去年的各月销售额和销售成本汇总表，以这两个数据绘制 XY 散点图（销售额为 x 轴，销售成本为 y 轴），添加线性趋势线，并显示 R 平方和方程，此时可以使用一元线性模型来做预测。

去年各月销售统计		
月份	销售额	销售成本
1月	697	684
2月	865	594
3月	775	529
4月	958	681
5月	1059	746
6月	998	812
7月	924	726
8月	1045	837
9月	1324	974
10月	1068	811
11月	1275	903
12月	1086	837

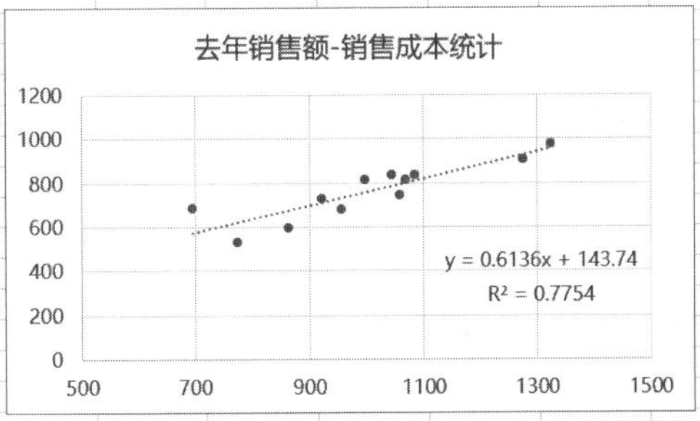

图 9-12　去年销售额和销售成本

可以根据对今年各月的预计销售额，来预测今年各月的销售成本。如图 9-13 所示，F 列是今年各月的预计销售额，那么今年各月的销售成本预测值计算公式如下：

```
=FORECAST(F3,$C$3:$C$14,$B$3:$B$14)
```

G3　=FORECAST(F3,$C$3:$C$14,$B$3:$B$14)

去年各月销售统计			今年各月销售预计				
月份	销售额	销售成本	月份	销售额	销售成本	相关系数	0.88
1月	697	684	1月	698	572	标准差	198
2月	865	594	2月	984	748	截距a	143.74
3月	775	529	3月	867	676	斜率b	0.6136
4月	958	681	4月	1051	789		
5月	1059	746	5月	1152	851		
6月	998	812	6月	958	732		
7月	924	726	7月	1072	802		
8月	1045	837	8月	1066	798		
9月	1324	974	9月	1543	1091		
10月	1068	811	10月	1008	762		
11月	1275	903	11月	1387	995		
12月	1086	837	12月	1182	869		

图 9-13　预测今年各月的销售成本

还可以使用公式计算预测模型的系数 a 和 b，以及相关系数和标准差，以便预测模型的精度，计算公式分别如下。

单元格 J2，相关系数：

```
=CORREL(B3:B14,C3:C14)
```

单元格 J3，标准差：

```
=STDEVA(B3:B14,C3:C14)
```

单元格 J4，截距（系数 a）：

```
=INTERCEPT(C3:C14,B3:B14)
```

单元格 J5，斜率（系数 b）：

```
=SLOPE(C3:C14,B3:B14)
```

9.3.2　建立多元线性预测模型

当变量不止一个时，如果数据之间有线性关系，那么就可以建立多元线性预测模型来预测数据。多元线性预测模型方程如下：

$$y=a+b_1x_1+b_2x_2+b_3x_3+b_4x_4+\cdots$$

多元线性预测，要使用 LINEST 函数，其用法如下：

=LINEST（因变量 y 数组，自变量 x 数组，是否要常数 a，是否返回附加回归统计值）

函数的第 3 个参数的值默认是 TRUE，表示返回截距 a，设置为 FALSE 表示不要截距 a。

当第 4 个参数设置为 TRUE 时，LINEST 函数返回值是一个数组，如表 9-1 所示。

表 9-1　LINEST 函数返回值

	第 1 列	第 2 列		第 n-1 列	第 n 列
返回值 1	因变量 x_n 的斜率 b_n	因变量 x_{n-1} 的斜率 b_{n-1}	……	因变量 x_1 的斜率 b_1	截距 a
返回值 2	因变量 x_n 的标准差	因变量 x_{n-1} 的标准差	……	因变量 x_1 的标准差	截距 a 的标准差
返回值 3	R^2 值	期望值 Y 的标准差			
返回值 4	F 统计值	自由度			
返回值 5	回归平方和 SSR	残差平方和 SSE			

案例 9-10

图 9-14 是一个历次打折促销的销售统计，现在要建立一个基本的二元线性预测模型，有两个自变量：折扣率和优惠券，基本预测模型方程如下：

销售额 =b1* 折扣率 +b2* 优惠券

选择单元格区域 G3:H7，输入下列数组公式：

```
=LINEST(D3:D17,B3:C17,FALSE,TRUE)
```

在单元格 H11 中输入下列公式，得到回归方程系数 b1：

```
=H3
```

在单元格 H12 中输入下列公式，得到回归方程系数 b2：

```
=G3
```

在单元格 H13 中输入下列公式，得到回归方程的相关系数：

```
=SQRT(G5)
```

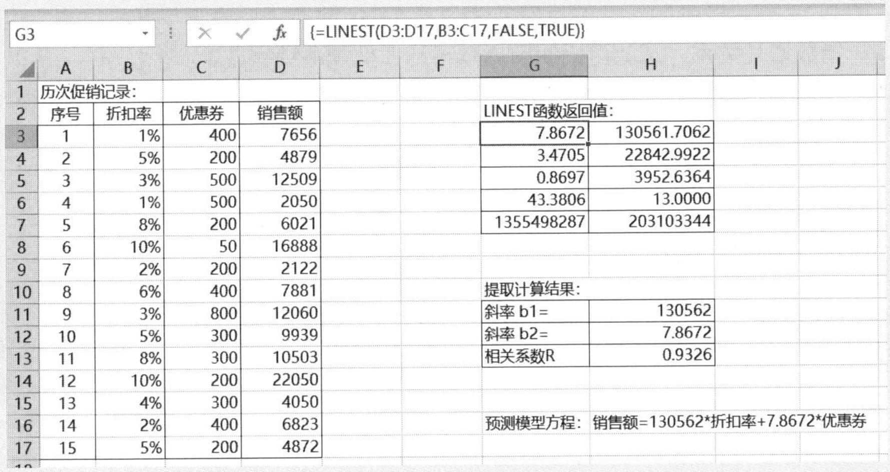

G3 {=LINEST(D3:D17,B3:C17,FALSE,TRUE)}

	A	B	C	D	E	F	G	H
1	历次促销记录：							
2	序号	折扣率	优惠券	销售额			LINEST函数返回值：	
3	1	1%	400	7656			7.8672	130561.7062
4	2	5%	200	4879			3.4705	22842.9922
5	3	3%	500	12509			0.8697	3952.6364
6	4	1%	500	2050			43.3806	13.0000
7	5	8%	200	6021			1355498287	203103344
8	6	10%	50	16888				
9	7	2%	200	2122				
10	8	6%	400	7881			提取计算结果：	
11	9	3%	800	12060			斜率 b1=	130562
12	10	5%	300	9939			斜率 b2=	7.8672
13	11	8%	300	10503			相关系数R	0.9326
14	12	10%	200	22050				
15	13	4%	300	4050				
16	14	2%	400	6823			预测模型方程：	销售额=130562*折扣率+7.8672*优惠券
17	15	5%	200	4872				

图 9-14　二元线性预测模型

也可以不在单元格中计算 LINEST 函数返回值，而是直接使用函数提取预测方程系数，因为 LINEST 函数返回值是一个二维数组，因此使用 INDEX 函数分别提取出相应位置的数据即可。

在本例中，斜率 b1 的提取公式如下：

```
=INDEX(LINEST(D3:D17,B3:C17,FALSE,TRUE),1,2)
```

斜率 b2 的提取公式如下：

```
=INDEX(LINEST(D3:D17,B3:C17,FALSE,TRUE),1,1)
```

相关系数 R 的提取公式如下：

```
=SQRT(INDEX(LINEST(D3:D17,B3:C17,FALSE,TRUE),3,1))
```

9.3.3 建立指数预测模型

指数预测，是通过观察数据，发现其指数增长趋势，可以建立如下指数预测模型：

$$y=b \cdot m^x$$

方程中，b 和 m 是拟合系数。

建立指数预测模型，可以使用 GROWTH 函数和 LOGEST 函数。

GROWTH 函数用于对数据进行指数增长的预测，其用法如下：

=GROWTH（因变量 y 数组，自变量 x 数组，自变量预估值，逻辑值）

这里，第 4 个参数默认是 FALSE（或忽略），表示系数 b 值为 1；如果设置为 TRUE，表示正常计算 b 值。

案例 9-11

图 9-15 是销售额和销售成本统计表，绘制 XY 散点图，发现销售成本与销售额之间有指数增长关系，因此可以使用指数预测模型预测销售成本。

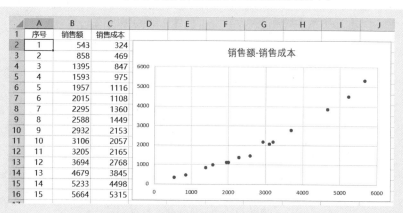

图 9-15　销售额和销售成本统计表

如果指定销售额为 3000，那么销售成本预测值是多少？预测公式如下，预测结果是 1734：

```
=GROWTH(C2:C16,B2:B16,3000)
```

如果要想得到指数预测模型方式的系数，则需要使用 LOGEST 函数，该函数的作用与 LINEST 函数是一样的。

如图 9-16 所示，对于本例，假设预测模型方程如下：

销售成本 = $b \times m^{销售额}$

那么，系数 b 的计算公式如下：

```
=INDEX(LOGEST(C2:C16,B2:B16,TRUE,TRUE),1,2)
```

系数 m 的计算公式如下：

```
=INDEX(LOGEST(C2:C16,B2:B16,TRUE,TRUE),1,1)
```

相关系数 R 的计算公式如下：

```
=SQRT(INDEX(LOGEST(C2:C16,B2:B16,TRUE,TRUE),3,1))
```

F5 | =INDEX(LOGEST(C2:C16,B2:B16,TRUE,TRUE),1,2)

	A	B	C	D	E	F	G
1	序号	销售额	销售成本				
2	1	543	324				
3	2	858	469		指数预测模型:	销售成本= $b \cdot m^{销售额}$	
4	3	1395	847				
5	4	1593	975		系数b	380.72	
6	5	1957	1116		系数m	1.0005	
7	6	2015	1108		相关系数R	0.9724	
8	7	2295	1360				
9	8	2588	1449		销售额预测值	3000	
10	9	2932	2153		销售成本预测值	1734	
11	10	3106	2057				
12	11	3205	2165				
13	12	3694	2768				
14	13	4679	3845				
15	14	5233	4498				
16	15	5664	5315				

图 9-16　指数预测模型系数

本节知识回顾与测验

1. 在一元线性预测模型中，截距和斜率分别用什么函数来计算？方差用什么函数来计算？

2. 在指数预测模型中，拟合系数用什么函数来计算？

9.4 其他数据处理函数及应用

在数据处理中，有些特殊情况下需要使用特殊的函数。例如，在绘制折线图时，要使用 NA 函数处理空值；在对公式结果进行算术计算时，要使用 N 函数；如果要将全角数字转换为能够计算的半角数字，则需要使用 ASC 函数，等等。

9.4.1 绘制折线图必需的 NA 函数

NA 函数可产生一个 #N/A 错误值，它没有参数，因此使用方法与 TODAY 函数一样，直接键入一对括号即可：

```
=NA()
```

NA 函数多用于绘制折线图，如果绘图数据单元格不是真正的空单元格，而是公式计算结果的空字符串（""），那么绘制折线图时，这些所谓的“空单元格”会被当成数字 0 处理，这样绘制的图表就会出现错误。

此外，即使是真正的空单元格，在制作动态图表时，要动态引用单元格，如果将空单元格直接引用到辅助区域，辅助区域单元格会得到结果 0，这个 0 也是不能绘制的，因此也需要进行处理。

案例 9-12

图 9-17 是各个产品各月的预算执行情况，目前预算已经执行到 7 月份，现在要求绘制一个动态图表，分析指定产品在各月的预算执行情况。

各个产品预算执行情况

月份	产品1		产品2		产品3		产品4	
	预算	实际	预算	实际	预算	实际	预算	实际
1月	1553	1029	1587	831	2766	1614	1705	1108
2月	1469	929	1972	1490	2023	946	1556	1047
3月	1719	1463	1136	1658	2540	931	1896	466
4月	1222	881	2043	1518	2871	1310	1658	1774
5月	1835	1359	1586	1937	2908	532	2088	742
6月	1361	1072	1839	2123	3066	1390	1183	2047
7月	1864	833	1650	1996	2988	983	1291	959
8月	1173		2130		2010		1846	
9月	1949		2087		2156		2074	
10月	1434		1868		2779		1787	
11月	1915		2002		2022		1697	
12月	1751		1925		2710		1151	

图 9-17　预算执行情况统计

为了绘制指定产品的预算执行情况分析图表，需要设计辅助区域，如图 9-18 所示。此时，预算数查找公式如下：

```
=VLOOKUP(M5,$B$5:$J$16,MATCH($N$2,$B$3:$J$3,0),0)
```

O5　=VLOOKUP(M5,$B$5:$J$16,MATCH($N$2,$B$3:$J$3,0)+1,0)

选择产品	产品2	
	预算	实际
1月	1587	831
2月	1972	1490
3月	1136	1658
4月	2043	1518
5月	1586	1937
6月	1839	2123
7月	1650	1996
8月	2130	0
9月	2087	0
10月	1868	0
11月	2002	0
12月	1925	0

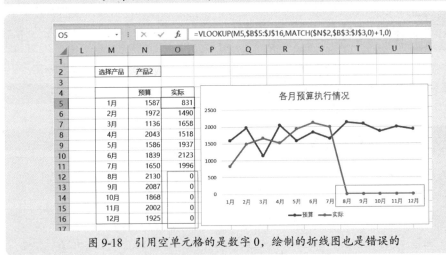

图 9-18　引用空单元格的是数字 0，绘制的折线图也是错误的

而实际数查找公式，如果使用下列公式，那么没有实际数的月份会得到数字 0，绘制的折线图也就错误了：

```
=VLOOKUP(M5,$B$5:$J$16,MATCH($N$2,$B$3:$J$3,0)+1,0)
```

要绘制正确的图表，就需要对空单元格的引用做判断处理，如果原始数据是空单元格，就输入错误值 #N/A，如图 9-19 所示。此时实际数引用公式修改如下，图表

也就正常了。

=IF(VLOOKUP(M5,$B$5:$J$16,MATCH($N$2,$B$3:$J$3,0)+1,0)="",NA(),
VLOOKUP(M5,$B$5:$J$16,MATCH($N$2,$B$3:$J$3,0)+1,0))

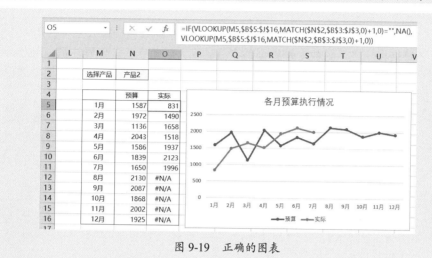

图 9-19　正确的图表

9.4.2　对公式空值做算式计算必需的 N 函数

很多情况下，用户会对公式结果进行判断处理。例如，如果公式计算结果出现错误，就使用 IFERROR 函数处理为空值（""）。单元格保存这种空值，表面看起来单元格是空的，实际上并不是空单元格，而是一个零长度的字符串。这种空值不影响函数计算，但不能进行算术计算，如图 9-20 所示。

	A	B	C	D
1				
2				公式
3		数据1		=IFERROR(VLOOKUP("Q",J3:K5,2,0),"")
4		数据2	200	
5		合计	#VALUE!	=C3+C4
6				

图 9-20　空值（""）单元格不能进行算术运算

要想能够正确计算，要么使用 SUM 函数进行合计，要么使用 N 函数进行转换。N 函数就是将不是数值形式的值转换为数值，因此，可以将合计公式修改成如下形式，结果就是正确的，如图 9-21 所示。

=N(C3)+N(C4)

	A	B	C	D
1				
2				公式
3		数据1		=IFERROR(VLOOKUP("Q",J3:K5,2,0),"")
4		数据2	200	
5		合计	200	=N(C3)+N(C4)
6				

图 9-21　使用 N 函数转换

9.4.3 将全角字符转换为半角字符必需的 ASC 函数

用户有时会遇到这样的情况：从系统导出的数据，发现数字是全角数字，根本就无法进行计算，如图 9-22 所示。

这种全角数字，可以使用分列工具进行转换，也可以在计算公式中使用 ASC 函数进行直接转换。ASC 函数就是将全角字符转换为半角字符，但要注意，ASC 函数的结果是文本，因此，如果要对转换后的数字进行计算，还需要将其转换为数值型数字，此时计算公式如下，如图 9-23 所示。

```
=SUM(1*ASC(B2:B8))
```

	A	B
1	日期	出库量
2	2023-04-09	１２０６
3	2023-06-22	７２１
4	2023-08-04	８７
5	2023-08-26	８０９
6	2023-10-25	５４６
7	2023-11-16	１９４
8	2023-12-08	１００５
9	合计	0
10		

图 9-22　全角数字

B9 ： fx {=SUM(1*ASC(B2:B8))}

	A	B	C	D	E
1	日期	出库量			
2	2023-04-09	１２０６			
3	2023-06-22	７２１			
4	2023-08-04	８７			
5	2023-08-26	８０９			
6	2023-10-25	５４６			
7	2023-11-16	１９４			
8	2023-12-08	１００５			
9	合计	4568			
10					

图 9-23　全角数字转换为半角数字

对于全角数字，使用 VALUE 函数要更简单些，因为 VALUE 函数的结果就是数字，因此可以直接求和：

```
=SUM(VALUE(B2:B8))
```

📝 本节知识回顾与测验

1. 如果绘制折线图，如何解决公式空值单元格造成的折线失真？

2. 如何将全角数字转换为能够计算的半角数字，并且在公式中自动完成处理？

3. 使用公式处理为空值（""）的单元格，这个空值（""）本质是什么？能否使用四则运算来计算？如果不能，应当如何处理？

第 **10** 章

函数公式综合应用案例精讲

在前面各章中，全面学习了 Excel 数据分析函数公式，本章结合一个实际案例，介绍如何使用函数公式进行动态数据分析，制作自动化数据分析报告。

本章案例数据如图 10-1 所示，这是每天的各个门店销售日报。现在的任务是对每天的数据进行分析，建立门店销售分析报告。

门店	生鲜		杂货		百货		合计	
	销售额	毛利	销售额	毛利	销售额	毛利	销售额	毛利
门店01	55,370	6,620	107,064	11,413	34,521	5,795	196,955	23,829
门店02	38,914	5,117	40,385	4,994	11,010	1,857	90,309	11,967
门店03	4,980	768	15,979	2,143	2,578	567	23,537	3,478
门店04	22,351	1,968	22,421	2,932	7,112	1,306	51,884	6,206
门店05	31,419	5,025	55,706	6,799	25,909	4,703	113,035	16,527
门店06	7,467	746	4,582	649	780	129	12,828	1,525
门店07	13,311	1,124	14,156	1,870	6,175	1,075	33,642	4,069
门店08	10,700	1,195	8,153	1,054	1,382	219	20,235	2,468
门店09	7,401	771	7,018	835	1,010	191	15,430	1,797
门店10	7,118	725	8,512	1,277	2,983	795	18,613	2,797
门店11	1,051	213	3,477	479	441	70	4,969	762
门店12	1,957	122	4,655	552	562	110	7,174	784
门店13	1,846	114	1,511	205	538	46	3,894	365
门店14	330	23	1,124	146	199	33	1,653	202
门店15	5,723	683	12,235	1,358	4,425	844	22,382	2,886
门店16	508	96	1,432	178	351	100	2,291	373
门店17	18,497	1,920	33,752	3,424	9,386	1,642	61,635	6,986
门店18	36,903	4,332	34,630	3,694	12,434	2,244	83,966	10,270
门店19	14,806	1,673	33,484	3,754	10,691	1,848	58,981	7,276
门店20	28,698	2,771	35,304	-3,251	12,757	2,438	76,760	1,958
门店21	7,630	934	5,752	892	1,343	259	14,725	2,085
合计	316,978	36,941	451,333	45,397	146,587	26,271	914,898	108,610

图 10-1　门店销售日报

本案例的分析内容，至少包括以下内容：
- 滚动汇总每天各个门店的销售日报。
- 跟踪分析各个门店的每天销售数据。
- 门店销售排名分析。

10.1　滚动汇总每天各个门店的销售日报

由于每天一张表格，这些表格会随着时间增减，因此，必须先汇总这些工作表数据，并能使汇总表数据随时更新。

10.1.1　门店每天销售额滚动汇总

各个门店销售额汇总表如图 10-2 所示，计算结果也显示在汇总表中。以 1 日的销售额汇总为例，公式分别如下：

单元格 C5：

```
=IFERROR(INDIRECT(C$3&"!B"&ROW(A3)),"")
```

单元格 D5：

```
=IFERROR(INDIRECT(C$3&"!D"&ROW(A3)),"")
```

单元格 E5：

```
=IFERROR(INDIRECT(C$3&"!F"&ROW(A3)),"")
```

单元格 F5：

```
=IFERROR(INDIRECT(C$3&"!H"&ROW(A3)),"")
```

门店	1日				2日				3日				4日				5日			
	生鲜	杂货	百货	合计	生鲜	杂货	百货	合计	生鲜	杂货	百货	合计	生鲜	杂货	百货	合计	生鲜	杂货	百货	合计
门店01	55370	107064	34521	196955	38554	79800	30531	148885	34277	75741	26840	136858	25210	42617	18675	86502	23777	33245	12201	69224
门店02	38914	40385	11010	90309	29281	35791	11012	76083	27213	27974	8774	63961	21850	20665	7846	50360	23165	18208	5998	47372
门店03	4980	15979	2578	23537	4708	15462	2658	22829	4771	13482	3157	21410	4809	9979	1686	16474	4002	10700	2040	16748
门店04	22351	22421	7112	51884	10486	15891	5639	32015	13031	14871	6692	34594	12530	14046	5888	32465	12063	11585	4557	28204
门店05	31419	55706	25909	113035	22745	40870	19876	83491	19277	37393	19136	75805	15857	26426	14498	56781	13466	22780	11693	47939
门店06	7467	4582	780	12828	5436	3556	728	9719	5841	4546	779	11165	4030	3145	990	8165	4850	3091	1128	9070
门店07	13311	14156	6175	33642	11321	13108	6162	30591	6552	8915	4287	19755	9538	8795	5705	24039	11082	8773	3858	23712
门店08	10700	8153	1382	20235	7424	6477	1114	15015	7456	7755	2073	17283	6811	4163	1820	12794	6691	4110	957	11758
门店09	7401	7018	1010	15430	5823	4822	955	11599	5571	3789	968	10328	5571	2640	2338	10549	5451	2338	668	8458
门店10	7118	8512	2983	18613	6757	6006	2563	15326	6275	4934	1730	12939	5619	4669	2782	13070	8658	4883	1993	15534
门店11	1051	3477	441	4969	1052	2889	663	4604	1251	3540	638	5429	1104	2473	772	4349	1380	2772	474	4626
门店12	1957	4655	562	7174	1185	2771	515	4471	1267	2434	427	4128	968	2683	292	3943	1204	2554	151	3910
门店13	1846	1511	538	3894	1443	891	489	2824	1738	967	321	3026	1647	731	581	2959	1589	689	357	2635
门店14	330	1124	199	1653	526	916	287	1729	383	853	232	1467	698	1537	317	2552	378	817	123	1318
门店15	5723	12235	4425	22382	3752	10922	3308	17983	3672	8341	2184	14197	3102	4424	2196	9721	3076	5681	1695	10452
门店16	508	1432	351	2291	535	1392	260	2186	387	1173	404	1964	401	669	105	1175	280	376	166	822
门店18	36903	34630	12434	83966	25510	29550	11370	66430	23319	29832	12159	65309	15525	17349	7512	40385	19210	16281	6912	42403
门店19	14806	33404	10691	58981	12398	25434	10963	48790	10186	19494	5516	35196	7241	15546	6227	29014	6079	11640	6015	23734
门店20	28698	35304	12757	76760	17804	22675	9403	49882	11238	12617	4815	28669	8748	9107	5542	23398	8576	8552	3673	20801
门店21	7630	5752	1343	14725	5371	4074	862	10307	3662	3002	756	7420	3424	2300	751	6480	3379	2904	654	6686
合计	316978	451333	146587	914898	226160	347345	126780	700285	197181	300493	110268	607941	165313	209404	89224	463941	165722	186209	68880	420812

图 10-2 销售额滚动汇总

10.1.2 门店每天销售毛利滚动汇总

各个门店毛利汇总表如图 10-3 所示，计算结果显示在汇总表中。以 1 日的销售额汇总为例，公式分别如下：

单元格 C32：

```
=IFERROR(INDIRECT(C$30&"!C"&ROW(A3)),"")
```

单元格 D32：

```
=IFERROR(INDIRECT(C$30&"!E"&ROW(A3)),"")
```

单元格 E32：

```
=IFERROR(INDIRECT(C$30&"!G"&ROW(A3)),"")
```

单元格 F32：

```
=IFERROR(INDIRECT(C$30&"!I"&ROW(A3)),"")
```

2、各个门店毛利汇总

门店	1日				2日				3日				4日				5日			
	生鲜	杂货	百货	合计	生鲜	杂货	百货	合计	生鲜	杂货	百货	合计	生鲜	杂货	百货	合计	生鲜	杂货	百货	合计
门店01	6620	11413	5795	23829	4551	8668	5201	18420	4244	7555	4564	16363	3056	4290	3063	10409	2610	3821	2136	8567
门店02	5117	4994	1857	11967	3604	4343	1952	9900	3924	3192	1411	8527	3091	2433	1322	6845	3116	2081	1016	6213
门店03	768	2143	567	3478	854	2037	529	3420	625	1705	634	2964	1056	1254	396	2707	681	1325	417	2423
门店04	1968	2932	1306	6206	1022	2111	898	4031	1238	1868	1177	4283	1308	1578	964	3850	1240	1484	777	3500
门店05	5025	6799	4703	16527	3573	4998	3617	12189	2774	4517	3391	10682	2083	3202	2575	7859	1873	2966	2192	7030
门店06	746	649	129	1525	583	493	91	1167	673	643	139	1455	460	367	166	993	507	436	144	1086
门店07	1124	1870	1075	4069	1087	1601	1028	3716	651	968	746	2365	939	1016	924	2879	1197	1075	677	2949
门店08	1195	1054	219	2468	832	828	191	1851	837	917	343	2097	826	545	299	1670	670	507	132	1309
门店09	771	835	191	1797	563	584	115	1262	495	513	164	1171	502	306	155	962	306	473	147	926
门店10	725	1277	795	2797	666	923	604	2193	657	755	443	1854	824	706	644	2174	941	850	483	2274
门店11	213	479	70	762	152	404	142	697	214	567	109	889	169	345	173	686	223	422	88	733
门店12	122	552	110	784	114	277	104	496	108	276	101	485	95	247	50	391	66	161	33	259
门店13	114	205	46	365	66	109	74	249	129	141	47	318	77	129	73	279	102	122	55	279
门店14	23	146	33	202	53	156	48	257	37	82	68	187	51	142	43	236	29	80	19	128
门店15	683	1358	844	2886	449	1258	629	2336	490	939	433	1861	389	473	495	1356	329	638	349	1315
门店16	96	178	100	373	82	148	40	270	26	117	72	215	60	107	18	185	54	47	20	122
门店17	1920	3424	1642	6986	1421	2541	1288	5250	1113	1839	917	3868	1394	1382	648	3424	900	1129	588	2617
门店18	4332	3694	2244	10270	2912	3203	1970	8085	2725	2889	2203	7816	1842	1572	1210	4623	2374	1652	1180	5206
门店19	1673	3754	1849	7276	1260	2928	1734	5922	1014	2205	1329	4548	652	2297	1007	3956	641	1203	1000	2844
门店20	2771	-3251	2438	1958	1573	2600	1774	5947	1052	1429	967	3449	875	977	960	2812	875	1033	730	2637
门店21	934	892	259	2085	585	585	195	1365	488	464	141	1094	448	322	123	893	412	386	63	860
合计	36941	45397	26271	108610	26005	40796	22225	89026	23512	33580	19399	76491	20194	23689	15336	59219	19317	21723	12237	53277

图 10-3 销售毛利滚动汇总

10.2 跟踪分析各个门店的每天销售数据

在得到汇总表后，可以以汇总表数据为基础进行各种分析。例如，跟踪分析各个门店的每天销售数据。

10.2.1 各个门店的销售额跟踪分析

各个门店的销售额跟踪分析报告是一个动态柱形图表，如图 10-4 所示。这个报告有两个控件：一个是选择要分析的商品类别，另一个是选择要跟踪的门店名称。

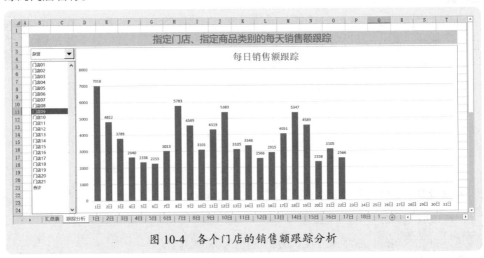

图 10-4 各个门店的销售额跟踪分析

这个图表的辅助计算区域如图 10-5 所示。使用列表框选择门店，使用组合框选择商品类别，然后根据控件返回值查找指定客户、指定商品类别的每天销售额数据。

	AO	AP	AQ	AR	AS	AT	AU	AV	AW
2									
3		9		2		日期	销售额	毛利	
4						1日	7018	835	
5		门店01		生鲜		2日	4822	584	
6		门店02		杂货		3日	3789	513	
7		门店03		百货		4日	2640	306	
8		门店04		合计		5日	2338	306	
9		门店05				6日	2255	336	
10		门店06				7日	3013	359	
11		门店07				8日	5783	572	
12		门店08				9日	4589	435	
13		门店09				10日	3101	263	
14		门店10				11日	4319	508	
15		门店11				12日	5383	491	
16		门店12				13日	3105	357	
17		门店13				14日	3348	329	
18		门店14				15日	2566	270	
19		门店15				16日	2915	293	
20		门店16				17日	4051	468	
21		门店17				18日	5347	522	
22		门店18				19日	4589	435	
23		门店19				20日	2338	306	
24		门店20				21日	3105	357	
25		门店21				22日	2566	270	
26		合计				23日			
27						24日			

汇总表　跟踪分析　1日　2日　3日　4日　5日　6日　7日　8日　9日

图 10-5　辅助区域

选择门店的列表框设置如图 10-6 所示，其"数据源区域"为 $AP$5:$AP$26，"单元格链接"为 $AP$3。

	AH	AI	AJ	AK	AL	AM	AN	AO	AP	AQ
2										
3									8	
4										

设置控件格式　　　　　　　？　×

大小　保护　属性　可选文字　**控制**

数据源区域(I)：　$AP$5:$AP$26　↑

单元格链接(C)：　$AP$3　↑

选定类型
● 单选(S)
○ 复选(M)
○ 扩展(E)

□ 三维阴影(3)

确定　　取消

门店01
门店02
门店03
门店04
门店05
门店06
门店07
门店08
门店09
门店10
门店11
门店13
门店14
门店15
门店16
门店17
门店18
门店19
门店20
门店21
合计

图 10-6　选择门店的列表框设置

选择商品类别的组合框设置如图 10-7 所示，其"数据源区域"为 $AR$5:$AR$8，"单元格链接"为 $AR$3。

图 10-7　选择商品类别的组合框设置

而绘图数据区域的单元格 AU4 中的公式如下：

=INDEX(汇总表!$C$5:$DZ$26,$AP$3,MATCH(AT4,汇总表!$C$3:$DZ$3,0)+$AR$3-1)

查找出数据后，以单元格区域 AT3:AU34 数据绘制柱形图，然后再对图表进行格式化处理，可得到前面所示的销售额动态跟踪分析图表。

10.2.2　各个门店的销售毛利跟踪分析

各个门店的销售毛利跟踪分析报告也是一个动态柱形图表，如图 10-8 所示。这个报告有两个控件，与销售额跟踪分析的两个控件一样，复制过来即可。

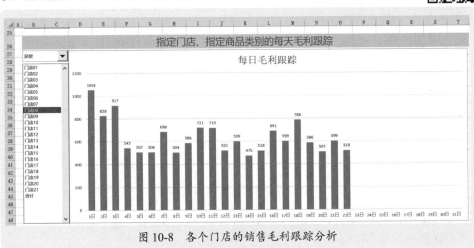

图 10-8　各个门店的销售毛利跟踪分析

这个柱形图是由辅助单元格区域 AT3:AT34 和 AV3:AV34 绘制的，单元格 AV4 是查找的毛利，公式如下：

```
=INDEX(汇总表!$C$32:$DZ$53,$AP$3,MATCH(AT4,汇总表!$C$30:$DZ$30,
0)+$AR$3-1)
```

10.3 门店销售排名分析

门店销售排名分析，重点是分析指定月份的各个门店销售累计值，包括各个门店的累计销售额排名分析、各个门店的累计销售毛利排名分析、各个门店的毛利率排名分析。

10.3.1 各个门店的累计销售额排名分析

各个门店的累计销售额排名分析报告是一个动态图表，如图 10-9 所示。

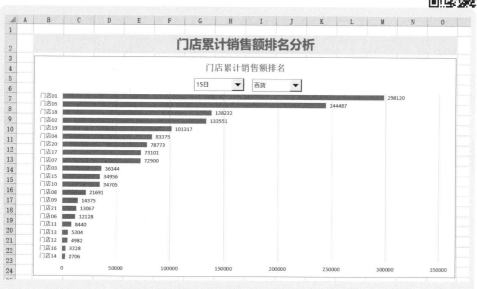

图 10-9　各个门店的累计销售额排名分析

两个组合框分别用于选择日期和商品类别，从而分析指定日期、指定商品类别的各个门店累计销售额排名，辅助计算区域如图 10-10 所示。

选择日期组合框的数据源区域为 $Z$6:$Z$36，单元格链接为 $Z$4；选择商品类别组合框的数据源区域为 $AB$6:$AB$9，单元格链接为 $AB$4，同时在单元格 AB3 中输入公式"=INDEX(AB6:AB9,AB4)"，确定组合框选择的是哪个商品类别。

AD 列和 AE 列是计算得出的各个门店累计销售额，单元格 AE6 中的计算公式如下：

```
=SUMIF(OFFSET(汇总表!$C$4,,,1,$Z$4*4),$AB$3,OFFSET(汇总表!
C5,,,1,$Z$4*4))
```

第10章　函数公式综合应用案例精讲

行	Z	AB	AD	AE	AG	AH
3		百货				
4	15	3				
5				累计销售额	销售额排名	
6	1日	生鲜	门店01	298120	门店01	298120
7	2日	杂货	门店02	133551	门店05	244487
8	3日	百货	门店03	36344	门店18	138232
9	4日	合计	门店04	83375	门店02	133551
10	5日		门店05	244487	门店19	101317
11	6日		门店06	12128	门店04	83375
12	7日		门店07	72900	门店20	78773
13	8日		门店08	21691	门店17	73101
14	9日		门店09	14375	门店07	72900
15	10日		门店10	34705	门店03	36344
16	11日		门店11	8440	门店15	34956
17	12日		门店12	4982	门店10	34705
18	13日		门店13	5304	门店08	21691
19	14日		门店14	2706	门店09	14375
20	15日		门店15	34956	门店21	13067
21	16日		门店16	3228	门店06	12128
22	17日		门店17	73101	门店11	8440
23	18日		门店18	138232	门店13	5304
24	19日		门店19	101317	门店12	4982
25	20日		门店20	78773	门店16	3228
26	21日		门店21	13067	门店14	2706
27	22日					
28	23日					
29	24日					
30	25日					

汇总表 | 跟踪分析 | 排名分析 | 1日 | 2日 | 3日 | 4日 | 5日 | 6日 | 7日 | 8日 | 9日 | 10日 | 11日

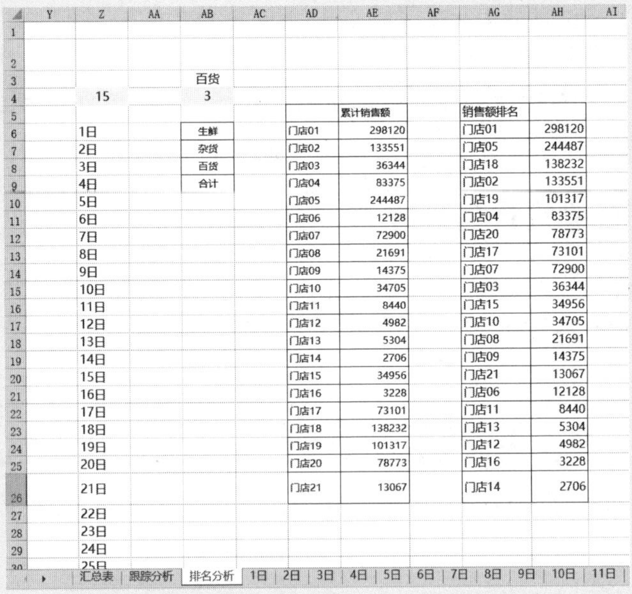

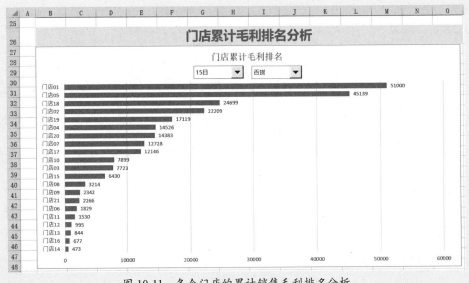

图 10-10 各个门店累计销售额排名分析的辅助计算区域

AG 列和 AH 列对计算得出的各个门店累计销售额进行降序排序，单元格 AG6 中的排序计算公式如下：

```
=SORT(AD6:AE26,2,-1)
```

各个门店的累计销售额排名分析条形图是由 AG 列和 AH 列数据绘制的。

10.3.2 各个门店的累计销售毛利排名分析

各个门店的累计销售毛利排名分析报告是一个动态图表，如图 10-11 所示。

图 10-11 各个门店的累计销售毛利排名分析

两个组合框分别用于选择日期和商品类别，由累计销售额的两个控件复制而来。数据查找和排序计算的辅助区域如图 10-12 所示。

　　单元格 AK6 是计算各个门店累计毛利，计算公式如下：

```
=SUMIF(OFFSET(汇总表!$C$31,,,1,$Z$4*4),$AB$3,OFFSET(汇总
表!C32,,,1,$Z$4*4))
```

　　AM 列和 AN 列是对累计毛利的降序排序，单元格 AM6 中的排序公式如下：

```
=SORT(AJ6:AK26,2,-1)
```

　　各个门店的累计销售毛利排名分析条形图是由 AM 列和 AN 列数据绘制的。

	AI	AJ	AK	AL	AM	AN	AO
1							
2							
3							
4							
5			累计毛利			毛利排名	
6		门店01	51000		门店01	51000	
7		门店02	22209		门店05	45139	
8		门店03	7723		门店18	24699	
9		门店04	14526		门店02	22209	
10		门店05	45139		门店19	17119	
11		门店06	1829		门店04	14526	
12		门店07	12728		门店20	14383	
13		门店08	3214		门店07	12728	
14		门店09	2342		门店17	12146	
15		门店10	7899		门店10	7899	
16		门店11	1530		门店03	7723	
17		门店12	995		门店15	6430	
18		门店13	844		门店08	3214	
19		门店14	473		门店09	2342	
20		门店15	6430		门店21	2266	
21		门店16	677		门店06	1829	
22		门店17	12146		门店11	1530	
23		门店18	24699		门店12	995	
24		门店19	17119		门店13	844	
25		门店20	14383		门店16	677	
26		门店21	2266		门店14	473	

图 10-12　各个门店累计销售毛利排名分析的辅助计算区域

10.3.3 各个门店的毛利率排名分析

　　各个门店的毛利率排名分析报告也是一个动态图表，如图 10-13 所示。

　　两个组合框分别用于选择日期和商品类别，由累计销售额的两个控件复制而来。数据查找和排序计算的辅助区域如图 10-14 所示。

　　单元格 AQ6 是计算各个门店的毛利率，计算公式如下：

```
=AK6/AE6
```

　　AS 列和 AT 列是对毛利率的降序排序，单元格 AS6 中的排序公式如下：

```
=SORT(AP6:AQ26,2,-1)
```

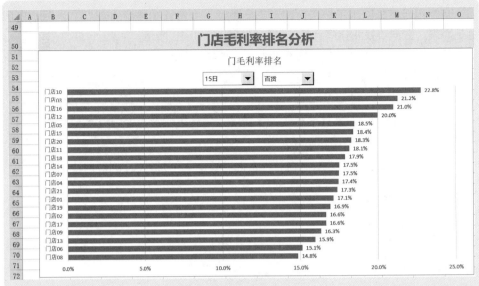

图 10-13　各个门店的毛利率排名分析

	毛利率		毛利率排名	
门店01	17.1%		门店10	22.8%
门店02	16.6%		门店03	21.2%
门店03	21.2%		门店16	21.0%
门店04	17.4%		门店12	20.0%
门店05	18.5%		门店05	18.5%
门店06	15.1%		门店15	18.4%
门店07	17.5%		门店20	18.3%
门店08	14.8%		门店11	18.1%
门店09	16.3%		门店18	17.9%
门店10	22.8%		门店14	17.5%
门店11	18.1%		门店07	17.5%
门店12	20.0%		门店04	17.4%
门店13	15.9%		门店21	17.3%
门店14	17.5%		门店01	17.1%
门店15	18.4%		门店19	16.9%
门店16	21.0%		门店02	16.6%
门店17	16.6%		门店17	16.6%
门店18	17.9%		门店09	16.3%
门店19	16.9%		门店13	15.9%
门店20	18.3%		门店06	15.1%
门店21	17.3%		门店08	14.8%

图 10-14　各个门店毛利率排名分析的辅助计算区域

各个门店的毛利率排名分析条形图是由 AS 列和 AT 列数据绘制的。